高等教育工程造价专业“十三五”规划系列

园林绿化工程预算课程设计指南

主　编　徐　梅　杨嘉玲
副主编　张宇帆　苏　玉

西南交通大学出版社
·成　都·

图书在版编目（CIP）数据

园林绿化工程预算课程设计指南 / 徐梅，杨嘉玲主编. —成都：西南交通大学出版社，2018.10

高等教育工程造价专业“十三五”规划系列教材

ISBN 978-7-5643-6470-0

Ⅰ. ①园… Ⅱ. ①徐… ②杨… Ⅲ. ①园林－绿化－建筑预算定额－高等学校－教材 Ⅳ. ①TU986.3

中国版本图书馆 CIP 数据核字（2018）第 226513 号

高等教育工程造价专业“十三五”规划系列教材

园林绿化工程预算课程设计指南

主　编 / 徐　梅　杨嘉玲

责任编辑 / 姜锡伟

助理编辑 / 王同晓

封面设计 / 墨创文化

西南交通大学出版社出版发行

（四川省成都市金牛区二环路北一段 111 号西南交通大学创新大厦 21 楼　610031）

发行部电话：028-87600564　028-87600533

网址：http://www.xnjdcbs.com

印刷：四川森林印务有限责任公司

成品尺寸　185 mm×260 mm

印张　16.25　　字数　404 千

版次　2018 年 10 月第 1 版　　印次　2018 年 10 月第 1 次

书号　ISBN 978-7-5643-6470-0

定价　48.00 元

课件咨询电话：028-87600533

图书如有印装质量问题　本社负责退换

高等教育工程造价专业“十三五”规划系列教材 建设委员会

序

21 世纪以来，中国高等教育发生了翻天覆地的变化，就相对数量上讲，中国已成为全球第一高等教育大国。

自 20 世纪 90 年代中国高校开始出现工程造价专科教育起，到 1998 年在工程管理本科专业中设置工程造价专业方向，再到 2003 年工程造价专业成为独立办学的本科专业，如今工程造价专业已走过了 25 个年头。

据天津理工大学公共项目与工程造价研究所的最新统计，截至 2014 年 7 月，全国 140 所本科院校、600 所专科院校开办了工程造价专业。2014 年工程造价专业招生人数为本科生 11 693 人，专科生 66 750 人。

如此庞大的学生群体，导致工程造价专业师资严重不足，工程造价专业系列教材更显匮乏。由于工程造价专业发展迅猛，出版一套既能满足工程造价专业教学需要，又能满足本专科各个院校不同需求的工程造价系列教材已迫在眉睫。

2014 年，云南大学联合云南省 20 余所高等学校成立了“云南省大学生工程造价与工程管理专业技能竞赛委员会”，在共同举办的活动中，大家感到了交流的必要性和联合的力量。

感谢西南交通大学出版社的远见卓识，愿意为推动工程造价专业的教材建设搭建平台。2014 年下半年，经过出版社几位策划编辑与各院校反复的磋商交流，成立工程造价专业系列教材建设委员会的时机已经成熟。2015 年 1 月 10 日，第一次云南省工程造价专业系列教材建设委员会会议在昆明理工大学新迎校区专家楼召开；紧接着主参编会议召开，落实了系列教材的主参编人员；2015 年 3 月，出版社与系列教材各主编签订了出版合同。

我认为，这是一件大事也是一件好事。工程造价专业缺教材、缺合格师资是我们面临又亟需解决的问题。组织教师编写教材，一是可以解教材匮乏之急，二是通过编写教材可以培养教师或者实现其他专业教师的转型发展。教师是一个特殊的职业——一个需要不断学习和更新自我的职业，教师也是特别能接受新知识并传授新知识的一个特殊群体，只要任务明确，有社会需要，教师自会完成自身的转型发展。

因此教材建设一举两得。

我希望：系列教材的各位主参编老师与出版社齐心协力，在一两年内完成这一套工程造价专业系列教材的编撰和出版工作，为工程造价教育事业添砖加瓦。我也希望：各位主参编老师本着对学生负责、对事业负责的精神，对教材的编写精益求精，努力将每一本教材都打造成精品，为培养工程造价专业合格人才贡献力量。

中国建设工程造价管理协会专家委员会委员
云南省工程造价专业系列教材建设委员会主任　张建平

2015 年 6 月

前言 PREFACE

《园林绿化工程预算课程设计指南》是对园林绿化工程预算文件的编制实际操作的指导性教材，是《园林绿化工程计量与计价》课程的后续实践课教材，该课程设计对于如何合理地编制及控制园林工程造价、如何降低园林工程投资，具有十分重要的意义。

本书从初学者的角度出发，力求在内容精炼实用、图文并茂的基础上，结合理论与实际，表达如何运用国家工程量清单规范以及当地消耗量定额规范来进行园林绿化工程的预算文件编制。全书分为两大部分：第一大部分（第 1 ~ 9 章）是从理论上，按照预算课程设计的步骤"组织准备、文件编制、说明撰写、成果评价"来叙述园林绿化工程预算课程设计的过程内容；第二大部分（第 10 章）是以一套园林绿化工程图纸为例，从操作上，按照施工图预算的步骤"读图—列项—算量—计价—取费"来叙述完成一个园林绿化工程预算的过程以及成果的表格内容等。在本书最后（附录）附了三份园林绿化工程图纸资料，以及课程设计指导书，以供学校两到三次的课程设计使用与参考。

本书由昆明理工大学津桥学院徐梅和杨嘉玲担任主编，张宇帆和苏玉担任副主编，昆明理工大学张建平担任主审。具体编写分工为：第 1 章、第 3 章、第 8 章、第 10 章由徐梅编写；第 4 章、第 6 章、第 7 章由杨嘉玲编写；第 5 章、第 9 章由张宇帆编写；第 2 章由苏玉编写。最终由徐梅统稿完成。

本书可作为高等学校工程造价、工程管理、园林专业及其他相关专业的本、专科进行园林绿化工程预算课程设计的辅助教材，也可作为其他专业与非专业人员从事相关园林工程造价的参考书。

在本书的编写过程中，编者参考了新近出版的相关规范以及教材，并得到了张建平老师的指导，在此一并致谢，同时，在此特别感谢为本书提供了园林绿化工程施工图纸的云南沃森园林绿化工程有限公司。由于编者水平有限，本书在撰写过程之中，难免存在有疏漏与不足之处，敬请各位读者批评指正。

编者

2018 年 5 月

目录 CONTENTS

第 1 章　园林绿化工程预算课程设计概述

【学习要点】
（1）园林绿化工程预算课程设计的意义。
（2）园林绿化工程预算课程设计的内容。
（3）园林绿化工程预算课程设计的流程。
（4）园林绿化工程预算课程设计的成果。

1.1　园林绿化工程预算课程设计的意义

课程设计是课程的延续，也是针对课程进行的实践性环节，是工科学校专业课程设置中必不可少的环节，它对学生适应今后的工作起到极大的促进作用。课程设计是一种实作训练，与实际工作相比具有一定的特殊性，它是在学校这种特定的环境下，在教师的指导下，以一个班级（或者多个班级）针对某同一工程对象所做的初步训练。

课程设计的性质一般归属于专业必修课。

园林绿化工程预算课程设计的意义在于它是建立在园林绿化工程预算课程的基础之上的综合训练，是园林绿化工程预算在实务方面的延伸，其教学的目的是培养学生对园林绿化工程知识的更深一步理解，使学生能正确计算工程量，结合“计价依据”能针对所给园林绿化工程施工图编制一份完整园林绿化工程预算成果文件。

作为一次专业的技能训练操作，学生应将之前学习的建筑制图、建筑 CAD、建筑材料、建筑结构、建筑施工、工程造价软件应用、建筑工程预算及其课程设计、安装工程预算及其课程设计、市政工程预算及其课程设计、园林工程预算等方面的知识综合运用于解决园林工程中实际问题，以更进一步巩固工程中一系列专业计价的实作能力。

1.2　园林绿化工程预算课程设计的内容

园林绿化工程预算课程设计是针对特定的园林绿化工程施工图所做的工程计价的初步训练，是对园林工程预算课程学习的实践检验。教师可为学生每人提供一份街头绿地、居住区绿地或者公园绿地等的园林施工图纸（含园林建筑、园林小品等施工图），如果图纸比较大或者比较复杂，图纸可以提前下发，并要求学生完成以下训练内容：

（1）识读园林绿化工程施工图纸，理解绿化施工内容、苗木种类、景观小品、施工方案等。

（2）列出图中相应计价项目。

（3）计算其工程量。

（4）编制园林绿化工程工程量清单。

（5）熟悉相关的施工材料、苗木价格。

（6）编制园林绿化工程施工图预算文件（招标控制价或者投标报价）。

（7）对课程设计期间所做的工作进行总结，并撰写课程设计说明书。

（8）整理最终成果并装订成册。

1.3 园林绿化工程预算课程设计的流程

园林绿化工程预算课程设计是一种有针对性的实践性教学环节，其流程根据图纸的大小与复杂程度可以分为两个阶段或集中在一阶段完成。

1.3.1 理论教学阶段

此阶段主要是利用课程的教学阶段来进行前期的一些识读准备工作，需不需要此阶段主要取决于选定的施工图纸。如果选定的园林绿化工程施工图纸比较大、复杂，识读比较烦琐、困难时，其图纸可在课程教学中期就下发（纸质或者 PDF 格式电子版均可），并在理论教学过程中就可以把比较复杂困难的识读内容、算量内容融入教学中进行讲解，帮助学生更好深入地完成园林绿化工程施工图的识读，并完成工程量的计算。而选定的园林绿化工程施工图纸量不大，识读也比较容易则无需提前在理论教学阶段进行图纸识读。

1.3.2 集中周阶段

集中周就是指在理论教学结束之后专门用于实践性环节的教学周。许多的理工科大学一学年实行三学期制，即两个理论教学学期，一个实践教学学期。理论教学学期（含考试）一般为18周，实践教学学期一般为5周，可在暑假前后各安排2周和3周，俗称“短学期”。在短学期里，可进行新生入学教育和军训、课程设计、专业实训等实践教学活动。

园林绿化工程预算课程设计一般安排 1 个集中周，5 个工作日，每个工作日最少学时计 4 学时，故以 20 学时进入教学计划计算。

集中周内课程设计流程为：

（1）周一至周二上午，完成某园林绿化工程图纸的“读图”“列项”“算量”的工作。

（2）周二下午，利用计价软件，编制某园林绿化工程的“工程量清单文件”。

（3）周三，利用计价软件，编制某园林绿化工程的“招标控制价文件”或者“投标报价文件”。

（4）周四，撰写“课程设计说明书”，并完成某园林绿化工程预算课程设计成果文件的整理、打印及装订。

（5）周五上午，提交某园林绿化工程预算课程设计成果文件。

（6）周五下午，教师集中进行成绩评定。

1.4 园林绿化工程预算课程设计的成果

1.4.1 工程量计算书

工程量即工程的实物数量，是指以物理计量单位或自然计量单位所表示的各个具体分部分项和构配件的数量。工程量计算就是根据园林绿化工程设计图纸、园林绿化施工组织设计或施工方案及相关的技术经济文件为依据，并按照相关的现行国家标准《园林绿化工程工程量计算规范》（GB 50858）和当地的“定额规则”中的计算规则、计量单位等规定，进行园林绿化工程图纸中相关工程数量的计算活动。工程量计算书就是把以上工程量计量的过程，列出分部分项名称和清单以及定额的数量计算式，并计算出结果的文件。工程量的计算具体内容参见第四章内容，工程量计算书具体样式可参见第十章的表格形式。

1.4.2 工程量清单文件

工程量清单是指按照园林绿化工程施工图的要求，将拟建园林绿化工程的全部项目和内容，依据国家标准《园林绿化工程工程量计算规范》（GB 50858—2013）附录中统一规定的项目编码、项目名称、项目特征描述要求、计量单位，并按照规定的计算规则计算出项目的清单工程量，把这些内容填入相应的表格里所形成的明细清单。

工程量清单文件主要由分部分项工程项目清单、措施项目清单、其他项目清单、规费和税金项目清单组成。而工程量清单的这 5 种表格，再加上封面、扉页和总说明，按照顺序打印装订、并有编制单位签字盖章后就形成了工程量清单文件，具体内容与填写参见第五章。

1.4.3 招标控制价或投标报价文件

招标控制价和投标报价都是施工图预算所产生的成果文件。

招标控制价是由招标人根据国家或省级、行业建设主管部门颁发的有关计价依据和办法，按设计施工图纸计算的，对招标工程限定的最高工程造价。它可以由具有编制能力的招标人编制或者由招标人委托具有相应资质的工程造价咨询人编制。一个招标项目只能有一个招标控制价。

投标报价是指承包商采取投标方式承揽工程项目时，计算和确定承包该工程的投标总价格。它是由投标人或者投标人委托具有相应资质的工程造价咨询人编制，它是投标人响应“招标文件”和“招标工程量清单”编制的投标价。一个招标工程可能有多个投标报价，但其报价不得超过招标控制价，同时也不能低于个别成本价，否则其报价被视为“废标”。

国家标准《建设工程工程量清单计价规范》（GB 50500—2013）规定了适合于全国通用的招标控制价、投标报价表格，这些表格根据不同园林绿化工程项目填写完成，就组成了我们所需的招标控制价文件或投标报价文件，具体内容参见第六章。

1.4.4 课程设计说明书

园林绿化工程预算课程设计说明书是本科专业园林绿化工程预算课程设计成果的重要组成部分，是训练学生的理论知识以及理论结合实践能力，是把园林绿化建设工程问题进行理论阐述的重要环节之一。

园林绿化工程预算课程设计说明书主要是写学生本人对于此次预算课程设计中所应掌握的内容，包括：课程设计的综合训练目的、意义的理解，所学园林绿化工程预算知识的运用，园林绿化工程施工中关键技术问题的方法，以及此次课程设计的收获与体会，遇到问题该有的解决方法，对于自己提交的本次园林绿化工程预算成果的客观评价，存在的问题和今后的改进等。总之，园林绿化工程课程设计说明书要反映出这一周的课程设计做了什么样的综合训练以及怎样完成的，让翻阅人员一看就能清楚明白我们所做的工作以及相应的成果。

园林绿化工程预算课程设计说明书具体如何撰写以及格式要求，可以参考第七章内容。

第 2 章　园林绿化工程预算课程设计的准备工作

【学习要点】

（1）园林绿化工程预算课程设计学生、教师应做的准备工作。

（2）园林绿化工程预算课程设计应具备的教学条件。

（3）园林绿化工程预算课程设计应具备的软件知识。

2.1　园林绿化工程预算课程设计前应做的准备

课程设计是根据教学计划、教学大纲进行，是有目的、有计划、有结构的教学活动。在学校教育环境中，课程设计突破了课程教学只存在于课堂中的局限，把教学范围拓展到整个学校教育环境中加以界定，突破了以往只注重知识、经验的积累的局限，把积累、迁移、促进学生发展等多方面因素作为指标。

园林绿化工程预算课程设计是工程造价专业学生在园林绿化工程预算专业课程学习完成后，进行的综合性实践教学环节，此课程设计的主要目的是，满足工程造价专业多方向培养和训练实际动手能力的要求，使学生在学习期间达到完成工程造价工作岗位多专业性的主要实践工作的基本目标。

园林绿化工程预算课程设计的实施过程是：全体同学在 1 周的时间内根据同一套园林绿化工程施工图和有关园林绿化工程的施工条件、施工方案等，完成其工程的工程量计算、工程量清单编制、招标控制价（或者投标报价）编制的全部工作。

2.1.1　学生应做的准备

1）思想的准备

课程设计作为一门实践课程，需要投入大量的时间和精力，一旦开始就要全力以赴，从思想上要认真对待，这是一次理论联系实际提升综合能力的最佳时机，同学们要树立勤于思考，刻苦钻研的精神，精益求精的工作态度，独立完成。

2）知识的准备

园林绿化工程预算课程设计是多门相关知识的综合应用，学生应修完相关的理论课程，成绩合格方可进行，并在进行之前认真阅读现行国家标准《建设工程工程量清单计价规范》（GB 50500）、《园林绿化工程工程量计算规范》（GB 50858）以及当地的消耗量定额规范、政府主管部门发布的标准等内容。

3）条件的准备

准备好预算课程设计所需的相关工具，并查找相关资料——当地的标准规范以及和工程施工期相配套的当地苗木市场价格信息资料；需要采用电脑软件计价算量的，需配备电脑、相关的软件（广联达或其他计价软件）及软件锁、Office 办公软件、CAD 制图软件（或看图软件）等。

2.1.2 教师应做的准备

课程设计前，教师要准备好园林绿化工程预算课程设计任务书，清楚制定教学目标和教学策略，以及完善教学过程的方法和教学评价的标准。除此之外，教师作为整个教学过程的组织者和指挥者，也是课程设计过程中的一个重要因素。

1）选择工程

针对学生的实际，选择规模适当且训练有深度、广度的园林绿化工程用于课程设计。因时间有限，应选择难度适中，选题有差异性、代表性，并保证学生能在有限的时间内完成全部计量计价的工作。

2）研究图纸

教师应认真地研究图纸，保证图纸的内容完整，各项信息完备，以便学生能够有效快速地查找，课程设计得以顺利进行。

3）试做工程

对于指导教师而言，试做工程是对学生进行有效指导的前提，只有自己亲自动手后才能深刻把握课程设计的难点和重点，使指导更具有针对性，保证课程设计的深度和质量，使课程设计的训练目的落到实处。

4）编制课程设计指导书

课程设计指导书主要说明课程设计的目标任务，课程设计的主要内容及课程设计的步骤和进度安排，最后还要说明清楚课程设计过程中应当注意的问题。

5）确定教学评价体系

课程设计成果评价的具体内容由老师根据实际情况，分阶段、分步骤地列出评分标准，力求客观公平公正，合理地设计出成果评价标准。

在上述的五个方面中，每一个方面都与教师有着必然的联系，它们都在一定程度上影响制约着教师的活动。或者说，上述的五个方面都是通过教师来影响学生的学习活动。教师在整个过程中要调整、理顺关系，使其达到最优化的程度，取得最大的教学效果。

2.2 园林绿化工程预算课程设计基本教学条件

应准备好硬件配置能够满足要求的机房，尽量做到一人一机，机房开放时间充裕，保证课程设计顺利完成。另外提前安装好所需的计价软件，挂接当地的定额库和材料价格库，以及后期处理文本的 Office 软件，保证学生的各项需求。

2.3 园林绿化工程预算课程设计应具备的软件

2.3.1 计价软件及基本操作

GBQ4.0 是广联达推出的融计价、招标管理、投标管理于一体的全新计价软件，旨在帮助工程造价人员解决电子招投标环境下的工程计价、招投标业务问题，使计价更高效、招标更便捷、投标更安全。

GBQ4.0 包含三大模块：招标管理模块、投标管理模块、清单计价模块。招标管理和投标管理模块是从整个项目的角度出发进行招投标工程造价管理。清单计价模块用于编辑单位工程的工程量清单或投标报价。在招标管理和投标管理模块中可以直接进入清单计价模块。

园林绿化工程预算课程设计的计量部分要求工程量手算，在工程量计算完成以后，形成工程量计算书，然后进入计价、取费阶段。以编制招标控制价为例，计价软件操作流程如下：

（1）新建工程，输入工程概况。

（2）编制分部分项工程清单计价表：包括查询清单项和定额项、输入清单工程量和定额工程量。

（3）编制措施项目清单计价表。

（4）编制其他项目清单计价表。

（5）进行人材机汇总、费用汇总。

（6）查看并导出报表。

通过导出报表，检查无误后按要求打印，形成工程量清单文件和招标控制价文件。

2.3.2 Office 软件及基本操作

Office 是由微软公司开发的一套办公处理系统，早期的 Office 仅包含了 Word 文字处理系统，它又起源于最初的 WordStar 文字处理软件，现在已逐步发展为涵盖有文字处理 Word、网页制作 FrontPage、数据库管理 Access、表格处理 Excel、幻灯片制作 PowerPoint 等的系列软件。Office 的几个处理模块可以在开始菜单中找到。

新建或打开 Office 文档，点击开始菜单中的“新建 Office 文档”允许选择一个模板，可以按模板的提示轻松地建立所需要的文档格式，也可以将现有的 Office 文档作为一个模板来保存，以方便今后的工作。按照课程设计要求进行用纸规格以及页面设置、字体字号行距设置、标题层次及字号设置，具体参见第七章内容要求。最后根据园林绿化工程预算课程设计的工作内容及操作难点进行 Word 文档编制，完成该课程设计的说明书。

第 3 章　园林绿化工程施工图的识读与列项

【学习要点】

（1）园林绿化工程施工图识读要点。

（2）园林绿化工程清单列项的要求。

（3）园林绿化工程清单项目相适宜的定额项目的选定。

3.1　园林绿化工程选图与识读

3.1.1　园林绿化工程施工图的选择要求

课程设计是对实际工程的实作模拟训练，主要是让学生通过训练对园林绿化工程施工图预算能有初步的了解，因而对于园林绿化工程施工图纸的选择就需要有一定的针对性。

由于园林绿化工程涉及专业范围较广，包括建筑专业、装饰专业、市政专业、给排水专业、电气专业、古建筑专业等，一次课程设计不可能把所有的专业都能体现出来，主要是把常用到的，常涉及的专业内容以及容易出错的内容，在本课程设计的施工图纸中体现出来即可。所以对于预算课程设计的园林绿化工程施工图选择可以参考以下几个要求：

（1）图纸涉及内容应该至少包含绿化种植、园林建筑、园林景观小品等内容。

（2）绿化种植包含乔木、灌木、地被以及绿化灌溉系统内容。

（3）园林建筑可以是亭、廊等，其建设形式现代或者仿古均可。

（4）园林景观小品主要是花架、景石、假山等。

（5）对于园林中的掇山、理水内容可以选择性的有，规则、自然均可。

（6）总的绿化工程面积可以自行把握，不要过小也不可过大，一般在 1 000 ~ 10 000 m^2 比较适宜。

3.1.2　园林绿化工程施工图的识读要求

读图是预算的关键，是图纸工程量计算的基础，是清单列项的前提，只有读懂了施工图纸的内容，理解了图纸设计的意图之后才能对工程项目中的工程内容、结构特征、技术要求等有清晰的概念，才能在计量计价的时候准确计算工程量和套用定额计价，做到所谓的“项目全、计算准、速度快”。尤其是园林绿化工程图纸，涉及专业内容众多，全面地读懂相应专业的图纸就尤为重要，因此，在做园林绿化工程施工图预算之前。首先要读图。

其要求主要体现在以下几方面：

（1）对照图纸目录，看看图纸是否已经齐全，查看有多少专业的图纸，并按照相应专业进行图纸的分类，为阅读作准备。

（2）设计说明要仔细阅读，其中有许多不在图纸中表现的内容与设计要求等均在设计说明中表述，要仔细阅读避免漏项。设计说明包括总设计说明与专业设计说明，都要仔细阅读，并且每识读一个专业的图纸都要阅读一次总设计说明与相应专业设计说明。

（3）设计图中有无特殊的说明以及施工技术要求，若有，事先列出来相应的项目。除了设计说明里面的特殊说明，还应该注意图纸上的说明，有特殊的地方都应该特别标注以免遗漏。

（4）园林铺装施工图要注意铺装的位置图、大样图以及做法详图的对应，尺寸材料要一一对应，必要时自行标记说明。

（5）园林建筑施工图要平、立、剖以及详图对应看全，不可遗漏，必要时自行标记说明。

（6）园林景观小品施工图的每一个小品也要把相对应的图纸以及说明进行对应查看，必要时自行标记说明。

3.2 园林绿化工程的清单列项

列项就是列出工程施工图纸中的计量计价的工程项目，包括工程量清单列项以及定额列项两部分内容。

3.2.1 园林绿化工程清单列项的依据与要求

园林绿化工程工程量清单的列项是有一定规范标准指导的，其遵循的依据就是现行国家标准《建设工程工程量清单计价规范》（GB 50500）以及《园林绿化工程工程量计算规范》（GB 50858）等来进行的。在规范中规定了建设工程量清单由分部分项工程量清单、措施项目清单、其他项目清单、规费项目清单、税金项目清单组成。

其中：规费项目清单与税金项目清单是固定的项目，在规定表格中填入相应内容；措施项目清单与其他项目清单根据项目要求的不同，将存在的项目内容填入规定表格即可。分部分项工程量清单根据不同专业、不同设计要求分列不同的项目内容，其与图纸内容关系密切，因而清单列项的重点在于分部分项工程量清单，其分项有很多，要对应图纸分列清单项目，并清单计算清单工程量，按规定格式（包括项目编码、项目名称、项目特征、计量单位、工程量）编制成“工程量清单文件”。

在进行清单列项时一定要在认真识读图纸的基础之上进行，要注意清单中的项目内容，不可有遗漏不可超出图纸说明，避免出现漏项、缺项，保证最终成果的准确性。

3.2.2 园林绿化工程清单列项的内容与方法

按照现行国家标准《园林绿化工程工程量计算规范》（GB 50858）中的项目划分，园林绿化工程分为：绿化种植工程、园路园桥工程、园林景观工程以及措施项目四大部分。

1）分部分项工程清单列项

分部分项工程清单列项应该对照设计图纸中的具体内容、设计说明以及施工做法等，依据国家清单规范进行列项。由于园林绿化工程是比较综合的学科工程，它综合了多专业工程的内容，具体包括建筑、道路、园桥、植物、水体、照明等，在列项时为了避免出现缺漏现象，应该根据现行国家规范《园林绿化工程工程量计算规范》（GB 50858）中的项目编码以及工程的施工顺序依次进行列项，并编制分部分项工程量清单与计价表。

例如，我们在列项土方工程的时候，要注意园林工程的施工顺序，首先是整理绿化用地，把建筑道路的范围留出，才进行地形土方的回填与地形处理。在列项时就应该先列整理用地，再列土方回填以及地形的项目。在列项时要仔细查看图纸是否有地形，地形的堆土高度是多少，以此来判定我们需要列项的项目有哪些，从而保证无漏项的情况出现。

2）措施项目清单列项

措施项目就是指为了保证完成建设工程的施工，发生于该建设工程的施工之前和施工过程中的技术、生活、安全等方面的非工程实体项目，分为单价措施和总价措施两大部分内容。单价措施项目的列项与分部分项工程项目的列项方法一致，要以清单的编码顺序列项，避免缺项。

在列单价措施项目清单的时候，要考虑图纸中的设计说明，清楚施工的要求与方法，才能够避免缺漏。例如，种植树木需要放线、挖穴、栽植、浇水、养护等程序，如果苗木拉到场地后不立即进行栽植，则需要利用假植措施保证苗木的存活。新栽植苗木比较容易倾倒，就需要支撑架来保持树木的直立。遇到寒冷季节种植植物，需要对苗木进行防寒保暖措施；遇到炎热天气，则需要对苗木进行遮阳降温处理；对于一些特殊的苗木还需要输入营养液进行保存处理。针对这些不同的情形，需要根据图纸的设计说明，以及施工的技术措施来决定需要什么样的措施项目来进行列项。

总价措施项目就是以“项”计量的项目，一般包括安全文明施工费、冬雨季施工增加费、其他的夜间施工费、特殊地区施工费、二次搬运费等，需要根据施工组织设计里面的要求来进行列项。

3）其他项目清单列项

其他项目的列项主要是看园林工程项目施工图纸的详细程度，工程的复杂程度，以及工程的分包情况来进行项目的编制。图纸的设计深度与详细程度决定着暂列金额的大小以及材料工程设备的暂估价；工程的复杂程度也决定了是否进行工程的分包；而暂估价的内容以及分包的情况也决定了总包服务费中的项目内容。

例如，某绿化工程项目内有一个铁艺雕塑，此项内容需要外包给艺术专家来进行制作，具体的费用还未定下，那就需要进行一个暂估价；而此雕塑制作完成拉到现场后需要现场的施工人员进行配合，那就需要计一个总包服务费。因此，我们在列其他项目的时候一定要清楚地知道图纸包含的内容，以及甲方的要求等。

3.3 园林绿化工程的定额列项

定额列项就是根据园林工程清单项目的工程项目特征、工作内容以及施工图纸的具体情况来进行相应定额的项目选取。

3.3.1 园林绿化工程定额的列项方法

园林工程的定额选取与工程量清单中描述的具体内容和施工做法相关。在进行定额列项的时候，要充分考虑工程量清单中的工程内容以及具体的施工方法与措施，才能选取套用正确合理的定额项。

1）清单项目特征描述与定额项的选取

在园林工程中定额项的选取与工程量清单项目特征的描述以及工作内容息息相关，清单中的项目特征描述是根据图纸的内容进行描述的，要正确描述的关键就是识图的准确。在进行清单列项时，就已经对内容进行了详细的识读与描述。例如表 3-1 所示景墙清单项，在列清单项时，描述的项目特征就有土质、垫层、基础、墙体以及装饰面，再从工程内容中可以知道这一个清单项内包括了土方、基础、砌墙、面层装饰，整个景墙从挖基础开始到全部完成的全过程内容，在选取定额项的时候就应该要考虑整个过程中，完成图纸所示的景墙需要进行的内容。一般说来一个景墙的清单项就至少要匹配土方、基础、砌墙和面层装饰几个方面的定额项，如表 3-2 所示。

表 3-1 景墙清单列项

项目编码	项目名称	项目特征	计量单位	工程量计算规则	工程内容
050307010	景墙	1. 土质类别 2. 垫层材料种类 3. 基础材料种类、规格 4. 墙体材料种类、规格 5. 墙体厚度 6. 混凝土、砂浆强度等级、配合比 7. 饰面材料种类	1. m^3 2. 段	1. 以立方米计量，按设计图示尺寸以体积计算 2. 以段计量，按设计图示尺寸以数量计算	1. 土（石）方挖运 2. 垫层、基础铺设 3. 墙体砌筑 4. 面层铺贴

表 3-2 景墙清单定额列项

清单项目			定额项目	
清单编码	项目名称	项目特征	定额编码	项目名称
050307010001	景墙	1. 土质类别：三类土 2. 基础材料种类、规格：C20 钢筋混凝土，标准砖基础 3. 墙体材料种类、规格：标准砖	借 01010004	人工挖沟槽、基坑 三类土 深度 2 m 以内
			借 01010125	人工夯填 基础
			借 01050001	现场搅拌混凝土 基础垫层 混凝土 换
			借 01040001	砖基础

续表

清单项目			定额项目	
清单编码	项目名称	项目特征	定额编码	项目名称
050307010001	景墙	4. 墙体厚度：240 5. 混凝土、砂浆强度等级、配合比：1∶2.5 水泥砂浆 6. 饰面材料种类：15 厚文化石饰面，500×400×100 青石毛面压顶	借 01040082	零星砖砌体
			借 01100138	文化石 砂浆黏贴墙面
			05040024	花岗岩压顶 厚 100 mm 以内

2）施工做法与定额项的选取

在园林工程中，项目有其特定的施工方法与措施，在列定额项时不仅要考虑通用的施工方法，还要考虑专业的特殊性，采用不一样的施工方法。例如，铺贴地面项目，在建筑与装饰工程中，只需要考虑铺贴的平整性与牢固性，铺贴仅仅区分不同材料进行定额设定。而在园林工程项目中，还需要考虑其铺贴的艺术性，在园林专业工程的定额项目中就根据这一些艺术特性，进行了消耗数量以及价格的设定，不仅区分材料，还有颜色花样的铺贴定额，选择套用定额时就该考虑这些艺术特征。

3.3.2 园林绿化工程定额的列项要点

园林工程项目比较杂，内容比较多，在列项的时候一定要细心认真。其定额列项有以下几点需要注意：

（1）项目特征对应图纸内容在进行定额项选取的时候除了要注意清单项中的项目特征描述外，还需要对应图纸中所绘制的内容来看描述是否完整准确，如有遗漏或错误应该及时批注，尤其是遗漏的情况，不可急于补充，要看是否在其他的清单项中有了这些特征的描述，如果没有才应及时补充，否则会出现重复多算的情况。

（2）定额工作内容完全反映清单工作内容。在选取定额的时候不仅仅要看清单项的工作内容，还要看定额的工作内容是否全部包含了清单里的工作内容项，如果没有要及时查找其他的定额项来进行补充，否则就会出现缺项漏项。所以在选取完成定额项后，应该认真的检查所选择的定额项里包含的工作内容是否完全反映了清单项中的所有工作内容。

（3）定额专业的优先选择原则。园林工程是一个综合了各专业的复杂工程项目，它结合了房建、安装、市政等专业的特性，所以其专业工程的定额项仅仅只是对比较特殊的、园林特征很明显的项目来进行编制，很多其他的定额项都是采用其他专业的相应定额项来进行选取的，因而在选取最适合的定额项的时候往往让大家不知道该如何选择。

园林专业原来是属于市政专业的分部工程，是近几年来才从市政工程中划分出来，进行了园林专业的单独定额规则编制，很多的定额项目还需要去借用市政工程的定额项目。而园林专业的施工又有一定的艺术性，造就了其特殊性，所以很多的施工只能用人工来进行，在选取定额项的时候就有了一定的优先原则。首先选择的定额项应该是园林的专业定额项，其次是市政工程、房建工程、安装工程的定额项，当然在优先的前提下，一定是要适用于当前的园林工程项目图纸中描述的内容才行。

第 4 章　园林绿化工程的工程量计算

【学习要点】

（1）分部分项工程量计算。

（2）措施项目工程量计算。

4.1　园林绿化工程的分部分项工程量计算

4.1.1　清单工程量计算

根据园林工程的特色，分部分项工程按绿化工程、园路园桥工程、景观工程三个分部来进行列项。完成根据图纸列项的工作后，进行清单工程量计算。

园林工程分部分项工程量计算适合采用纯手工计算或者应用 Excel 的手工计算，下面按照园林工程的三个分部介绍具体计算方法。

1）绿化工程

绿化工程分为三个部分：绿地整理、栽植花木、绿地喷灌。

（1）绿地整理。

绿地整理包括四个方面：清除原有植物、园林土方、种植土回填、屋顶花园基底处理。

① 清除原有植物。若规划地需要清理现场的植物，应先清除原有植物，具体计算方法如表 4-1 所示。

表 4-1　清除原有植物工程量计算方法

<table>
<tr><th>项目名称</th><th>计量单位</th><th>工程量计算规则</th></tr>
<tr><td>砍伐乔木</td><td rowspan="2">株</td><td rowspan="2">按数量计算</td></tr>
<tr><td>挖树根（蔸）</td></tr>
<tr><td>砍挖灌木丛及根</td><td>1. 株
2. m^2</td><td>1. 以株计量，按数量计算
2. 以平方米计量，按面积计算</td></tr>
<tr><td>砍挖竹及根</td><td>1. 株
2. 丛</td><td>按数量计算</td></tr>
<tr><td>砍挖芦苇及根</td><td rowspan="2">m^2</td><td rowspan="2">按面积计算</td></tr>
<tr><td>清除草皮</td></tr>
<tr><td>清除地被植物</td><td>m^2</td><td>按面积计算</td></tr>
</table>

② 园林土方。在园林绿化工程计量计价中，根据土方开挖的具体情况，绿化用地中300 mm以内的土方工程，即绿化施工前土层厚度30 cm内的挖、填、找平的地坪整理，按园林工程计量规范种植工程中的绿地整理项目编码列项。绿化用地中的绿地起伏造型土方工程，设计造型高度80 cm以内，平均坡度不大于15°的地形，按园林工程计量规范种植工程的绿地起坡造型项目编码列项；设计造型高度80 cm以外，平均坡度大于15°的地形套用堆筑土山丘相应定额子目；而园林建筑、景观工程中的土方工程，应按房屋建筑与装饰工程计量规范相应项目编码列项。

对园林工程中特有的整理绿化用地和绿地起坡造型计算方法的介绍如表4-2所示，与房建与装饰工程相同的项目不再重复介绍。

表4-2　园林土方工程量计算方法

项目名称	计量单位	工程量计算规则
整理绿化用地	m^2	按设计图示尺寸以面积计算
绿地起坡造型	m^3	按设计图示尺寸以体积计算

以体积计算的土方工程量一般根据园林工程要求精确的程度可分为估算和计算。

通常情况下在规划阶段土方的计算只作比较粗略的估算即可，而到了施工图阶段土方工程量就要求比较精确的计算。计算土方工程量的方法常用的有估算法和方格网法。

A. 估算法。在园林工程中不管是原地形或设计地形，经常会存在一些类似锥形、圆台等几何形体的地形单体，对于这类的地形单体的土方量可以通过计算几何体的体积来进行，如表4-3所示。

表4-3　几何体体积计算公式

序号	几何名称	几何形状	体积公式
1	圆锥		$V=\pi r^2 h/3$
2	圆台		$V=\pi h(r_1{}^2+r_2{}^2+r_1r_2)/3$
3	棱锥		$v=Sh/3$
4	棱台		$v=h(S_1+S_2+\sqrt{S_1S_2})/3$

续表

序号	几何名称	几何形状	体积公式
5	球缺	h r	$V=\pi h(h^2+3r^2)/6$

注：V—体积，r—半径，S—底面积，h—高，r_1、r_2—上、下底半径，S_1、S_2—上、下底面积。

B. 方格网法。在造园的过程中，将原来起伏高低不平的地形按设计要求平整成为具有一定坡度的比较平整的场地，如广场、停车场、运动场地等，这类地块的土方计算最适宜计算方法就是方格网法。在方格网的各个角点处，可以清楚地看到每个角点的设计标高、原地面标高、填挖高度等值。挖填高度正值表示需要挖方，负值表示需要填方。如图 4-1 所示。

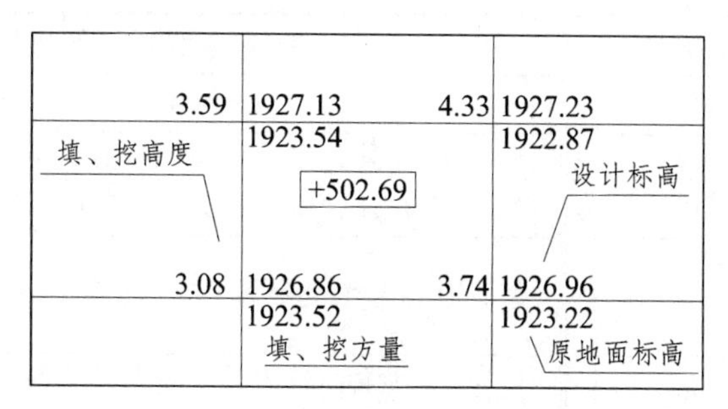

图 4-1　土方方格网图示

从图中根据零点的位置，看出每个方格网中挖方和填方的分区，其中空白区表示需要填方，虚线区表示需要挖方。具体挖填方高度计算方法如图 4-2 和式（4-1）所示。

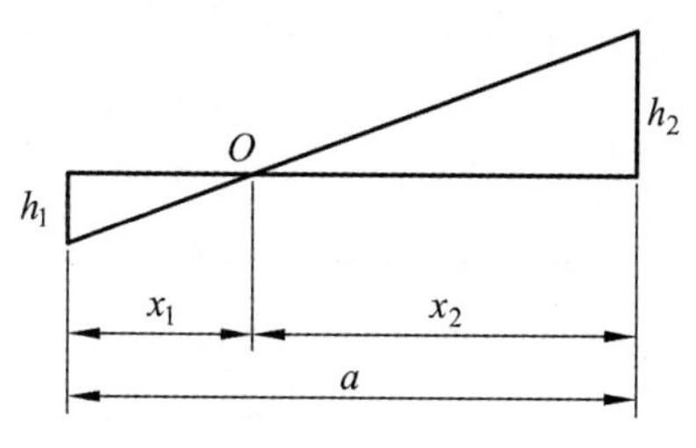

图 4-2　挖填方高度计算示意

$$X_1=\frac{ah_1}{h_1+h_2}\quad X_2=\frac{ah_2}{h_1+h_2} \tag{4-1}$$

③ 种植土回填。为保证植物的正常生长，绿地中应保证使用种植土，若规划地原有土壤不符合设计要求时，应进行换土。具体计算方法见表 4-4。

表 4-4　种植土回填计算方法

项目名称	计量单位	工程量计算规则
种植土回（换）填	1. m^3 2. 株	1. 以立方米计量，按设计图示回填面积乘以回填厚度以体积计算 2. 以株计量，按设计图示数量计算

④ 屋顶花园基底处理。若使用屋顶花园的方法进行绿化，其土方的计算单独进行，不能使用整理绿化用地项目，具体计算方法见表 4-5。

表 4-5 屋顶花园基底处理计算方法

项目名称	计量单位	工程量计算规则
屋顶花园基底处理	m^2	按设计图示尺寸以面积计算

（2）栽植花木。

栽植花木根据植物栽植的特点，划分为栽植植被（乔木、竹类、棕榈类、灌木、绿篱、攀缘植物、色带、花卉、水生植物）、立体栽植、草坪栽植、栽植木箱四种类型。

① 栽植植被。种植树木、花卉等各类植物，具体计算方法如表 4-6 所示。

表 4-6 栽植植被计算方法

项目名称	计量单位	工程量计算规则
栽植乔木	株	按设计图示数量计算
栽植灌木	1. 株 2. m^2	1. 以株计量，按设计图示数量计算 2. 以平方米计量，按设计图示尺寸以绿化水平投影面积计算
栽植竹类	株（丛）	按设计图示数量计算
栽植棕榈类	株	
栽植绿篱	1. m 2. m^2	1. 以米计量，按设计图示长度以延长米计算 2. 以平方米计量，按设计图示尺寸以绿化水平投影面积计算
栽植攀缘植物	1. 株 2. m	1. 以株计量，按设计图示数量计算 2. 以米计量，按设计图示种植长度以延长米计算
栽植色带	m^2	按设计图示尺寸以绿化水平投影面积计算
栽植花卉	1. 株（丛、缸） 2. m^2	1. 以株（丛、缸）计量，按设计图示数量计算 2. 以平方米计量，按设计图示尺寸以水平投影面积计算
栽植水生植物	1. 丛、缸 2. m^2	

② 立体栽植。这是充分利用立体空间的一种栽植方式，常见的有垂直绿化和立体花坛等，具体计算方法如表 4-7 所示。

表 4-7 立体栽植计算方法

项目名称	计量单位	工程量计算规则
垂直墙体绿化种植	1. m^2 2. m	1. 以平方米计量，按设计图示尺寸以绿化水平投影面积计算 2. 以米计量，按设计图示种植长度以延长米计算
花卉立体布置	1. 单体（处） 2. m^2	1. 以单体（处）计量，按设计图示数量计算 2. 以平方米计量，按设计图示尺寸以面积计算

③ 草坪栽植。根据植草方式的不同，具体计算方法如表 4-8 所示。

表 4-8　草坪栽植计算方法

项目名称	计量单位	工程量计算规则
铺种草皮	m^2	按设计图示尺寸以绿化投影面积计算
喷播植草（灌木）籽		
植草砖内植草		
挂网		按设计图示尺寸以挂网投影面积计算

④ 栽植木箱。若植物通过木箱形式栽植，具体计算方法如表 4-9 所示。

表 4-9　栽植木箱计算方法

项目名称	计量单位	工程量计算规则
箱/钵栽植	个	按设计图示数量计算

（3）绿地喷灌。

绿地喷灌非人工浇水，可以定时、定量、均匀灌水，有效解决植物灌溉，同时可以形成美丽的动感水景，改善局部小气候。具体计算方法如表 4-10 所示。

表 4-10　绿地喷灌计算方法

项目名称	计量单位	工程量计算规则
喷灌管线安装	m	按设计图示管道中心线长度以长延长米计算，不扣除检查（阀门）井、阀门、管件及附件所占的长度
喷灌配件安装	个	按设计图示数量计算

2）园路园桥工程

（1）园路。

踏（蹬）道是指与山体结合的山地园路，园路在计算工程量时，应注意不包括路牙。路牙铺设、树池围牙、盖板（算子）、嵌草砖铺装等单独计算，具体计算方法如表 4-11 所示。

表 4-11　园路计算方法

项目名称	计量单位	工程量计算规则
园路	m^2	按设计图示尺寸以面积计算，不包括路牙
踏（蹬）道		按设计图示尺寸以水平投影面积计算，不包括路牙
路牙铺设	m	按设计图示尺寸以长度计算
树池围牙 盖板（算子）	1. m 2. 套	1. 以米计量，按设计图示尺寸以长度计算 2. 以套计量，按设计图示数量计算
嵌草砖铺装	m^2	按设计图示尺寸以面积计算

（2）园桥。

园桥根据桥体材质不同，分为石桥、石汀步、木桥和栈道四种。

① 石桥。石桥桥体计算按构造分别进行，桥面以上部分，包括地伏石、石望柱、石栏杆、石栏板、扶手、撑鼓等应按仿古建筑工程计量规范相关项目编码列项并计算工程量。

石桥桥体具体计算方法如表 4-12 所示。

表 4-12　石桥计算方法

项目名称	计量单位	工程量计算规则
桥基础	m^3	按设计图示尺寸以体积计算
石桥墩、石桥台		
拱石制作、安装		
石脸制作、安装	m^2	按设计图示尺寸以面积计算
金刚墙砌筑	m^3	按设计图示尺寸以体积计算
石桥面铺筑	m^2	按设计图示尺寸以面积计算
石桥面檐板		

② 其他园桥。其他园桥整体进行计算，具体计算方法如表 4-13 所示。

表 4-13　园桥计算方法

项目名称	计量单位	工程量计算规则
石汀步（步石、飞石）	m^3	按设计图示尺寸以体积计算
木制步桥	m^2	按设计图示尺寸以桥面板长度乘桥面板宽度以面积计算
栈道		

3）景观工程

景观工程分为七个部分：堆塑假山、原木竹构件、亭廊屋面、花架、园林桌椅、喷泉安装、杂项。

（1）堆塑假山。包括假山、置石两种景观。

① 假山。主要以土、石为材料，自然山石景观为蓝本加以艺术提炼的人工的山石景观。庭院、园林中选用玲珑剔透或气势雄伟的自然石料，模拟自然山景形象，采用透、漏、瘦等手法，堆叠砌筑而成的人造石山，具体计算方法如表 4-14 所示。

表 4-14　假山计算方法

项目名称	计量单位	工程量计算规则
堆筑土山丘	m^3	按设计图示山丘水平投影外接矩形面积乘以高度的 1/3 以体积计算
堆砌石假山	t	按设计图示尺寸以质量计算
塑假山	m^2	按设计图示尺寸以展开面积计算

② 置石。

石笋：选用特定独石或自然石堆砌形态如笋状的独立体石峰。

点风景石：是指除石笋、池盆景置石之外的石景布置，如特置的各种形式单峰石、象形石、花坛石景以及院门、道路两旁的对称石等。

池盆景置石：置石于花池或花盆之中的精选特定自然石，堆砌造型似有飞势、拔地耸立的相对独立山石。或者是指用若干块湖石，通过水泥砂浆和铁件拼接起来，所形成的石峰造型的人造湖石峰等。具体计算方法如表 4-15 所示。

表 4-15　置石计算方法

项目名称	计量单位	工程量计算规则
石笋	支	以块（支、个）计量，按设计图示数量计算
点风景石	1. 块/t 2. 吨	1. 以块（支、个）计量，按设计图示数量计算 2. 以吨计量，按设计图示石料质量计算
池、盆景置石	2. 座/个	以块（支、个）计量，按设计图示数量计算
山（卵）石护角	m^3	按设计图示尺寸以体积计算
山坡（卵）石台阶	m^2	按设计图示尺寸以水平投影面积计算

（2）原木竹构件。原木是指带树皮的木头桩。原木墙就是在园林中，起到装饰、引导或者屏蔽作用的木质景墙。

吊挂楣子：因其倒挂在檐枋之下，所以也有称倒挂楣子、挂落，它用棂条组成各种图案，常见的图案有：步步锦、金钱如意、冰裂纹等。用树枝编织加工制成的倒挂楣子叫树枝吊挂楣子；用竹材作成的有各种花纹图案的倒挂楣子叫竹吊挂楣子。

具体计算方法如表 4-16 所示。

表 4-16　原木竹构件计算方法

项目名称	计量单位	工程量计算规则
原木（带树皮）柱、梁、檩、椽	m	按设计图示尺寸以长度计算（包括榫长）
原木（带树皮）墙	m^2	按设计图示尺寸以面积计算（不包括柱、梁）
树枝吊挂楣子		按设计图示尺寸以框外围面积计算
竹柱、梁、檩、椽	m	按设计图示尺寸以长度计算
竹编墙	m^2	按设计图示尺寸以面积计算（不包括柱、梁）
竹吊挂楣子		按设计图示尺寸以框外围面积计算

（3）亭廊屋面。各种园林建筑物、构筑物的屋面做法，具体计算方法如表 4-17 所示。

表 4-17　亭廊屋面计算方法

项目名称	计量单位	工程量计算规则
草屋面	m^2	按设计图示尺寸以斜面计算
竹屋面		按设计图示尺寸以实铺面积计算（不包括柱、梁）
树皮屋面		按设计图示尺寸以实铺框外围面积计算
油毡瓦屋面		按设计图示尺寸以斜面计算

续表

项目名称	计量单位	工程量计算规则
预制混凝土穹顶	m^3	按设计图示尺寸以体积计算。混凝土脊和穹顶的肋、基梁并入屋面体积
彩色压型钢板（夹芯板）攒尖亭屋面板	m^2	按设计图示尺寸以实铺面积计算
彩色压型钢板（夹芯板）穹顶		
玻璃屋面		
木（防腐木）屋面		

（4）花架。花架是用刚性材料构成一定形状的格架，供攀缘植物攀附的园林设施，又称棚架、绿廊。该清单项只包含刚性材料部分，花架基础与植物应单独分别列项。花架具体计算方法如表 4-18 所示。

表 4-18　花架计算方法

项目名称	计量单位	工程量计算规则
现浇混凝土花架柱、梁	m^3	按设计图示尺寸以体积计算
预制混凝土花架柱、梁		
金属花架柱、梁	t	按设计图示尺寸以质量计算
木花架柱、梁	m^3	按设计图示截面乘长度（包括榫长）以体积计算
竹花架柱、梁	1. m 2. 根	1. 按米计量，按设计图示花架构件尺寸以延长米计算 2. 根计量，按图示花架柱、梁数量计

（5）园林桌椅。飞来椅又称“廊椅”“美人靠”，是木结构建筑上比较常见的构件，特别是在安徽南部的徽式建筑上更为多见。它一般都设在两层建筑的第二层面对天井的一边，可以当作二楼回廊的栏杆，同时又是可以倚靠的座椅。在江南园林特别的建筑如水榭等处，临水处也常有类似的栏杆。木制飞来椅按现行国家标准《仿古建筑工程工程量计算规范》（GB 50855）相关项目编码列项。具体计算方法如表 4-19 所示。

表 4-19　桌椅计算方法

项目名称	计量单位	工程量计算规则
预制钢筋混凝土飞来椅	m	按设计图示尺寸以座凳面中心线长度计算
水磨石飞来椅		
竹制飞来椅		
现浇混凝土桌凳	个	按设计图示数量计算
预制混凝土桌凳		
石桌石凳		
水磨石桌凳		
塑树根桌凳		
塑树节椅		
塑料、铁艺、金属椅		

（6）喷泉安装。本项目计算的内容是人工建造的具有装饰性的喷水装置，喷泉水池应按现行国家标准《房屋建筑与装饰工程工程量计算规范》（GB 50354）中相关项目编码列项。具体计算方法如表 4-20 所示。

表 4-20　喷泉计算方法

项目名称	计量单位	工程量计算规则
喷泉管道	m	按设计图示管道中心线长度以延长米计算，不扣除检查（阀门）井、阀门、管件及附件所占的长度
喷泉电缆		按设计图示单根电缆长度以延长米计算
水下艺术装饰灯具	套	按设计图示数量计算
电气控制柜	台	
喷泉设备		

（7）杂项。其余景观内容包含在杂项中，具体计算方法如表 4-21 所示。

表 4-21　景观杂项计算方法

项目名称	计量单位	工程量计算规则
石灯	个	按设计图示数量计算
石球		
塑仿石音箱	个	按设计图示数量计算
塑树皮梁、柱	1. m^2 2. m	1. 以平方米计量，按设计图示尺寸以梁柱外表面积计算 2. 以米计量，按设计图示尺寸以构件长度计算
塑竹梁、柱		
铁艺栏杆	m	按设计图示尺寸以长度计算
塑料栏杆		
钢筋混凝土艺术围栏	1. m^2 2. m	按设计图示尺寸以面积计算
标志牌	个	按设计图示数量计算
景墙	1. m^3 2. 段	1. 以立方米计量，按设计图示尺寸以体积计算 2. 以段计量，按设计图示尺寸以数量计算
景窗	m^2	按设计图示尺寸以面积计算
花饰		
博古架	1. m^2 2. m 3. 个	1. 以平方米计量，按设计图示尺寸以面积计算 2. 以米计量，按设计图示尺寸以延长米计算 3. 以个计量，按设计图示尺寸以数量计算
花盆（坛、箱）	个	按设计图示尺寸以数量计算
摆花	1. m^2 2. 个	1. 以平方米计量，按设计图示尺寸以水平投影面积计算 2. 以个计量，按设计图示数量计算
花池	1. m^3 2. m 3. 个	1. 以立方米计量，按设计图示尺寸以体积计算 2. 以米计量，按设计图示尺寸以池壁中心线处延长米计算 3. 以个计量，按设计图示数量计算
垃圾箱	个	按设计图示尺寸以数量计算

续表

项目名称	计量单位	工程量计算规则
砖石砌小摆设	1. m^3 2. 个	1. 以立方米计量，按设计图示尺寸以体积计算 2. 以个计量，按设计图示尺寸以数量计算
其他景观小摆设	个	按设计图示尺寸以数量计算
柔性水池	m^2	按设计图示尺寸以水平投影面积计算

4.1.2 定额工程量计算

根据园林工程的清单分项，以《××省园林绿化工程消耗量定额》为例，园林工程分为绿化种植工程、堆砌假山及塑假石山工程、园路及园桥工程、园林小品工程四个部分，根据图纸列项工作完成后，进行定额工程量计算。

园林工程定额工程量计算适合采用纯手工计算或者应用 Excel 的手工计算，下面按照定额分类介绍具体计算方法。

1）绿化种植工程

绿化种植工程分为：土方、栽植、养护、运输、喷灌。

（1）土方。

在园林绿化工程计量计价中，根据土方开挖的具体情况，分为四类：

① 将绿化用地中 300 mm 以内的土方工程，属于园林工程计量规范种植工程中的绿地整理项目，即整理绿化用地，是绿化施工前土层厚度 30 cm 内的挖、填、找平的地坪整理。计算规则与清单工程量相同：绿地整理以平方米计算；换土方以立方米计算。

② 绿化用地中的绿地起伏造型土方工程，设计造型高度 80 cm 以内，平均坡度不大于 15°的地形，属于绿地起伏造型项目，计算规则与清单工程量相同，绿地起伏造型按设计图示尺寸以立方米计算。

③ 设计造型高度 80 cm 以外，平均坡度大于 15°的地形，属于堆筑土山丘项目。其计算规则是：按设计图示山丘水平投影外接矩形面积乘以高度的 1/3 以立方米计算。

④ 园林建筑、景观工程中的土方工程，属于房屋建筑与装饰工程计量规范中相应土方项目，则计算规则与之相同。

（2）栽植。

① 不论树木大小均按株计算。

② 种植花卉、地被植物、挖铺草皮以平方米计算。

③ 单排、双排绿篱种植，以延长米计算，片植绿篱按平方米计算。

④ 水生植物均按丛计算。

⑤ 摆花以盆计算。

⑥ 竹类以株、丛计算。

⑦ 植草砖植草按设计图示植草砖组合外围面积以平方米计算，不扣除植草砖所占面积。

（3）养护。

① 养护：乔木、灌木、水生植物按株（丛）/年计算；地被、草坪、花坛按设计图示尺

寸面积以"m^2/年"计算。养护面积按实际面积计算，应扣除大于 1 m^2 的建筑物、构筑物、设施、设备等的占地面积。

② 树身涂白按树木胸径以株计算。

（4）运输。

运输乔木、灌木按株计算；运输盆花以盆计算；地被、草坪以平方米计算。

（5）喷灌。

绿化灌溉喷头按设计图示数量以个计算；绿地喷灌管道，按照设计图示中心延长线以米计算；阀门均按设计图示数量以个计算。

（6）计价的相关规定。

① 定额未单列棕榈植物的栽植，单杆棕榈植物套用乔木相应定额，丛生棕榈植物套用灌木相应定额。

② 栽植地被植物片植定额子目按 9 株/m^2、16 株/m^2、25 株/m^2、36 株/m^2、49 株/m^2、64 株/m^2 进行编制，栽植地被种植密度超过 64 株/m^2 时，仍按 64 株/m^2 定额子目，只调整苗木消耗量，其余不做调整。

③ 种植地被植物时当地被植物的高度大于 50 cm，冠幅大于 40 cm，种植密度大于 8 株/m^2 时套用片植灌木定额子目，种植密度小于 8 株/m^2 时，可套用单株栽植灌木的相应定额子目。

④ 定额起挖绿化植物定额子目，只适用于绿化地原有绿化植物迁移时的起挖，不适用于生产绿地的苗木起挖。

⑤ 定额带土球苗木起挖、栽植按土球直径进行编制，带土球苗木需按苗木规格换算土球直径套用相应定额，可参照表 4-22 进行换算。

表 4-22　乔木规格与土球参考对应表

土球直径/cm	0～20	20～30	30～40	40～50	50～60	60～70	70～80	80～100	100～120
苗木胸径/cm	2	3	4-5	6	7	8	9～10	11～12	13～15
土球直径/cm	120～140	140～160	160～180	180～200	200～220	220～240	240～260	260～280	
苗木胸径/cm	16～20	21～24	25～28	29～33	34～38	39～42	43～46	47～50	

灌木土球规格按地径的 7 倍或按冠幅的 1/3 计算。

⑥ 起挖和栽植带土球灌木土球的直径超过 140 cm 时，按带土球乔木定额的相应定额子目人工乘以系数 1.05。

⑦ 汽车运输苗木只适用于苗木迁移和发包方供应苗木的情况下使用。

⑧ 单杆棕榈运输按乔木相应定额子目执行，丛生棕榈及竹类运输按灌木相应定额子目执行。

⑨ 绿地喷灌管道安装按《××省通用安装工程消耗量定额》相应定额执行。

⑩ 定额绿化养护为成活保养期完成后的保存养护费，养护定额所包含的定额时间单位为年，即连续累计 12 个月为 1 年，若分月承包则按表 4-23 中的系数执行。

⑪ 养护标准：绿化保存养护参考《城市绿地养护管理分级表》的养护要求，分为三个养护等级，定额编制了一级、二级保存养护定额，如遇三级养护在二级保存养护定额消耗

量乘 0.8 系数。

表 4-23　分月承包系数

时间	1个月	2个月	3个月	4个月	5个月	6个月	7个月	8个月	9个月	10个月	11个月	12个月
系数	0.19	0.27	0.34	0.41	0.49	0.56	0.63	0.71	0.78	0.85	0.93	1

⑫ 藤本植物养护按高 100 cm 灌木养护定额子目乘以系数 0.5。

⑬ 散生竹养护按胸径 5 cm 以内乔木养护定额子目乘以系数 0.54；丛生竹养护按高 100 cm 灌木养护定额子目执行。

⑭ 定额绿化养护未包括的内容：古树名木保护费用，花卉更换费用。

⑮ 起挖特大或名贵树木另行计算。

⑯ 栽植乔木土球直径超过 280 cm 的另行计算。

⑰ 栽植三排绿篱按栽植单排绿篱相应定额子目乘以系数 2.0。

2）堆砌假山及塑假石山工程

假山工程分为：堆砌假山、景石护岸、塑假石山。

（1）堆砌假山。

① 堆筑土山丘，按设计图示山丘水平投影外接矩形面积乘以高度的 1/3，以立方米计算。

② 假山工程量按设计堆砌的石料以吨计算。计算公式为

$$堆砌假山工程量（t）=进料验收的数量-进料剩余数 \tag{4-2}$$

③ 小型设施（包括预制钢筋混凝土和金属花色栏杆）工程量按延长米计算。

④ 花岗岩压顶厚 100 mm 以内的，按设计图示尺寸以面积平方米计算。

⑤ 假山工程量计算方法假山清单工程量以质量计，其计算按式（4-3）计算：

$$W = A \cdot H \cdot R \cdot K_{\mathrm{n}} \tag{4-3}$$

式中　W——石料质量（t）；

A——假山平面轮廓的水平投影外接矩形面积（m^2）；

H——假山着地点至最高点的垂直距离（m）；

R——石料的密度（黄石或杂石 2.6 t/m^3，湖石 2.2 t/m^3）；

K_{n}——折算系数（高度在 2 m 以内取值 0.65，高度在 4 m 以内的取值 0.56）。

（2）景石、护岸。

镶贴卵石护岸按设计图示实际镶贴展开面积以平方米计算。

（3）塑假石山。

① 砖砌空腹骨架以假石山的外围表面积以平方米计算，砖砌实腹骨架以砌体的体积以立方米计算。

② 钢骨架以假石山的外围表面积以平方米计算。

③ 堆塑装饰工程分别按展开面积以平方米计算，塑松棍（柱）、竹分不同直径工程量按长度以延长米计算。

（4）计价的相关规定。

① 堆砌假山包括湖石假山、黄石假山、塑假石山等，假山基础除注明外，套用建筑工程相应定额项目。

② 砖骨架的塑假石山，如设计要求做部分钢筋混凝土骨架时，允许换算。钢骨架的塑假石山未包括基础、脚手架、主骨架的工料费。

③ 假山的基础和自然式驳岸下部的挡水墙，按市政工程相应定额项目执行。

3）园路及园桥工程

园路园桥工程分为：园路、园桥。

（1）园路。

园路定额工程量按构造组成分别计算。

① 各种园路垫层按设计图示尺寸，两边各放宽 5 cm 乘厚度以立方米计算。

② 各种园路面层按设计图示尺寸，长乘以宽以平方米计算。

③ 路牙按设计图示尺寸长度以延长米计算。

（2）园桥。

园桥中毛石基础、桥台、桥墩、护坡按设计图示尺寸以立方米计算，石桥面以平方米计算。

（3）计价的相关规定。

① 园路包括垫层、面层。如遇缺项可借用其他专业工程的相应定额子目，人工乘以系数 1.10，块料面层中包括的砂浆结合层或铺筑用砂的数量不得调整。

② 如用路面同样材料铺的路缘和路牙，其工料、机械台班费包括在定额内，如用其他材料或预制块铺的，按相应定额另行计算。

③ 园桥包括基础、桥台、桥墩、护坡、石桥面等项目。遇缺项可借用其他专业工程的相应定额子目，人工乘以系数 1.25，其他不变。

④ 定额按现场搅拌编制，如使用商品混凝土时，按相应定额子目扣除人工 3.09 工日/10 m^3 及搅拌机台班含量。

⑤ 砖平铺地面、砖侧铺地面适用于标准砖 240 mm×115 mm×53 mm（含免烧砖、青砖、耐火砖）砖铺贴。

⑥ 园路面层卵石面：卵石粒径以 40 ~ 60 mm 计算，如规格不同时，可进行换算，其他不变。

⑦ 园路面层石材铺贴：定额是以厚度 5 cm 为准编制的；石材板厚度 8 cm 时，套用相应定额子目人工乘以系数 1.14；石材板厚度 10 cm 时，人工乘以系数 1.193。

4）园林小品工程

园林小品工程分为：堆塑装饰、小型设施。

（1）堆塑装饰。

堆塑装饰工程分别按展开面积以平方米计算，塑松棍（柱）、竹分不同直径工程量按长度以延长米计算。

（2）小型设施。

① 小型设施（包括预制钢筋混凝土和金属花色栏杆）工程量按延长米计算。

② 花岗岩压顶厚 100 mm 以内的，按设计图示尺寸以面积平方米计算。

（3）计价的相关规定。

① 园林小摆设系指各种仿匾额、花瓶、花盆、石鼓、座凳及小型水盆、花坛池、花架预制件。

② 干、枝堆塑装饰的塑松棍和松皮按一般造型考虑，若艺术造型（如树枝、老松皮、寄生等）另行计算。

③ 干、枝堆塑装饰的塑金丝竹、黄竹、松棍每条长度不足 1.5 m 者，人工乘以系数 1.5，如骨料不同可换算。

4.2 园林绿化工程的措施项目工程量计算

4.2.1 清单工程量计算

根据园林工程的特色，单价措施项目分为脚手架工程，模板工程，树木支撑架、草绳绕树干、搭设遮阴棚工程，围堰排水工程四个部分。园林工程中涉及垂直运输机械、大型机械设备进出场及安拆项目，按现行国家标准《房屋建筑与装饰工程工程量计算规范》（GB 50854）的相应项目执行。根据图纸列项工作完成后，进行清单工程量计算。

园林工程措施项目工程量计算适合采用纯手工计算或者应用 Excel 的手工计算，下面按照园林工程的四个部分介绍具体计算方法。

1）脚手架工程

具体计算方法如表 4-24 所示。

表 4-24 脚手架计算方法

<table>
<tr><th>项目名称</th><th>计量单位</th><th>工程量计算规则</th></tr>
<tr><td>砌筑脚手架</td><td rowspan="2">m²</td><td>按墙的长度乘以墙的高度以面积计算（硬山建筑山墙高度算至山尖）。独立砖石柱高度在 3.6 m 以内时，按柱结构周长乘以柱高计算；独立砖石柱高度在 3.6 m 以上时，按柱结构周长加 3.6 m 乘以柱高计算。
凡砌筑高度在 1.5 m 及以上的砌体，应计算脚手架</td></tr>
<tr><td>抹灰脚手架</td><td>按抹灰墙面的长度乘以高度以面积计算（硬山建筑山墙高度算至山尖）。独立砖石柱高度在 3.6 m 以内时，按柱结构周长乘以柱高计算；独立砖石柱高度在 3.6 m 以上时，按柱结构周长加 3.6 m 乘以柱高计算</td></tr>
<tr><td>亭脚手架</td><td>1. 座
2. m²</td><td>1. 以座计量，按设计图示数量计量
2. 以平方米计量，按建筑面积计算</td></tr>
<tr><td>满堂脚手架</td><td rowspan="3">m²</td><td>按搭设的地面主墙间尺寸以面积计算</td></tr>
<tr><td>堆砌（塑）假山脚手架</td><td>按外围水平投影最大矩形面积计算</td></tr>
<tr><td>桥身脚手架</td><td>按桥基础底面至桥面平均高度乘以河道两侧宽度以面积计算</td></tr>
<tr><td>斜道</td><td>座</td><td>按搭设数量计量</td></tr>
</table>

2）模板工程

具体计算方法如表 4-25 所示。

表 4-25　模板计算方法

项目名称	计量单位	工程量计算规则
现浇混凝土垫层	m^2	按混凝土与模板接触面积计算
现浇混凝土路面		
现浇混凝土路牙、树池围牙		
现浇混凝土花架柱		
现浇混凝土花架梁		
现浇混凝土花池		
现浇混凝土飞来椅	1. m^2 2. 个	1. 以平方米计算，按混凝土与模板接触面积计算 2. 以个计算，按设计图示数量计算
现浇混凝土桌凳		
石桥拱券石、石券脸胎架	m^2	按石桥拱、脸胎架弧形底面展开尺寸以面积计算

3）树木支撑架、草绳绕树干、搭设遮荫棚工程

具体计算方法如表 4-26 所示。

表 4-26　树木支撑架、草绳绕树干、搭设遮荫棚计算方法

项目名称	计量单位	工程量计算规则
树木支撑架	株	按设计图示数量计算
草绳绕树干		
搭设遮阴（防寒）棚	m^2	按遮阴（防寒）棚外围覆盖层的展开尺寸以面积计算

4）围堰排水工程

具体计算方法如表 4-27 所示。

表 4-27　围堰排水计算方法

项目名称	计量单位	工程量计算规则
围堰	1. m^3 2. m	1. 以立方米计算，按围堰断面面积乘以堤顶中心线长度以体积计算 2. 以延长米计算，按围堰堤顶中心线长度以延长米计算
排水	1. m^3 2. 天 3. 台班	1. 以立方米计算，按需要排水量以体积计算，围堰排水按堰内水面面积乘以平均水深计算 2. 以天计算，按需要排水日历天数计算 3. 以台班计算，按水泵排水工作台班计算

4.2.2　定额工程量计算

根据园林工程的清单分项，以《××省园林绿化工程消耗量定额》为例，园林工程分

为脚手架工程、模板工程、其余工程三个部分，根据图纸列项工作完成后，进行定额工程量计算。

园林工程定额工程量计算适合采用纯手工计算或者应用 Excel 的手工计算，下面按照定额分类介绍具体计算方法。

1）脚手架工程

定额计量规则规定如下。

（1）外脚手架按图示结构外墙外边线长度乘以外墙高度以平方米计算，不扣除门窗洞、空圈洞口等所占面积。

（2）独立柱按图示柱结构外围周长另加 3.6 m 乘以柱高以平方米计算。

（3）里脚手架按墙面垂直投影面积计算，不扣除门、窗、空圈洞口等所占面积。

（4）满堂脚手架按室内净面积计算。其高度在 3.6 ~ 5.2 m 之间时，计算基本层，大于 5.2 m 时，每增加 1.2 m 按增加一层计算，不大于 0.6 m 的不计。

2）模板工程

现浇混凝土模板工程量，除另有规定者，按模板与混凝土的接触面积以平方米计算。

3）其余工程

（1）无支撑式遮阳网乔木、灌木按株计算，成片灌木、地被、绿篱按其面积以平方米计算；防护棚搭设按展开面积以平方米计算。

（2）草绳绕树干，按绕树干高度以延长米计算。

（3）树木支撑按支撑形式和支撑的苗木数量计算。

（4）树身包麻布按包裹高度乘以树干周长以平方米计算（树干周长以胸径计算）。

（5）浇灌运输道按所浇灌的结构的实浇底面外围水平投影面积以平方米计算。

（6）其余措施项目定额计算规则同清单计算规则。

4）计价的相关规定

（1）栽植树木支撑价格按树木支撑定额计算。

（2）防护棚搭设按单层防护网搭设考虑，如双层搭设，防护网材料按相应定额子目调整用量，人工乘以系数 1.2。

第5章 园林绿化工程的工程量清单编制

【学习要点】

（1）园林绿化工程工程量清单编制依据。

（2）园林绿化工程工程量清单编制内容的组成。

（3）园林绿化工程工程量清单文件如何进行编制。

5.1 园林绿化工程的工程量清单编制依据与组成

5.1.1 工程量清单编制依据

园林绿化工程工程量清单编制依据是来源于国家标准《建设工程工程量清单计价规范》（GB 50500—2013）（以下简称《清单规范》）中的《园林绿化工程工程量计算规范》（GB 50858—2013）。《清单规范》是统一工程量清单编制、规范工程量清单计价的国家标准，是调节建设工程招标投标中使用清单计价的招标人、投标人双方利益的规范性文件，是我国在招投标中实行工程量清单计价的基础，是参与招标投标各方进行工程量清单计价应遵守的准则，是各级建设行政主管部门对工程造价计价活动进行监督管理的重要依据。2013版《清单规范》共形成了1本《清单计价规范》，9本《国家计量规范》。《国家计量规范》中包括了多个专业工程的工程量计算规范，其中就有《园林绿化工程工程量计算规范》（GB50858—2013）。如图5-1所示。

《园林绿化工程工程量计算规范》（GB 50858—2013）内容包括：总则、术语、工程计量、工程量清单编制、附录。此部分主要以表格表现。它是清单项目划分的标准，是清单工程量计算的依据，是编制工程量清单时统一项目编码、项目名称、项目特征描述要求、计量单位、工程量计算规则、工程内容的依据。

《园林绿化工程工程量计算规范》（GB 50858—2013）附录部分内容包括：

附录A 绿化工程；

附录B 园路园桥工程；

附录C 园林景观工程；

附录D 措施项目。

园林绿化工程工程量清单编制依据除了计价规范和工程量计算规范外，还应依据以下内容：

（1）国家或省级、行业建设主管部门颁发的计价依据和办法。

（2）建设工程设计文件。

（3）与建设工程项目有关的标准、规范、技术资料。

（4）招标文件及其补充通知、答疑纪要。

（5）施工现场情况、工程特点及常规施工方案。

（6）其他相关资料。

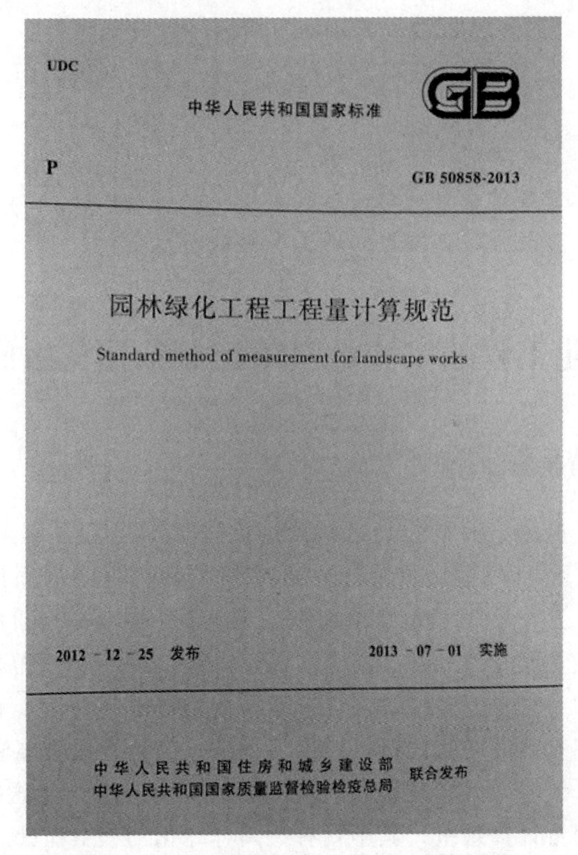

图 5-1　园林绿化工程工程量计算规范

5.1.2　工程量清单编制组成

1）组成内容

《清单规范》中规定，工程量清单主要由工程量清单编制总说明、分部分项工程量清单、措施项目清单、其他项目清单、规费与税金清单组成。分部分项工程是构成工程实体的项目，园林绿化工程属于实体工程项目，应编列在分部分项工程量清单中。

2）编制内容

分部分项工程量清单表达如表 5-1 所示，应反映出拟建工程的项目编码、项目名称、项目特征、计量单位和工程量。其中项目特征是构成分部分项工程量清单项目自身价值的本质特征，应按《园林绿化工程工程量计算规范》（GB 50858—2013）中的规定，并结合园林绿化工程施工的特殊工艺及流程要求进行描述。

<table>
<caption>表 5-1　绿地整理（编码：050101）</caption>
<tr><th>项目编码</th><th>项目名称</th><th>项目特征</th><th>计量单位</th><th>工程量计算规则</th><th>工程内容</th></tr>
<tr><td>050101001</td><td>砍伐乔木</td><td>树干胸径</td><td rowspan="2">株</td><td rowspan="2">按数量计算</td><td>1. 砍伐
2. 废弃物运输
3. 场地清理</td></tr>
<tr><td>050101002</td><td>挖树根（蔸）</td><td>地径</td><td>1. 挖树根
2. 废弃物运输
3. 场地清理</td></tr>
<tr><td>050101003</td><td>砍挖灌木丛及根</td><td>丛高或蓬径</td><td>1. 株
2. m²</td><td>1. 以株计量，按数量计算
2. 以平方米计量，按面积计算</td><td rowspan="3">1. 砍挖
2. 废弃物运输
3. 场地清理</td></tr>
<tr><td>050101004</td><td>砍挖竹及根</td><td>根盘直径</td><td>1. 株
2. 丛</td><td>按数量计算</td></tr>
<tr><td>050101005</td><td>砍挖芦苇及根</td><td>根盘丛径</td><td rowspan="2">m²</td><td rowspan="2">按面积计算</td></tr>
<tr><td>050101006</td><td>清除草皮</td><td>草皮种类</td><td>1. 除草
2. 废弃物运输
3. 场地清理</td></tr>
</table>

5.2　园林绿化工程的工程量清单文件编制

5.2.1　分部分项工程清单编制

1）分部分项工程清单编制规定

工程量清单编制规定来源于《园林绿化工程工程量计算规范》（GB 50858—2013）中的条文说明。

（1）本条为强制性条文，规定了构成一个分部分项工程量清单的五个要件——项目编码、项目名称、项目特征、计量单位和工程量，这五个要件在分部分项工程量清单的组成中缺一不可。

（2）本条为强制性条文，规定了工程量清单编码的表示方式：十二位阿拉伯数字及其设置规定。

各位数字的含义是：一、二位为专业工程代码（01—房屋建筑与装饰工程；02—仿古建筑工程；03—通用安装工程；04—市政工程；05—园林绿化工程）；三、四位为附录分类顺序码；五、六位为分部工程顺序码；七、八、九位为分部工程项目名称顺序码；十至十二位为清单项目名称顺序码。

当同一标段（或合同段）的一份工程量清单中含有多个单位工程且工程量清单是以单位工程为编制对象时，在编制工程量清单时应特别注意对项目编码十至十二位的设置不得有重码的规定。

（3）本条为强制性条文，规定了分部分项工程量清单项目的名称应按附录中的项目名称，结合拟建工程的实际确定。

（4）本条为强制性条文。工程量清单的项目特征是确定一个清单项目综合单价不可缺少的重要依据，在编制工程量清单时，必须对项目特征进行准确和全面的描述。但有些项目特征用文字往往又难以准确和全面的描述清楚。因此，为达到规范、简洁、准确、全面描述项目特征的要求，在描述工程量清单项目特征时应按以下原则进行：

① 项目特征描述的内容应按附录中的规定，结合拟建工程的实际，能满足确定综合单价的需要。

② 若采用标准图集或施工图纸能够全部或部分满足项目特征描述的要求，项目特征描述可直接采用详见××图集或××图号的方式。对不能满足项目特征描述要求的部分，仍应用文字描述。

（5）本条为强制性条文，规定了工程计量中工程量应按附录中规定的工程量计算规则计算。

（6）本条为强制性条文，规定了工程量清单的计量单位应按附录中规定的计量单位确定。

（7）工程建设中新材料、新技术、新工艺等不断涌现，本规范附录所列的工程量清单项目不可能包含所有项目。在编制工程量清单时，当出现本规范附录中未包括的清单项目时，编制人应做补充。在编制补充项目时应注意以下三个方面：

① 补充项目的编码应按本规范的规定确定。具体做法如下：补充项目的编码由本规范的代码 05 与 B 和三位阿拉伯数字组成，并应从 05B001 起顺序编制，同一招标工程的项目不得重码。

② 在工程量清单中应附补充项目的项目名称、项目特征、计量单位、工程量计算规则和工作内容。

③ 将编制的补充项目报省级或行业工程造价管理机构备案。

2）分部分项工程清单的编制

根据工程量清单编制的规定，以《园林绿化工程工程量计算规范》（GB 50858—2013）附录 A 至附录 C 中的项目编码、项目名称、项目特征、计量单位和工程量计算规则的内容为依据，按照施工图的要求进行工程量清单列项。列出清单分项后，对每一项清单分项根据工程量计算规则计算清单工程量，按规定格式（包括项目编码、项目名称、项目特征、计算单位、工程数量）编制成分部分项工程清单。以园路为例，将其所有内容填到分部分项工程清单与计价表中，如表 5-2 所示。

表 5-2　分部分项工程清单与计价表

序号	项目编码	项目名称	项目特征描述	计量单位	工程量
1	050201001001	园路	1. 路床土石类别：夯实普土 2. 垫层厚度、宽度、材料种类：150 mm 厚碎石垫层，100 mm 厚 C15 混凝土垫层 3. 路面厚度、宽度、材料种类：浅黄、橙黄、咖啡色透水砖 1∶1∶1 混铺，棕色透水砖走边，规格均为 240 mm×120 mm×50 mm 4. 砂浆强度等级：1∶3 干硬性水泥砂浆	m^2	67.5

5.2.2 措施项目清单编制

1）措施项目清单编制规定

工程量清单编制规定来源于《园林绿化工程工程量计算规范》（GB 50858—2013）中的条文说明。

（1）本条为强制性条文。规定了措施项目也同分部分项工程一样，编制工程量清单必须列出项目编码、项目名称、项目特征、计量单位。

（2）本条针对本规范仅列出项目编码、项目名称，但未列出项目特征、计量单位和工程量计算规则的措施项目，编制工程量清单时，应按本规范规定的项目编码、项目名称确定清单项目。

（3）本条既考虑了各专业的定额编制情况，又考虑了使用者计价的方便性，对现浇混凝土模板采用两种方式进行编制。即：本规范对现浇混凝土工程项目，一方面“工作内容”中包括模板工程的内容，以现浇混凝土计量单位计量，与现浇混凝土工程项目一起组成综合单价；另一方面又在措施项目中单列了现浇混凝土模板工程项目，以平方米计量，单独组成综合单价。对此，就有三层内容：一是招标人根据工程的实际情况在同一个标段（或合同段）中的两种方式中选择其一；二是招标人若采用单列现浇混凝土模板工程，必须按本规范所规定的计量单位，项目编码、项目特征描述列出清单，同时，现浇混凝土项目不含模板的工程费用；三是招标人若不单列现浇混凝土模板工程项目，不再编列现浇混凝土模板项目清单，则现浇混凝土工程项目的综合单价中应包括模板的工程费用。

（4）本条规定本规范预制构件以现场预制编制项目，与《建设工程工程量清单计价规范》（GB 50500—2008）中的规范项目相比，工作内容中包括模板工程，模板的措施费用不再单列，若采用成品预制混凝土构件时，成品价（包括模板、钢筋、混凝土等所有费用）计入综合单价中，即成品的出厂价格及运杂费等进入综合单价。

2）措施项目清单的编制

根据工程量清单编制的规定，以《园林绿化工程工程量计算规范》（GB 50858—2013）附录 D 措施项目中的项目编码、项目名称、项目特征、计量单位和工程量计算规则的内容为依据，按照施工图的要求进行措施项目清单列项。措施项目清单列项有两项，一为总价措施项目清单，二为单价措施项目清单。

总价措施项目清单列项需根据《园林绿化工程工程量计算规范》（GB 50858—2013）附录 D.5“安全文明施工及其他措施项目”进行。列项时只将必须计算的总价措施项目清单列出即可，其中清单项目设置、计量单位、工作内容及包含范围应按规范执行，费率按各省建设行政主管部门规定的费率执行。如表 5-3 所示。

表 5-3　总价措施项目清单

序号	项目编码	项目名称	计算基础	费率/%	金额/元
1	050405001001	安全文明施工费（园林）			
2	1.1	环境保护费、安全施工费、文明施工费（园林）		10.22	

续表

序号	项目编码	项目名称	计算基础	费率/%	金额/元
3	1.2	临时设施费（园林）		2.43	
4	050405001002	安全文明施工费（独立土石方）			
5	2.1	环境保护费、安全施工费、文明施工费（独立土石方）			
6	2.2	临时设施费（独立土石方）		0.4	
7	050405005001	冬、雨季施工增加费，生产工具用具使用费，工程定位复测，工程点交、场地清理费		5.95	

单价措施项目清单列项需根据《园林绿化工程工程量计算规范》（GB 50858—2013）附录 D 措施项目进行，列出单价措施清单分项后，对每一项清单分项根据工程量计算规则计算清单工程量，按规定格式（包括项目编码、项目名称、项目特征、计算单位、工程数量）编制成单价措施项目清单。以模板及支架工程为例，将其所有内容填到单价措施项目清单与计价表中，如表 5-4 所示。

表 5-4　单价措施项目清单与计价表

序号	项目编码	项目名称	项目特征描述	计量单位	工程量	金额/元				
						综合单价	合价	其中		
								人工费	机械费	暂估价
	3	模板及支架工程		项	1					
1	050402001003	景墙现浇混凝土垫层	1. 厚度：100 mm	m^2	1.552					
2	050402001004	道路现浇混凝土垫层	1. 厚度：100 mm	m^2	15.8					
3	011702027001	台阶	1. 台阶踏步宽：300 mm	m^2	1.363					
4	011702001001	亭独立基础	1. 基础类型：钢筋混凝土独立基础	m^2	3.84					
5	011702001002	亭满堂基础	1. 基础类型：钢筋混凝土阀板基础	m^2	2.64					
6	011702001003	花廊架基础	1. 基础类型：独立基础	m^2	3.096					
7	050403001001	树木支撑架	1. 支撑类型、材质：铁杆套环支撑装置，木棍支撑 2. 支撑材料规格：1.2 m 3. 单株支撑材料数量：4 根	株	188					

5.2.3 其他项目清单编制

1）其他项目清单编制规定

工程量清单编制规定来源于《园林绿化工程工程量计算规范》（GB 50858—2013）中的条文说明。

本条规定了其他项目、规费和税金项目清单应按现行国家标准《建设工程工程量清单计价规范》（GB 50500）中的有关规定进行编制。其他项目清单包括：暂列金额、暂估价、计日工、总承包服务费。规费项目清单包括：社会保险费、住房公积金、工程排污费。税金项目清单包括：增值税、城市维护建设税、教育费附加、地方教育费附加。

2）其他项目清单的编制

其他项目清单列项时按规定格式（包括项目名称、金额、结算金额、备注）进行编制，其中按招标文件中规定的费用列出即可，填入其他项目清单计价汇总表中，如表 5-5 所示。规费、税金项目清单列项按规定格式（包括项目名称、计算基础、计算费率）进行编制，费率按各省建设行政主管部门规定的费率执行，填入规费、税金项目计价表中，如表 5-6 所示。

表 5-5 其他项目清单计价汇总表

序号	项目名称	金额/元	结算金额/元	备注
1	暂列金额	100 000		详见明细表
2	暂估价			
2.1	材料（工程设备）暂估价			
2.2	专业工程暂估价			详见明细表
3	计日工			详见明细表
4	总承包服务费			详见明细表
5	其他			
5.1	人工费调差			
5.2	机械费调差			
5.3	风险费			
5.4	索赔与现场签证			详见明细表

表 5-6 规费、税金项目计价表

序号	项目名称	计算基础	计算基数	计算费率/%	金额/元
1	规费	定额人工费			
1.1	社会保险费、住房公积金、残疾人保证金	定额人工费		26	
1.2	危险作业意外伤害险	定额人工费		1	
1.3	工程排污费				
2	税金	分部分项工程费+措施项目费+其他项目费+规费-按规定不计税的工程设备费		综合税率（表 6-5）	

第 6 章　园林绿化工程的招标控制价编制

【学习要点】

（1）园林绿化工程招标控制价编制依据与组成。

（2）园林绿化工程招标控制价编制方法。

（3）园林绿化工程招标控制价编制流程。

6.1　园林绿化工程招标控制价编制依据与组成

6.1.1　招标控制价的编制依据

（1）某园林绿化工程施工图文件及相关资料。

（2）国家标准《园林绿化工程工程量清单计价规范》（GB 50858—2013）。

（3）当地的定额计价规范，如《××省建设工程造价计价规则及机械仪器仪表台班费用定额》。

（4）当地的园林绿化工程消耗量定额，如《××省园林绿化工程消耗量定额》。

（5）当地的人、机单价执行标准，如云南省人工单价执行 63.88 元/工日（云建标〔2013〕918 号文）。

（6）当地的未计价材料价格执行标准，如材料单价执行《××省建设工程材料及设备价格信息》。

（7）与建设项目有关的标准、规范、技术资料。

（8）施工现场情况、工程特点及常规施工方案。

（9）课程设计任务书、指导书。

（10）其他相关资料。

6.1.2　招标控制价的组成

建筑安装工程费按照工程造价形成由分部分项工程费、措施项目费、其他项目费、规费、税金组成。分部分项工程费、措施项目费、其他项目费均包含人工费、材料费、施工机具使用费、企业管理费和利润。

1）分部分项工程费

分部分项工程费是指各专业工程的分部分项工程应予列支的各项费用。

（1）专业工程：按现行国家国家计量规范划分的房屋建筑与装饰工程、仿古建筑工程、通用安装工程、市政工程、园林绿化工程、矿山工程、构筑物工程、城市轨道交通工程、爆破工程等各类工程。

（2）分部分项工程：按现行国家国家计量规范对各专业工程划分的项目。各类专业工程的分部分项工程划分见现行国家或行业国家计量规范。如园林工程划分的绿化工程园路园桥工程、园林景观工程等。

2）措施项目费

措施项目费是指为完成建设工程施工，发生于该工程施工前和施工过程中的技术、生活、安全、环境保护等方面的费用。内容包括：

（1）安全文明施工费。

① 环境保护费：施工现场为达到环保部门要求所需要的各项费用。

② 文明施工费：施工现场文明施工所需要的各项费用。

③ 安全施工费：施工现场安全施工所需要的各项费用。

④ 临时设施费：施工企业为进行建设工程施工所必须搭设的生活和生产用的临时建筑物、构筑物和其他临时设施费用，包括临时设施的搭设、维修、拆除、清理费或摊销费等。

（2）夜间施工增加费：因夜间施工所发生的夜班补助费、夜间施工降效、夜间施工照明设备摊销及照明用电等费用。

（3）二次搬运费：因施工场地条件限制而发生的材料、构配件、半成品等一次运输不能到达堆放地点，必须进行二次或多次搬运所发生的费用。

（4）冬雨季施工增加费：在冬季或雨季施工需增加的临时设施、防滑、排除雨雪，人工及施工机械效率降低等费用。

（5）已完工程及设备保护费：竣工验收前，对已完工程及设备采取的必要保护措施所发生的费用。

（6）工程定位复测费：工程施工过程中进行全部施工测量放线和复测工作的费用。

（7）特殊地区施工增加费：工程在沙漠或其边缘地区、高海拔、高寒、原始森林等特殊地区施工增加的费用。

（8）大型机械设备进出场及安拆费：机械整体或分体自停放场地运至施工现场或由一个施工地点运至另一个施工地点，所发生的机械进出场运输及转移费用及机械在施工现场进行安装、拆卸所需的人工费、材料费、机械费、试运转费和安装所需的辅助设施的费用。

（9）脚手架工程费：施工需要的各种脚手架搭、拆、运输费用以及脚手架购置费的摊销（或租赁）费用。

（10）措施项目及其包含的内容详见各类专业工程的现行国家或行业国家计量规范。

3）其他项目费

（1）暂列金额：建设单位在工程量清单中暂定并包括在工程合同价款中的一笔款项。用于施工合同签订时尚未确定或者不可预见的所需材料、工程设备、服务的采购，施工中可能发生的工程变更、合同约定调整因素出现时的工程价款调整以及发生的索赔、现场签证确认等的费用。

（2）计日工：在施工过程中，施工企业完成建设单位提出的施工图纸以外的零星项目或工作所需的费用。

（3）总承包服务费：总承包人为配合、协调建设单位进行的专业工程发包，对建设单位自行采购的材料、工程设备等进行保管以及施工现场管理、竣工资料汇总整理等服务所需的费用。

4）规费

规费是指按国家法律、法规规定，由省级政府和省级有关权力部门规定必须缴纳或计取的费用，包括：

（1）养老保险费：企业按照规定标准为职工缴纳的基本养老保险费。

（2）失业保险费：企业按照规定标准为职工缴纳的失业保险费。

（3）医疗保险费：企业按照规定标准为职工缴纳的基本医疗保险费。

（4）生育保险费：企业按照规定标准为职工缴纳的生育保险费。

（5）工伤保险费：企业按照规定标准为职工缴纳的工伤保险费。

（6）住房公积金：企业按规定标准为职工缴纳的住房公积金。

（7）工程排污费：按规定缴纳的施工现场工程排污费。

（8）其他应列而未列入的规费，按实际发生计取。

5）税金

税金是指国家税法规定的应计入建筑安装工程造价内的增值税、城市维护建设税、教育费附加以及地方教育附加。

6.2　园林绿化工程的招标控制价编制

6.2.1　招标控制价的编制方法

1）分部分项工程费计算

分部分项工程费计算公式为

$$\text{分部分项工程费}=\sum(\text{分部分项清单工程量}\times\text{综合单价}) \tag{6-1}$$

式中，分部分项清单工程量应根据国家标准《清单规范》中的“工程量计算规则”和施工图、各类标配图计算（具体计算详见后面各章）。

综合单价，是指完成一个规定清单项目所需的人工费、材料和工程设备费、机械使用费和管理费、利润的单价。综合单价计算公式为

$$\text{综合单价}=\frac{\text{清单项目费用（含人/材/机/管/利）}}{\text{清单工程量}} \tag{6-2}$$

（1）人工费、材料费、机械使用费的计算。以《××省园林绿化工程消耗量定额》（以下简称《消耗量定额》）之中的计算规则为例，具体如表 6-1 所示。

表 6-1 人工费、材料费、机械使用费的计算

费用名称	计算方法
人工费	分部分项工程量×人工消耗量×人工工日单价 或 分部分项工程量×定额人工费
材料费	分部分项工程量×$\sum$(材料消耗量×材料单价)
机械使用费	分部分项工程量×$\sum$(机械台班消耗量×机械台班单价)

注：表中的分部分项工程量是指按定额计算规则计算出的“定额工程量”。

（2）管理费的计算。

① 计算表达式为

管理费=（定额人工费+定额机械费×8%）×管理费费率 （6-3）

定额人工费是指在《消耗量定额》中规定的人工费，是以人工消耗量乘以当地某一时期的人工工资单价得到的计价人工费，它是管理费、利润、社保费及住房公积金的计费基础。当出现人工工资单价调整时，价差部分可进入其他项目费。

定额机械费也是指在《消耗量定额》中规定的机械费，是以机械台班消耗量乘以当地某一时期的人工工资单价、燃料动力单价得到的计价机械费，它是管理费、利润的计费基础。当出现机械中的人工工资单价、燃料动力单价调整时，价差部分可进入其他项目费。

②管理费费率如表 6-2 所示。

表 6-2 管理费费率表

专业	房屋建筑与装饰工程	通用安装工程	市政工程	园林绿化工程	房屋修缮及仿古建筑工程	城市轨道交通工程	独立土石方工程
费率/%	33	30	28	28	23	28	25

（3）利润的计算。

①计算表达式为

利润=（定额人工费+定额机械费×8%）×利润率 （6-4）

②利润率如表 6-3 所示。

表 6-3 利润率表

专业	房屋建筑与装饰工程	通用安装工程	市政工程	园林绿化工程	房屋修缮及仿古建筑工程	城市轨道交通工程	独立土石方工程
费率/%	20	20	15	15	15	18	15

2）措施项目工程费计算

《清单规范》将措施项目划分为两类：

（1）总价措施项目，是指不能计算工程量的项目，如安全文明施工费，夜间施工增加费，其他措施费等，应当按照施工方案或施工组织设计，参照有关规定以“项”为单位进行综合计价，计算方法如表 6-4 所示。

表 6-4　总价措施项目费计算参考费率表

<table>
<tr><th>项目名称</th><th>适用条件</th><th>计算方法</th></tr>
<tr><td rowspan="5">园林绿化工程安全文明施工费</td><td>1. 环境保护费</td><td rowspan="3">分部分项工程费中（定额人工费+定额机械费×8%）×10.22%</td></tr>
<tr><td>2. 安全施工费</td></tr>
<tr><td>3. 文明施工费</td></tr>
<tr><td>4. 临时设施费</td><td>分部分项工程费中（定额人工费+定额机械费×8%）×2.43%</td></tr>
<tr><td>以上四项合计</td><td>分部分项工程费中（定额人工费+定额机械费×8%）×12.65%</td></tr>
<tr><td>园林绿化工程其他措施</td><td>冬、雨季施工增加费，生产工具用具使用费，工程定位复测、工程点交、场地清理费</td><td>分部分项工程费中（定额人工费+定额机械费×8%）×5.95%</td></tr>
<tr><td rowspan="3">特殊地区施工增加费</td><td>2 500 m＜海拔≤3 000 m 地区</td><td>（定额人工费+定额机械费×8%）×8%</td></tr>
<tr><td>3 000 m＜海拔≤3 500 m 地区</td><td>（定额人工费+定额机械费×8%）×15%</td></tr>
<tr><td>海拔＞3 500 m 地区</td><td>（定额人工费+定额机械费×8%）×20%</td></tr>
</table>

（2）单价措施项目，是指可以计算工程量的项目，如混凝土模板、脚手架、垂直运输、大型机械设备进退场和安拆、施工排降水等，可按计算综合单价的方法计算，计算公式为

$$单价措施项目费=\sum(单价措施项目清单工程量\times综合单价) \tag{6-5}$$

$$综合单价=\frac{清单项目费用（含人/材/机/管/利）}{清单工程量} \tag{6-6}$$

其中

$$人工费=措施项目定额工程量\times定额人工费 \tag{6-7}$$

$$材料费=措施项目定额工程量\times\sum(材料消耗量\times材料单价) \tag{6-8}$$

$$机械费=措施项目定额工程量\times\sum(机械台班消耗量\times机械台班单价) \tag{6-9}$$

$$管理费=（定额人工费+定额机械费\times8\%）\times管理费费率 \tag{6-10}$$

$$利润=（定额人工费+定额机械费\times8\%）\times利润率 \tag{6-11}$$

管理费费率见表 6-2，利润率见表 6-3。其中大型机械设备进退场和安拆费不计算管理费、利润。

3）其他项目工程费计算

（1）暂列金额可由招标人按工程造价的一定比例估算，投标人按招标工程量清单中所列的金额计入报价中。工程实施中，暂列金额由发包人掌握使用，余额归发包人所有，差额由发包人支付。

（2）暂估价中的材料、工程设备暂估单价应按招标工程量清单中列出的单价计入综合单价，暂估价中的专业工程暂估价应按招标工程量清单中列出的金额直接计入投标报价的

其他项目费中。

（3）计日工应按招标工程量清单中列出的项目根据工程特点和有关计价依据确定综合单价，其管理费和利润按其专业工程费率计算。

（4）总承包服务费应根据合同约定的总承包服务内容和范围，参照下列标准计算：

① 发包人仅要求对其分包的专业工程进行总承包现场管理和协调时，按分包的专业工程造价的 1.5% 计算。

② 发包人要求对其分包的专业工程进行总承包管理和协调并同时要求提供配合服务时，根据配合服务的内容和提出的要求，按分包的专业工程造价的 3% ~ 5%计算。

③ 发包人供应材料（设备除外）时，按供应材料价值的 1%计算。

（5）其他。

① 人工费调差按当地省级建设主管部门发布的人工费调差文件计算。

② 机械费调差按当地省级建设主管部门发布的机械费调差文件计算。

③ 风险费依据招标文件计算。

④ 因设计变更或由于建设单位的责任造成的停工、窝工损失，可参照下列办法计算费用：

A. 现场施工机械停滞费按定额机械台班单价的 40%计算，施工机械停滞费不再计算除税金以外的费用。

B. 生产工人停工、窝工工资按 38 元/工日计算，管理费按停工、窝工工资总额的 20% 计算，停工、窝工工资不再计算除税金以外的费用。

⑤ 承、发包双方协商认定的有关费用按实际发生计算。

4）规费的计算

（1）社会保障费、住房公积金及残疾人保证金。计算公式为

$$社会保障费、住房公积金及残疾人保证金=定额人工费总和\times 26\% \tag{6-12}$$

式中定额人工费总和是指分部分项工程费中的定额人工费、单价措施项目费中的定额人工费与其他项目费中的定额人工费的总和。

（2）危险作业意外伤害险。计算公式为

$$危险作业意外伤害险=定额人工费\times 1\% \tag{6-13}$$

未参加建筑职工意外伤害保险的施工企业不得计算此项费用。

（3）工程排污费：按工程所在地有关部门的规定计算。

5）税金的计算

税金计算公式为

$$\begin{aligned}税金=&（计税的分部分项工程费+计税的单价措施项目费\\&+总价措施费+其他项目费+规费）\times 综合税率\end{aligned} \tag{6-14}$$

综合税率取定如表 6-5 所示。

表 6-5　综合税率取定表

工程所在地	综合税率/%
市区	11.36
县城、镇	11.30
不在市区、县城、镇	11.18

6.2.2　招标控制价的编制流程

具体编制流程如图 6-1 所示。

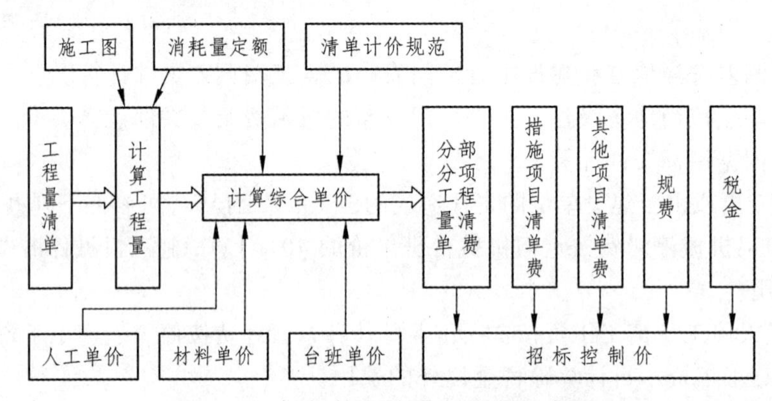

图 6-1　招标控制价编制流程示意图

第 7 章　园林绿化工程预算课程设计说明书撰写

【学习要点】

（1）撰写园林绿化工程预算课程设计说明书的意义。

（2）撰写园林绿化工程预算课程设计说明书的内容。

（3）撰写园林绿化工程预算课程设计说明书的要求。

（4）撰写园林绿化工程预算课程设计说明书的格式。

7.1　园林绿化工程预算课程设计说明书撰写意义

园林绿化工程预算课程设计说明书是在学生完成了编制园林绿化工程造价文件之后，对整个期间工作的总结说明。要求学生在学会操作的基础之上，将自己一周的工作通过文字编辑的方式表达出来，在学生实践和教师教学中具有重要的意义。

7.1.1　实践意义

对学生而言，通过课程设计说明书的撰写，不仅有利于学生深刻地理解基础知识，还可以锻炼逻辑思维，培养严谨的治学态度。

1）有利于基础知识的理解

通过“园林绿化工程预算”课程的学习，学生掌握了园林绿化工程基础知识，园林绿化工程预算的基本技巧和方法，具备了根据完整的施工图纸编制工程量清单及招标控制价文件的基本能力。但是，学生对于软件、数据与文档的区别，以及园林绿化工程预算实践等知识内容的理解比较肤浅。学生进行了园林绿化工程预算课程设计的操作及说明书的撰写，才能真正理解其知识内容，从而打破园林绿化工程领域的神秘感，同时通过总结发现操作的问题，积累如何改进的经验方法，为今后的就业提供资料。

2）有利于逻辑思维的锻炼

在许多常规学科的日常教学中，我们不难发现这样一个现象：不少学生的思维常常处于混乱的状态，写起文章来前言不搭后语、思路混乱。这些都是缺乏思维训练的结果。文档编辑能直接有效地训练学生的逻辑思维，即使是一个简单的问题，如从任务分析、确定算法、软件操作到导出表格，整个过程学生都需要有条理地构思，可以培养学生分析问题、解决问题等的能力。

3）有利于治学态度的培养

课程设计说明书是一种研究报告，属于课程论文。文档的格式和文字有严格的要求，在初学阶段，学生经常会出现编辑错误，可能要通过多次反复修改才能完成，但这种现象会由于逐渐熟练而慢慢改观。这当中既有一种严谨、一丝不苟的治学精神的培养，又有一种不怕失败、百折不挠品格的锻炼。

7.1.2 教学意义

对教学而言，课程设计说明书的撰写工作可以提高学生归纳总结、文档编辑的能力，而且说明书是教师进行评分的依据之一，可反映教学的质量和水平。

1）体现学生的学习成果

“园林绿化工程预算”课程设计说明书是对一周园林绿化工程预算课程设计的总结，学生完成预算文件编制后，通过文字组织、思维表达和归纳总结，将自己的工作用文字的编辑表达出来，能够很大限度地反映出学生的成果形成方法以及过程。因此，园林绿化工程预算课程设计说明书是学生的学习成果的体现，同时也便于教师及教学督导查阅。

2）便于教师的成绩评定

评阅“园林绿化工程预算”课程设计说明书是教师评定成绩的有效方法之一，每个学生的理解和思维不一样，努力的程度不同，撰写的说明书自然各有千秋。因此，课程设计说明书是教师进行评分的依据之一。

3）反映教学质量和水平

“园林绿化工程预算”课程设计作为工程造价专业实训课程之一，训练的就是工程造价的专业核心能力——计量计价的能力，学生在专业课程设计中做了什么，有何收获，都能从课程设计说明书中反映出来。因此，园林绿化工程课程设计说明书能反映出园林绿化工程预算专业教学的质量和水平。

7.2 园林绿化工程预算课程设计说明书撰写内容

园林绿化工程预算课程设计说明书主要是写明学生本人对本次课程设计综合训练目的、意义的理解，所学知识的运用，关键技术问题的解决方法，本次课程设计的收获与体会，对本人提交成果文件的客观评价，存在的问题及今后改进的设想等。总之，要能反映出一周的园林绿化工程预算课程设计综合训练做了什么和怎样做的，完整体现出一周的工作量和做出的工作成绩，方便指导老师、院系领导或督导专家查阅。

一份完整的园林绿化工程预算课程设计说明书应包括以下几个方面：

（1）封面。

封面应包括设计题目、院系名称、专业班级、学生学号、学生姓名、指导教师姓名、设计起止时间等信息。

（2）目录。

居中打印目录二字（四号黑体，段后1行），字间空一字符；章、节、小节及其开始页码（字体均为五号宋体）。节向右缩进两个字符，小节及以后标题均向右缩进四个字符。目录中应包含正文及其后面部分的条目。目录的最后一项是无序号的“参考文献资料”。

（3）正文。

正文内容一般应包括：

① 课程设计任务和要求：说明本课程设计应解决的主要问题及应达到的技术要求。

② 课程设计依据和原则。

③ 工程量计算：阐明工程特点、工程量计算的详细表述及存在的问题。

④ 工程计价：工程计价的详细表述。要求层次分明、表达确切。

⑤ 结论或总结：对整个课程设计工作进行归纳和总结。

（4）课程设计体会及今后的改进意见。

课程设计体会是指在进行实践后所写的感受性文字，将学习的东西运用到实践中去的体会，通过实践反思学习内容并记录下来的文字，近似于经验总结。应简略写出自己课程设计过程中的意见或感想。换句话说，就是应用自己的话语，把一周的课程设计感想浓缩成简略的文字，然后加以评价，最重要的是提出自己的看法或意见。

（5）参考文献或资料。

参考文献是在学术研究过程中，对某一著作或论文的整体的参考或借鉴。征引过的文献在注释中已注明，不再出现于文后参考文献中。按照现行国家标准《信息与文献参考文献著录规则》（GB/T 7714）的定义，文后参考文献是指为撰写或编辑论文和著作而引用的有关文献信息资源。根据《中国学术期刊（光盘版）检索与评价数据规范（试行）》和《中国高等学校社会科学学报编排规范（修订版）》的要求，很多刊物对参考文献和注释作出区分，将注释规定为“对正文中某一内容做进一步解释或补充说明的文字”，列于文末并与参考文献分列或置于当页脚地。

7.3 园林绿化工程预算课程设计说明书撰写要求

7.3.1 基本要求

（1）课程设计说明书必须由学生本人独立完成，不得弄虚作假，不得抄袭他人成果。

（2）课程设计说明书应中心突出，内容充实，论据充分，论证有力，数据可靠，结构紧凑，层次分明，图表清晰，格式规范，文字流畅，字迹工整，结论正确。

（3）篇幅要求：文字部分不少于3 000字，图文并茂。

（4）格式要求：符合统一规定的格式。

（5）附件要求：某园林工程的“工程量清单”和“招标控制价”文件，“工程量清单”和“招标控制价”可利用广联达计价软件编制并导出Excel。

7.3.2 段落及层次要求

段落及层次要求：每章标题以三号黑体左起打印（段前段后各 0.5 行），章下设节，节以四号黑体左起打印（段前段后各 0.5 行），节下为小节，以小四号黑体左起打印（段前段后各 0.5 行）。换行后以五号宋体打印正文，正文首行缩进两字符。章、节、小节分别以 1、1.1、1.1.1 依次标出，空一字符后接各部分的标题。当论文结构复杂，小节以下的标题，左起顶格书写，编号依次用 1）、2）……或（1）、(2）……顺序表示。字体为小四号宋体。对条文内容采用分行并叙时，其编号用（a）、(b）……或 a）、b）……顺序表示，如果编号及其后内容新起一个段落，则编号前空两个中文字符。

7.3.3 图表及公式要求

课程设计说明书（报告）中图表、公式要求如下：

（1）图：图的名称采用中文，中文字体为小五号宋体，图名在图片下面。引用图应在图题右上角标出文献来源。图号以章为单位顺序编号。格式为：图 1-1，空一字符后，接图名。

（2）表格：表的名称及表内文字采用中文，中文字体为小五号宋体，表名在表格上面。表号以章为单位顺序编号，表内必须按规定的符号标注单位。格式为：表 1-1，空一字符后，接表格名称。

（3）公式：公式书写应在文中另起一行，居中排列。公式序号按章顺序编号。字体为小五号宋体，序号靠页面右侧。格式为：式（1-1）。

7.4 园林绿化工程预算课程设计说明书撰写格式

7.4.1 用纸规格和页面设置

为了保证课程设计质量，设计说明书要求按统一格式打印，其版面要求 A4 纸，统一页边距，统一字体、字号等。

因此编写之前应进行设置。在 Word 文档[文件]菜单下拉列表中选择[页面设置]，在[页面设置]浮窗[纸张]选项卡中选择纸张大小为 A4。

在[页面设置]浮窗[页边距]选项卡中选择设置：上边距——2.5 cm，下边距——2 cm，左边距——2.5 cm，右边距——2 cm，同时选择[纵向]。

7.4.2 正文字体字号和行距设置

正文一般采用五号宋体，单倍行距。

字体字号可在 Word 文档格式工具命令中选择设置。

行距设置在 Word 文档[格式]菜单下拉列表中选择[段落]，在[段落]浮窗[缩进与间距]选项卡中选择设置：对齐方式——两端对齐；大纲级别——正文文本；左缩进——0 字符；右缩进——0字符；特殊格式——首行缩进，度量值2字符；段前间距——0行；段后间距——0行；行距—单倍行距。

7.4.3 标题层次及字号设置

撰写课程设计说明书犹如撰写论文，应通过多级标题表现"课程设计说明书正文"部分结构和层次，一般理工科大学的学报均采用技术规范的层次表达方式（样式可参考本教材）。

例如：

第一层次标题前用1、2……，数字后面不带任何标点符号，与标题文字空半个字符，设置为标题1格式，三号宋体加粗，左边顶格不留空，段前段后6磅。

第二层次标题前用1.1、1.2……，两数字间是英文输入状态下的点"."数字后面不带任何标点符号，与标题文字空半个字符，设置为标题2格式，四号黑体加粗，左边顶格不留空，段前段后6磅。

第三层次标题前用1.1.1、1.1.2……，两数字间是英文输入状态下的点"."数字后面不带任何标点符号，与标题文字空半个字符，设置为标题3格式，小四号黑体加粗，左边顶格不留空，段前段后6磅。

第四层次标题前用1）、2）……，括号后面不带任何标点符号，与标题文字不留空。设置为正文格式，五号黑体，左边缩进2字符，单倍行距，段前段后6磅。

第五层次用（1）、（2）……，括号后面不带任何标点符号，后面紧接正文。设置为正文格式，五号宋体，左边缩进2字符，单倍行距。

第六层次用①、②……，圆圈后面不带任何标点符号，后面紧接正文。设置为正文格式，五号宋体，左边缩进2字符，单倍行距。

具体写作时，并不是文档所有部分一律都要机械地设置六级层次，有时层次可能只有一级或两级，在设置了第一层次标题后，可以在下面紧跟正文部分，若须分段用（1）、（2）……，括号后面不带任何标点符号，与标题文字不留空。正文格式，五号宋体，左边缩进2字符，后面紧接正文。

7.4.4 多级标题设置和目录生成操作

在Word文档中，标题设置和目录生成的操作方法为：

（1）从[视图]菜单下拉列表中选择[工具栏]→[格式]，开启[格式工具栏]。

（2）从[视图]菜单下拉列表中选择[文档结构图]，开启[文档结构图]。

（3）在桌面[格式工具栏]内[格式设置]下拉菜单中分别对标题1、标题2、标题3、正文进行设置（包括字体、字号、是否加粗）。此时桌面上左边会出现有多级标题的文档结构图（一般设置为三级）。点击文档结构图任何一处，右边文档就会随着变动，对文档阅览、修改十分方便。

（4）选择文档最前面一页为目录页，将光标停在"目录"正下方，从[插入]菜单下拉列表中选择[引用]→[索引和目录]，开启[索引和目录]。

（5）在[索引和目录]浮窗中设置[目录]为“三级”，选择[前导符]为“……”，点击[确定]，在目录页中就会自动生成与文档结构图一致的目录。

7.4.5 参考资料书写格式

参考资料必须是学生在课程设计综合训练中真正应用到的，资料按照在正文中出现的顺序排列。参考文献应另起一页，居中打印参考文献四字，字间空一字符；另起一行，按论文中参考文献出现的先后顺序用阿拉伯数字连续编号（参考文献应在正文中注出）；参考文献中每条项目应齐全（字体均为五号宋体）。其格式为：[编号]作者. 论文或著作名称. 期刊名或出版社. 出版时间。期刊应注明第几期、起止页数（包括论著）。

各类资料的书写格式如下：

（1）图书类的参考资料。

序号 作者名. 书名 [M].（版次）出版单位所在城市：出版单位，出版年.

如：[1]杨嘉玲，徐梅.园林绿化工程计量与计价[M]. 成都：西南交通大学出版社，2016.

（2）期刊类的参考资料。

序号 作者名. 文集名或期刊名[J]. 期刊名，年，卷（期）：引用部分起止页码。

如：[1]辛程. 预算在园林绿化工程中的作用浅析[J]. 科技论坛，2012（27）：203.

第 8 章　园林绿化工程预算课程设计成果装订及评分

【学习要点】

（1）园林绿化工程预算课程设计成果整理的要求。

（2）园林绿化工程预算课程设计成果装订的要求。

（3）园林绿化工程预算课程设计成果评分的方法。

8.1　园林绿化工程预算课程设计成果整理要求

在完成了图纸的计量计价以及课程设计说明书的撰写之后，就进入课程设计的最后环节，装订成册形成成果文件。园林工程课程设计的成果文件包括以下两大部分内容：

1）课程设计说明书

课程设计说明书是学生对于整个园林绿化工程预算课程设计的总结、认识，是对园林绿化工程预算课程知识运用的文字表达，其内容应包括目录、正文以及参考资料三大部分，其中正文的具体的撰写方法以及内容如前一章节所讲述。注意正文部分不是以“正文”二字作为标题，而是应该以与内容相符的论文标题作为课程设计说明书的大标题。

2）预算成果文件

园林绿化工程预算成果文件包括三大方面的内容：工程量计算书、工程量清单文件、招标控制价或者投标报价文件。

（1）工程量计算书。

工程量计算书是把图纸中的工程，利用 Excel 表格或者自行手写演算，编制出相应清单以及定额工程量的计算过程，是检验工程量计算的一种方法。从表格中可以看出学生的工程量计算的对错，也可以看出其中的缺漏。工程量计算书是检验学生是否进行了计算的一种手段。

工程量计算书的表格形式参看第十章示例中的表格，其中一定要注意把清单中的编码与计算书中一一对应起来，检查时方便快捷，修改错误时比较简单。对于园林绿化工程来说，一般都是利用手算工程量，涉及的土建工程量比较繁多琐碎，也相对比较少，手算速度更快，很少需要利用到计量软件来进行，所以成果文件中手算工程量计算书是园林绿化工程预算课程设计的重要组成部分。

（2）工程量清单文件。

工程量清单文件是每个预算成果文件必需的组成之一，是工程项目招投标中必不可少的部分，是表达整个工程项目包含内容的基础文件之一，是进行评标时的相应依据条件，只有统一的表格清单数量才能够清晰的判别出相应投标人的优劣。对于园林绿化工程预算来说，其成果文件必然包含此文件，文件内的表格在国家《清单规范》规定了其具体的形式，具体参照第五章以及第十章中详述内容，规范中还规定了一份完整的工程量清单文件由以下表格组成：

① 招标工程量清单封面。

② 招标工程量清单扉页。

③ 总说明。

④ 分部分项工程清单与计价表。

⑤ 单价措施项目清单与计价表。

⑥ 总价措施项目清单与计价表。

⑦ 其他项目清单计价汇总表。

⑧ 规费、税金项目计价表。

⑨ 发包人提供材料和工程设备一览表。

需要注意的是以上表格中只能有数量不能有价格，工程量清单文件只是统一所有投标人的工程数量，来便于评判不同投标人的报价高低。

（3）招标控制价或投标报价文件。

招标控制价和投标报价文件是招投标中的重要组成部分，它们表达了工程价格形成的过程。两个文件的表格内容是一致的，只是具体价格有所差异。招标控制价是对于整个工程价格的最高限制价，投标报价是根据不同投标人的情况来进行的价格，是必须小于或等于招标控制价的。招标控制价文件是招标文件的组成部分，而投标报价文件是投标文件的组成部分，在出成果文件时要按照课程设计的要求来选择采用哪个文件形式。

根据国家《清单规范》规定了其文件所包含的表格及其形式，其具体参照第五章以及第十章中详述内容，一份完整的单位工程招标控制价文件或者投标报价文件，需由以下表格所组成：

① 招标控制价封面（或投标报总价封面）。

② 招标控制价扉页（或投标总价扉页）。

③ 招标控制价公布表。

④ 总说明（此为招标控制价或者投标报价的总说明，与之前的工程量清单总说明有所区别）。

⑤ 单位工程招标控制价汇总表（单位工程投标报价汇总表）。

⑥ 分部分项工程清单与计价表。

⑦ 综合单价分析表（此为分部分项工程部分的综合单价分析）。

⑧ 单价措施项目清单与计价表。

⑨ 综合单价分析表（此为单价措施部分的综合单价分析）。

⑩ 总价措施项目清单与计价表。

⑪ 其他项目清单计价汇总表。

⑫ 暂列金额明细表。

⑬ 材料（工程设备）暂估单价及调整表。

⑭ 专业工程暂估价及结算价表。

⑮ 计日工表。

⑯ 总承包服务费计价表。

⑰ 规费、税金项目计价表。

⑱ 发包人提供材料和工程设备一览表。

以上表格为一个项目基本需要的表格内容，其他还有需要的表格由各指导老师来进行相应的要求，比如主要材料的价格表、未计价材料表、经济技术指标表等等。以上的表格需要注意的是只要有数据的表格，才需要从软件之中导出并打印装订。

8.2 园林绿化工程预算课程设计成果装订要求

园林绿化工程预算课程设计的成果文件整理出来之后，采用A4纸张进行打印，并按顺序装订，其装订的顺序要求如下：

（1）课程设计说明书。

① 课程设计封面——格式参照图8-1所示。

② 课程设计任务书——格式参照图8-2所示。

③ 目录——包括课程设计说明正文以及所有的成果文件，按照相应的内容顺序编排总目录，要求层次清晰，给出标题与页码，一般按三级标题进行设置。由于附件成果文件为其他软件导出的表格文件，学生难以在同一个Word文档中编排，也就难以自动生成带页码的目录，可以要求学生利用手写的方式来进行附件成果文件的页码编写，并写入目录之中。

④ 正文——课程设计说明书的内容，按照层次分章节进行撰写并编排。

⑤ 参考资料——按照要求格式进行编制，具体如第七章内容。

（2）附件一：××园林绿化工程工程量计算书。

（3）附件二：××园林绿化工程工程量清单文件。

（4）附件三：××园林绿化工程招标控制价文件（或××园林绿化工程投标报价文件）。

（5）附件四：××园林绿化工程施工图图纸（此图纸应为课程设计期间使用的，上有一些演算、勾画等痕迹，以证明此文件确为自己亲自进行编制的依据之一）。

（6）附件五：光盘1张，内含以上所提交的所有成果内容电子版。

8.3 园林绿化工程预算课程设计成果评分方法

园林绿化工程预算课程设计综合训练的成绩可按优、良、中、及格、不及格五个等级综合评定，也可以按平时的百分制进行评定。其评定的成绩构成以及相应的评定办法可参照以下内容：

（1）平时表现。

此为学生在课程设计期间的学习态度，以及学习的出勤、纪律等，占总评成绩的30%，可通过平时学生的出勤，过程中的认真态度来进行评定。

（2）提交成果的完整性。

此项为评定的主要部分，占总评成绩的 40%，由指导教师通过审阅学生提交的成果文件，对其文本内容的齐全程度、内容的完整性、课程设计说明的撰写效果等来进行综合的评定。

（3）总价的准确性。

评判学生成果中的总价数据出入情况，占总评成绩的 10%，其评定的标准是与选择的基准值来进行比较偏差幅度，一般偏差 1%扣减一分。

（4）综合单价的准确性。

由指导教师随意抽取出某一清单项，取其综合单价，将学生的成果数据与基准值进行比较偏差幅度来评定，一般偏差 1%扣减 1 分占总评成绩的 10%。

（5）工程量计算的准确性。

此项与综合单价准确性判定类似，由指导教师随意抽取出某一项目，取其清单或定额的工程量，将学生的成果数据与基准值进行比较偏差幅度来评定，一般偏差 1%扣减 1 分占总评成绩的 10%。

所谓的基准值是指评定的基准数据，其确定的方式可采用两种：一是教师自己进行此园林绿化工程的预算文件，在完成之后，并且保证可行度高的情况下，可以选用教师自己完成的文件中的数据为基准值；一是教师来不及完成整个园林绿化工程预算时，可由教师从学生中选择可信度比较高的 10～20 名学生的成果进行选取，把其数据去掉最高、去掉最低取平均值为基准值。

无论采用什么样的评定标准或者方法，其原则是公平、公正、公开，有区分度，要让最努力的学生处于高分段，而只要遵守纪律、不偷懒、认真、独立完成整个预算课程设计的，即便是数据偏差比较大的学生也能及格。园林绿化工程预算课程设计的目的在于过程，也就是让学生知道园林绿化工程预算是怎样形成的即可。

×××大学

园林绿化工程预算课程设计

说明书

任务名称：______________________

院（系）：______________________

专业班级：______________________

学生姓名：______________________

学　　号：______________________

指导教师：______________________

设计起止时间：__________________

图 8-1　预算课程设计说明书封面

××大学
园林绿化工程预算课程设计
任务书

________学院_______专业______级　学生姓名________

课程设计题目：________________________________

课程设计主要内容：

根据××园林景观工程施工图（总图×张，详图×张），独立完成“读图→列项→算量→套价→计费”等施工图预算的全部工作，编制××园林景观工程的“工程量清单”和“招标控制价”文件，并撰写“综合训练说明书”。“工程量清单”和“招标控制价”可利用计价软件编制并导出 Excel，所有成果文件最终用 A4 纸打印并装订成册提交（并附 1 张光盘）。

设 计 指 导 教 师（签字）：____________________

教学基层组织负责人（签字）：____________________

年　　月　　日

图 8-2　预算课程设计任务书

第 9 章 园林绿化工程预算课程设计计价软件运用

【学习要点】

（1）运用计价软件进行园林绿化工程施工图预算编制的方法。

（2）计价软件中的操作流程和创建方法。

（3）计价软件中园林绿化工程清单项与定额项的查询方法。

（4）计价软件中园林绿化工程的综合单价分析计算方法、报表输出方法。

本章主要讨论采用广联达计价软件 GBQ4.0 以“某街头绿地景观工程”为例对园林工程预算文件形成的操作方法。

9.1 软件操作界面及新建工程

9.1.1 软件操作界面

广联达计价软件 GBQ4.0 安装完成之后，双击桌面上“广联达计价软件 GBQ4.0”图标，进入模式选择界面。若课程设计中教师要求学生单独完成请选择“个人模式”，若教师要求学生分组协作完成请选择“协作模式”。下面的软件操作以个人模式为例进行说明，如图 9-1 所示。

图 9-1 模式选择界面

9.1.2 新建工程

进入个人模式后，软件工程文件管理界面，首先选择工程类型，共分为清单计价和定额计价两种类型，请根据课程设计任务书的要求按需选择。由于本次课程设计完成的是园林绿化工程的单位工程，故应选择[新建单位工程]，如图 9-2 所示。

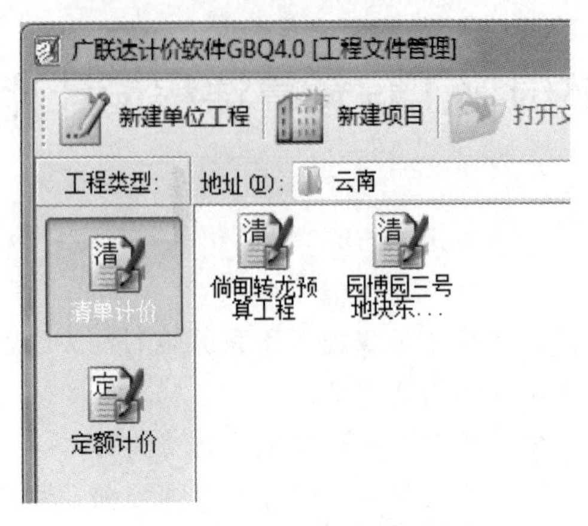

图 9-2　工程类型选择新建

进入单位工程管理界面后，默认的计价方式为清单计价。首先在“按向导新建”一栏中请将“清单专业”通过点击下拉菜单改为[园林绿化工程]，定额库与定额专业软件会自动变更为园林绿化专业的相应选项。然后根据最新的计价方法，计税方式应选择为[增值税]。最后在工程名称中输入“某街头绿地景观工程预算”。如图 9-3 所示。

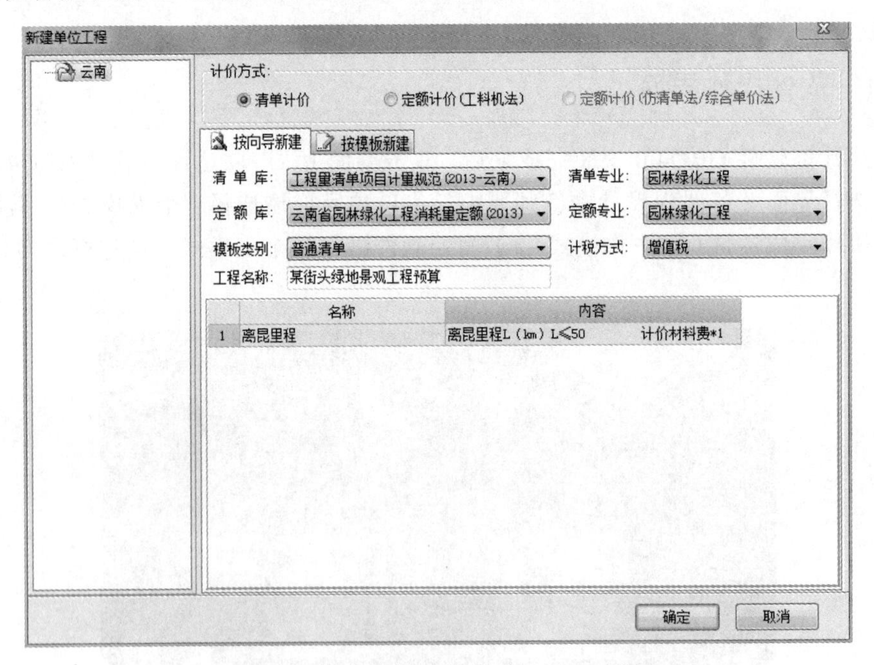

图 9-3　新建清单计价单位工程对话框

点击[确认]之后，切换至工程概况界面，根据图纸信息和课程设计任务书等相关资料，根据软件提示的内容输入对应的工程信息和工程特征内容。此项内容的输入不会影响费用的计算，课程设计中可以不用输入相关内容，并且以软件默认的状态进行操作。如图 9-4 所示。

工程概况 ✕　　添加信息项　插入信息项

工程概况 | 分部分项 | 措施项目 | 其他项目 | 人材机汇总

- 工程信息
- 工程特征
- 指标信息
- 编制说明

	名称	内容
1	**基本信息**	
2	合同号	
3	工程名称	某街头绿地景观工程预算
4	专业	园林绿化工程
5	编制依据	云南省园林绿化工程消耗量定额(2013)
6	建设单位	云南xx置业股份有限公司
7	设计单位	云南xx环境工程有限公司
8	施工单位	
9	监理单位	
10	工程地址	
11	质量标准	
12	开工日期	
13	竣工日期	
14	建设单位负责人	
15	设计单位负责人	
16	编制人	
17	编制人执/从业证号	
18	审核人	
19	质量承诺	
20	工期承诺(日历天)	

图 9-4　工程信息内容对话框

工程概况中的编制说明可反映在报表中的总说明中，可点击编辑命令输入总说明的相关内容。编辑界面具有修改字体、字号、加粗和对齐方式等最基本的格式操作，也可以将报表中的总说明导出到 Excel，在 Excel 中输入内容和编辑格式，最后形成的样式如图 9-5 所示。

总　说　明

工程名称：某街头绿地景观工程预算　　　　　　第 1 页 共 1 页

1、工程概况：

①本工程为云南昆明某接头绿地景观工程，总用地面积为1800m²，绿地面积为1634.94m²，绿地起坡造型面积为437.65m²，车库范围面积为1280m²。

②工程中基本以绿地种植为主，要求良好的施足基肥的红土，乔木类苗木均带土球，并用四角树棍支撑，养护一年；四角景观亭一座以樟子松木搭建，基础为C20钢筋混凝土筏板基础；金属花廊架两座采用50x50方钢制作，基础为C20钢筋混凝土结构；景墙两道，普通砖砌筑；道路1.5米宽，碎石150厚，C15混凝土100厚垫层，透水砖作面层。

③一边临城市道路，另两边为居住区道路，小区及道路已建成，地下车库已建成。

2、工程招标发包范围：施工图标明的全部工程内容。

3、工程量清单编制依据：

①xx环境工程有限公司所出的某接头绿地景观设计施工图。

②国家标准《园林绿化工程工程量计算规范》（GB50858-2013）

③《xx省建设工程造价计价规则》（DBJ53/T-58-2013）

④《xx省园林绿化工程消耗量定额》（DBJ53/T-60-2013）

⑤常规绿化工程施工方案

4、工程质量、材料、施工等的特殊要求：工程质量一次验收合格；材料（尤其是苗木）必须验收合格方能使用，施工中药注意周围环境卫生的爱护，木材需进行防腐处理，金属需进行防锈处理。

5、其他需要说明的问题：

本工程地形造型需自然衔接周边，保证边坡的稳固性，植物均需满足健康无病虫害。

图 9-5　编制总说明

9.2　分部分项工程费计价操作

如图 9-6 所示，单击导航栏[分部分项]，以便套用清单项和定额项，可进行分部分项工程费的计算。清单编辑窗口如图 9-7 所示。

图 9-6　分部分项工程量清单导航栏

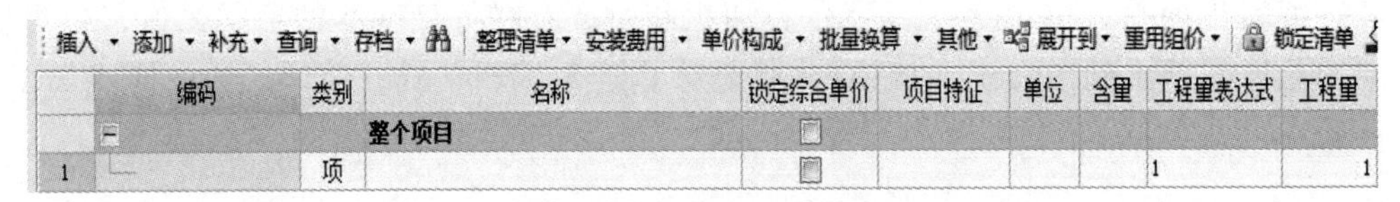

图 9-7　清单编辑窗口

9.2.1　查询清单项和定额项

1）查询清单库

在清单编辑窗口中，点击[查询]倒三角菜单，单击[查询清单]，出现清单查询的窗口，如图 9-8 所示。软件提供了两种查询输入方法。

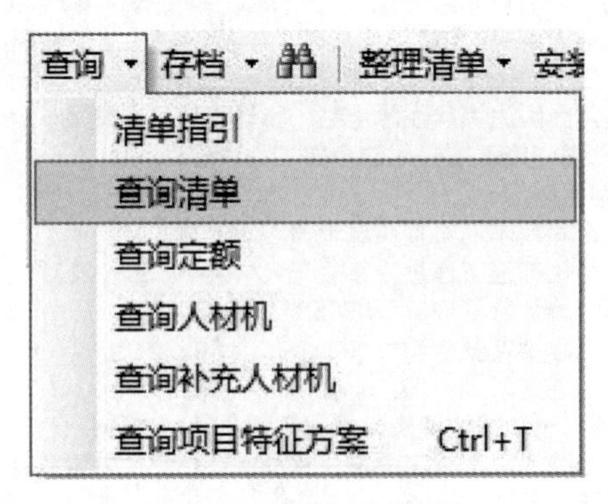

图 9-8　查询清单项

（1）按章节查询。

在左边的章节中选择章节，在右面找到要输入的清单项，用鼠标双击需要的清单项或者按回车键，该条清单就被输入到当前清单书中，如图 9-9 所示。可以连续双击多条清单，连续输入。

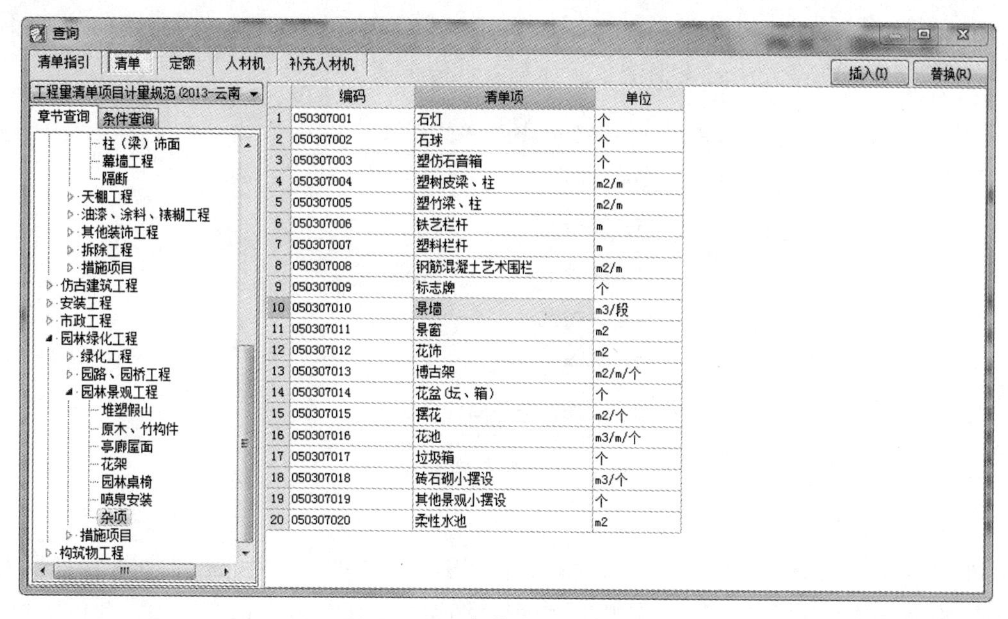

图 9-9　章节查询对话框

（2）按条件查询。

如图 9-10 所示，单击[条件查询]，在查询窗口的查询条件中输入需要查询的清单名称或 9 位清单编码，单击[查询]，查询结果在右边的窗口中显示，选中需要的清单项双击鼠标左键或者点击[插入]键即可。

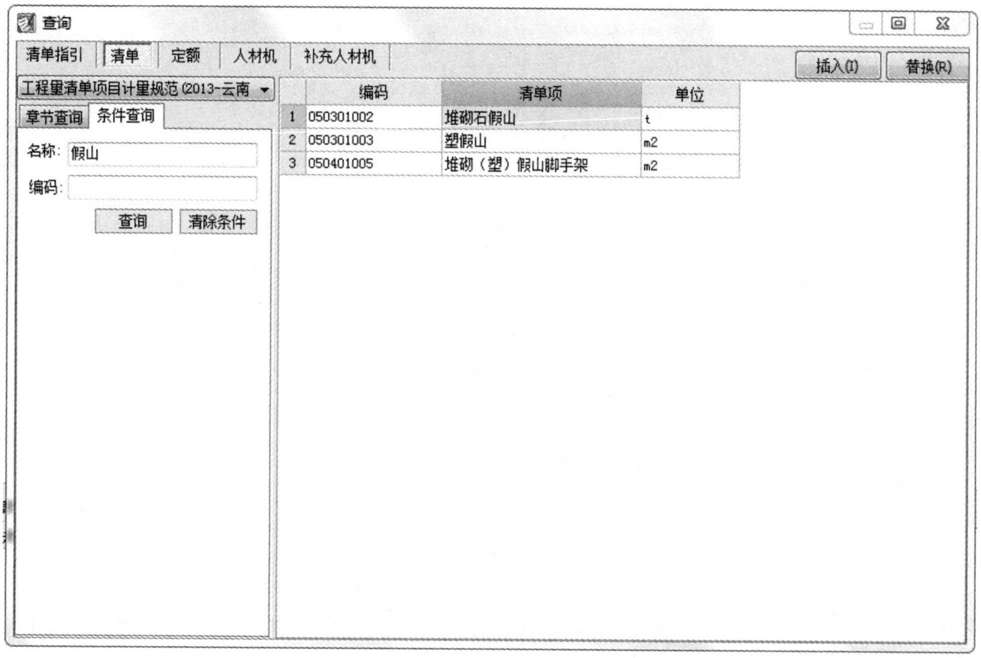

图 9-10　条件查询对话框

2）查询定额库

在清单编辑窗口中，先选中某个已套清单项，再点击[查询]倒三角菜单，单击[查询定额]，出现定额查询的窗口，如图 9-11 所示。软件提供了两种查询输入方法，按章节查询和按条件查询，具体操作方法同查询清单，详见查询清单库。

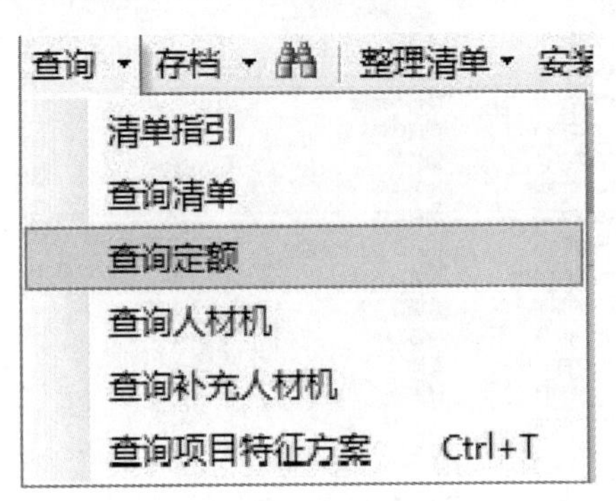

图 9-11　查询定额项

3）查询清单指引

软件中，定额与清单已进行匹配，可同时套用清单项和定额项。在清单编辑窗口中，点击[查询]倒三角菜单，单击[清单指引]，出现查询窗口。在章节查询中选中需要的清单项，右边的窗口中显示与其匹配的定额项，在框中打勾选择即可进行多项选择，最后单击[插入清单]，如图 9-12 所示。

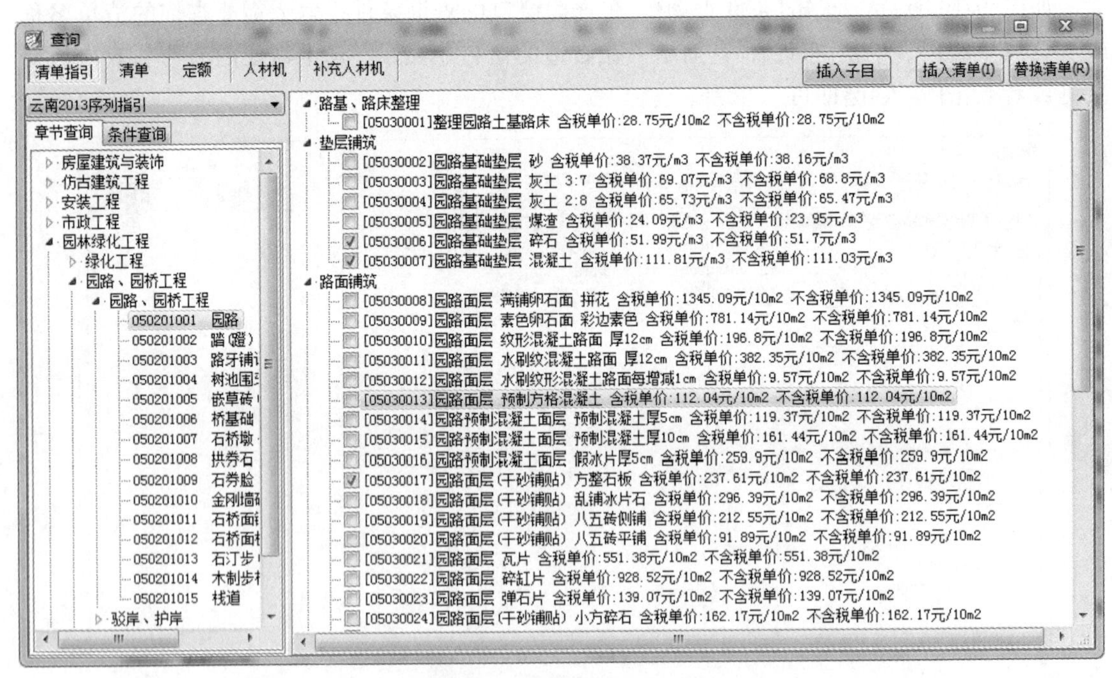

图 9-12　清单指引对话框

若定额中有未计价材料，即会弹出“未计价材料”窗口，在窗口中输入材料的市场价，点击[确定]，完成定额套用。如图 9-13 所示。

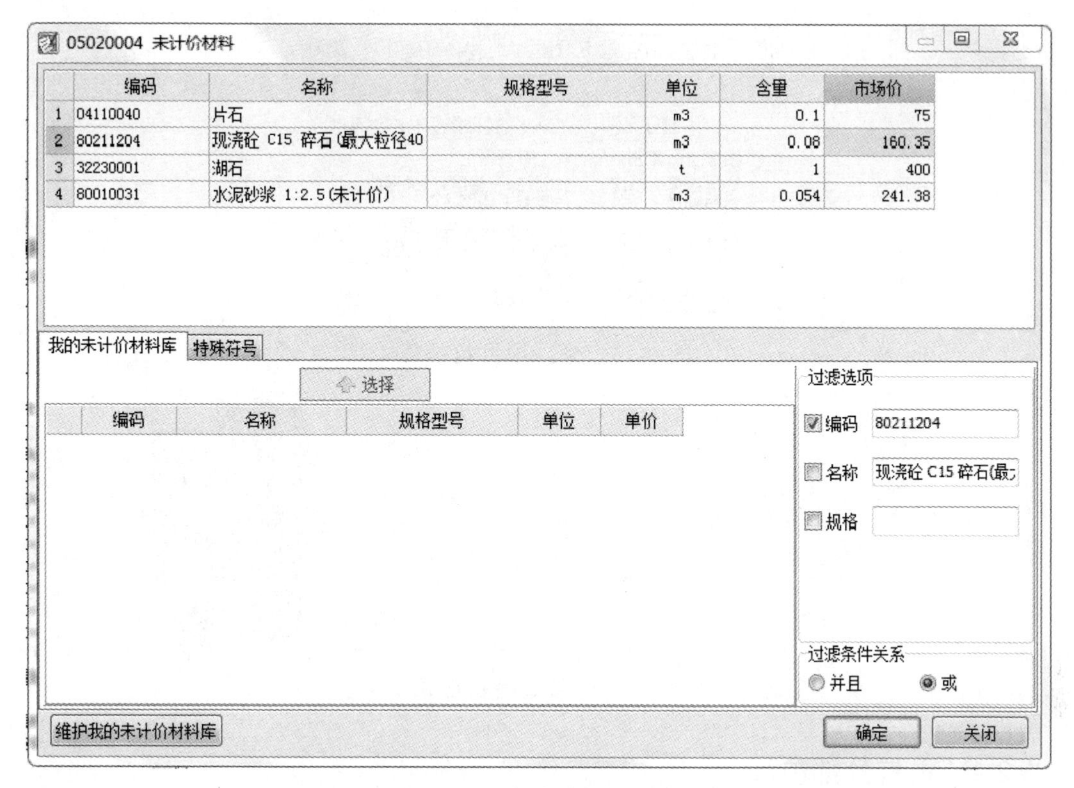

图 9-13　未计价材对话框

9.2.2　输入清单量和定额量

清单项与定额项套用完成之后，需要输入工程量。在清单项的[工程量表达式]处输入按清单规则计算的工程量，如果定额的工程量计算规则和清单相同，则在定额项的[工程量表达式]中出现“QDL”，表示定额的工程量同清单的工程量，直接应用即可。若定额的工程量计算规则与清单不同，则在[工程量表达式]处输入按定额规则计算的工程量。如图 9-14 所示。

编码	类别	名称	专业	项目特征	单位	工程量表达式	含量	工程量	单价	合价
050201001001	项	园路			m2	67.5		67.5		
05030001	定	整理园路土基路床	园林		10m2	7.2	0.0106	0.72	28.75	20.7
05030006	定	园路基础垫层 碎石	园林		m3	7.2	0.1066	7.2	51.7	372.24
05030007	定	园路基础垫层 混凝土	园林		m3	7.2	0.1066	7.2	111.03	799.42
05030035	定	砂浆结合层 砖平铺地面	园林		10m2	4.703	0.0069	0.47	215.6	101.33

图 9-14　工程量表达式输入工程量

9.2.3　输入项目特征值

选中已套用的清单项，在软件下方的菜单栏中选择特征及内容，软件根据工程计量规范中规定要描述的项目特征列出，学生需根据施工图的相应信息在对应的项目特征中输入[特征值]，并点击[应用规则到所选清单项]按钮。录入项目特征值如图 9-15 所示，项目特征应用如图 9-16 所示。

用 | 特征及内容 | 工程量明细 | 内容指引 | 查询

	特征	特征值	输出
1	路床土石类别	人工夯实普土	☑
2	垫层厚度、宽度、材料种类	150厚碎石垫层，100厚C15混凝土垫层	☑
3	路面厚度、宽度、材料种类	20厚黄木纹板岩碎拼，300x300x20芝麻黑烧面花岗岩走边	☑
4	砂浆强度等级	1:3干硬性水泥砂浆	☑

图 9-15　录入项目特征值

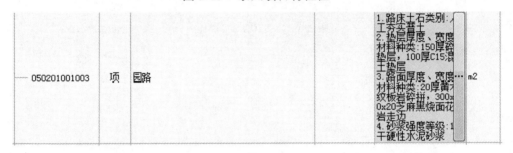

图 9-16　项目特征应用

9.2.4　设置分部项目

园林工程预算中有很多清单项目需要从其他专业借用，并且套用其他专业的定额，故在分部分项界面中设置不同的分部加以区分。首先选中需插入分部的清单项，点击鼠标右键选择插入分部，然后输入分部的编号和名称，最后选中所属该分部的清单项点击上移或下移命令进行移动操作。如图 9-17 所示。

编码	类别	名称	专业	项目特征	单位	工程量表达式	含量	工程量	单价	合价
		整个项目								
1	部	景观亭								
2	部	花廊架								
3	部	园路								
4	部	景墙								
050307010001	项	景墙		1.土质类别:三类土 2.基础材料种类、规格:C20钢筋混凝土，标准砖基础 3.墙体材料种类、规格:标准砖 4.墙体厚度:240 5.混凝土、砂浆强度等级、配合比:1:2.5水泥砂浆 6.饰面材料种类:15厚文化石饰面，500x400x100青石毛面压顶	段	2		2		
01010004	借	人工挖沟槽、基坑 三类土 深度 2m以内	土		100m3	GCLMXHJ		0.0996	3076.4	306.41
01050001 H80211101 80211307	借	现场搅拌混凝土 基础垫层 混凝土 换为【现浇砼 C20 碎石(最大粒径40mm) P.S 32.5(未计价)】	土		10m3	GCLMXHJ		0.102	974.79	99.43
01040001	借	砖基础	土		10m3	GCLMXHJ	0.03	0.06	819	49.14
01040082	借	零星砖砌体	土		10m3	GCLMXHJ		0.208	1505.14	313.07
01100138	借	文化石 砂浆黏贴 墙面	饰		100m2	GCLMXHJ		0.2143	3292.55	705.59
05040024	定	花岗岩压顶 厚100mm以内	园林		m2	GCLMXHJ		2.08	46.19	96.08
01050026	借	现场搅拌混凝土 基础梁	土		10m3	GCLMXHJ		0.028	1202.22	33.66
01050030	借	现场搅拌混凝土 过梁	土		10m3	GCLMXHJ		0.014	2152.08	30.13
01050352	借	现浇构件 圆钢 Φ10内	土		t	GCLMXHJ	0.0065	0.013	1068.4	13.89
01050355	借	现浇构件 带肋钢 Φ10外	土		t	GCLMXHJ	0.0135	0.027	669.36	18.07
5	部	种植								

图 9-17　设置分部应用

9.3 措施项目费计价操作

9.3.1 总价措施项目费计算

措施项目中的总价措施项目费是软件自动完成计算的，只需点击导航栏[措施项目]即可完成费用计算。如图 9-18 所示。软件中可调整措施项目的“计算基数”和“费率”，选中计算基数后的三点按钮，双击选择所需费用代码，即可完成计算公式编辑，如图 9-19 所示。

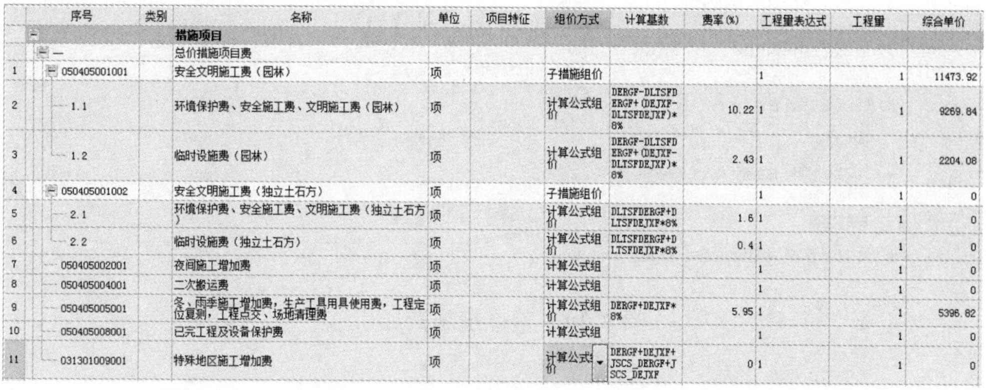

	序号	类别	名称	单位	项目特征	组价方式	计算基数	费率(%)	工程量表达式	工程量	综合单价
			措施项目								
	一		总价措施项目费								
1	050405001001		安全文明施工费（园林）	项		子措施组价			1	1	11473.92
2	1.1		环境保护费、安全施工费、文明施工费（园林）	项		计算公式组价	DERGF-DLTSFDERGF+(DEJXF-DLTSFDEJXF)*8%	10.22	1	1	9269.84
3	1.2		临时设施费（园林）	项		计算公式组价	DERGF-DLTSFDERGF+(DEJXF-DLTSFDEJXF)*8%	2.43	1	1	2204.08
4	050405001002		安全文明施工费（独立土石方）	项		子措施组价			1	1	0
5	2.1		环境保护费、安全施工费、文明施工费（独立土石方）	项		计算公式组价	DLTSFDERGF+DLTSFDEJXF*8%	1.6	1	1	0
6	2.2		临时设施费（独立土石方）	项		计算公式组价	DLTSFDERGF+DLTSFDEJXF*8%	0.4	1	1	0
7	050405002001		夜间施工增加费	项		计算公式组			1	1	0
8	050405004001		二次搬运费	项		计算公式组			1	1	0
9	050405005001		冬、雨季施工增加费，生产工具用具使用费，工程定位复测，工程点交、场地清理费	项		计算公式组价	DERGF+DEJXF*8%	5.95	1	1	5396.82
10	050405008001		已完工程及设备保护费	项		计算公式组			1	1	0
11	031301009001		特殊地区施工增加费	项		计算公式组价	DERGF+DEJXF+JSCS_DERGF+JSCS_DEJXF	0	1	1	0

图 9-18　措施项目费用计算界面

费用代码
- 分部分项
- 措施项目
- 人材机

	费用代码	费用名称	费用金额
11	JGCLF	甲供计价材料费	0
12	JGJXF	甲供机械费	0
13	JGSBF	甲供设备费	0
14	JGZCF	甲供未计价材料费	0
15	FBFX_RLDLJC	分部分项燃料动力费价差	0
16	JDRGF	甲定人工费	0
17	JDCLF	甲定计价材料费	0
18	JDJXF	甲定机械费	0
19	JDSBF	甲定设备费	0
20	DERGF	分部分项定额人工费	2379.5
21	DEJXF	分部分项定额机械费	122.5
22	JDZCF	甲定未计价材料费	0
23	CSXMRGF	措施项目人工费	0
24	CSXMJXF	措施项目机械费	0

×

图 9-19　措施项目计算基数调整

9.3.2 单价措施项目费计算

措施项目中的单价措施费计算，要套用措施项目的清单项与定额项，操作方法同分部分项界面，采用查询清单指引、查询清单和查询定额的方法操作。园林工程中常用的单价措施有脚手架工程和模板及支架工程。套用单价措施项目清单后同样需要输入项目特征，操作方法同前。单价措施应用如图 9-20 所示。

二		单价措施项目费								
1		土石方及桩基工程	项		清单组价			1	1	0
2		脚手架工程	项		清单组价			1	1	63.23
050401001001		景墙砌筑脚手架	m2	1.搭设方式:木架搭设 2.墙体高度:2m	可计量清单			GCLMXHJ	10.4	6.08
01150160	借	里脚手架 木架	100m2					QDL	0.104	607.68
3		模板及支架工程	项		清单组价			1	1	8713.81
05040200100		亭现浇混凝土垫层	m2	1.厚度:100mm	可计量清单			GCLMXHJ	1.4	31.23
01150238	借	现浇混凝土模板 混凝土基础垫层	100m2					QDL	0.014	3122.94
05040200100		花廊架现浇混凝土垫层	m2	1.厚度:100mm	可计量清单			GCLMXHJ	0.308	31.41
01150238	借	现浇混凝土模板 混凝土基础垫层	100m2					QDL	0.0031	3122.94
05040200100		景墙现浇混凝土垫层	m2	1.厚度:100mm	可计量清单			GCLMXHJ	1.552	31.18
01150238	借	现浇混凝土模板 混凝土基础垫层	100m2					QDL	0.0155	3122.94
05040200100		道路现浇混凝土垫层	m2	1.厚度:100mm	可计量清单			GCLMXHJ	15.8	44.27
01150254	借	现浇混凝土模板 满堂基础 无梁式 复合模板	100m2					QDL	0.158	4425.77
011702027001		台阶	m2	1.台阶踏步宽:300mm	可计量清单			GCLMXHJ	1.363	31.9
01150322	借	现浇混凝土模板 台阶	10m2					QDL	0.136	319.69
011702001001		亭独立基础	m2	1.基础类型:钢筋混凝土独立基础	可计量清单			GCLMXHJ	3.84	41.33
01150250	借	现浇混凝土模板 独立基础 混凝土及钢筋混凝土 复合模板	100m2					QDL	0.0384	4131.28
011702001002		亭满堂基础	m2	1.基础类型:钢筋混凝土阀板基础	可计量清单			GCLMXHJ	2.64	44.27
01150254	借	现浇混凝土模板 满堂基础 无梁式 复合模板	100m2					QDL	0.0264	4425.77

图 9-20　单价措施费应用

9.4　其他项目费计价操作

其他项目费中包括暂列金额、专业工程暂估价、计日工费用、总承包服务费和签证及索赔计价费五项费用组成。若课程设计中要求暂列金额为十万元，则选中[暂列金额]，输入名称、单位和金额即可。如图 9-21 所示。

新建独立费
- 其他项目
  - 暂列金额

	序号	名称	计量单位	暂定金额	备注
1	1	暂列金额	元	100000	

图 9-21　暂列金额界面

一般招标文件规定的暂列金额和暂估价等费用不允许更改，投标人部分费用如计日工、总承包服务费等在取费基数和费率处输入数据即可。如图 9-22 所示。

其他项目　×　新建独立费
- 其他项目
  - 暂列金额
  - 专业工程暂估价
  - 计日工费用
  - 总承包服务费
  - 签证及索赔计价

插入 ▾　添加 ▾　保存为模板　载入模板　其他项目模板：其他项目模板

	序号	名称	计算基数	费率(%)	金额	费用类别	不可竞争费	不计入合价	备注	局部汇总
1		其他项目			100000					☐
2	1	暂列金额	暂列金额		100000	暂列金额	☐	☐		☐
3	2	暂估价	专业工程暂估价		0	暂估价	☐	☐		☐
4	2.1	材料（设备）暂估价	ZGJCLHJ		0	材料暂估价	☐	☑		☐
5	2.2	专业工程暂估价	专业工程暂估价		0	专业工程暂估价	☐	☑		☐
6	3	计日工	计日工		0	计日工	☐	☐		☐
7	4	总承包服务费	总承包服务费		0	总承包服务费	☐	☐		☐
8	5	其他	人工费调差+机械费调差+风险费		0	其他	☐	☐		☐
9	5.1	人工费调差			0	人工费调差	☐	☑		☐
10	5.2	机械费调差			0	机械费调差	☐	☑		☐
11	5.3	风险费			0	风险费	☐	☑		☐

图 9-22　其他项目费用计算界面

9.5 人材机汇总操作

单击导航栏[人材机汇总]，可查看人工、材料、机械情况，如果需要调整，可按当地计价规则和当地的材料市场价格，修改人材机的不含税市场价，软件按输入的市场价进行计算。如图 9-23 所示。

不含税市场价合计：466978.67　　价差合计：0.00

	编码	类别	名称	规格型号	单位	数量	含税预算价	不含税预算价	不含税市场价
73	99230044	机	剪草机		台班	4.783	120	109.32	109.32
74	99250038	机	直流电焊机功率	32kW	台班	0.0287	187.2	170.54	170.54
75	99250055	机	对焊机	75kVA	台班	0.0052	165.85	151.22	151.22
76	99430081	机	电动单筒慢速卷扬机	50kN	台班	0.0855	112.7	106.15	106.15
77	99460118	机	其他机械费		元	45.5409	1	1	1
78	99460187	机	折旧费及检修费等		元	2203.4106	1	1	1
79	JXFTZ	机	机械费调整		元	-0.0108	1	1	1
80	01010007	未计价	Ⅰ级钢筋	HPB300 φ10以	t	0.0286	--	--	3750
81	01010025	未计价	Ⅱ级螺纹钢	HRB335 φ10以	t	0.1938	--	--	3560
82	01010027	未计价	Ⅱ级螺纹钢	HRB335 φ10以	t	0.0622	--	--	3670
83	04030002	未计价	矿渣硅酸盐水泥	P.S 32.5 (散装	t	5.9079	--	--	650
84	04030003	未计价	矿渣硅酸盐水泥	P.S 32.5	t	2.581	--	--	650
85	04030005	未计价	矿渣硅酸盐水泥	P.S 42.5(散装)	t	0.8082	--	--	750
86	04030005@1	未计价	矿渣硅酸盐水泥	P.S 42.5(散装)	t	0.142	--	--	750
87	04050019	未计价	山砂		m3	8.3643	--	--	100
88	04050028	未计价	细砂		m3	5.714	--	--	80
89	04050028	未计价	细砂		m3	1.4966	--	--	80
90	04090025	未计价	石灰膏		kg	46.9623	--	--	70
91	04090038	未计价	种植土		m3	3008.566	--	--	5
92	04110077	未计价	碎石	40mm	m3	21.8059	--	--	90
93	04110077@1	未计价	碎石	40mm	m3	0.4645	--	--	90
94	04110083	未计价	碎石	5~40mm	m3	27.797	--	--	90
95	04150040	未计价	标准砖	240*115*53(mm)	千块	1.4613	--	--	1000

图 9-23　人材机汇总界面

9.6 费用汇总操作

单击导航栏[费用汇总]，可查看分部分项工程量清单计价合计、措施项目清单计价合计、其他项目清单计价合计、规费和税金的费用，软件已按照新建向导时增值税的计税方式计算建安工程费，若另需调整，可按所需计价方式修改计算基数和费率。如图 9-24 所示。

	序号	费用代号	名称	计算基数	基数说明	费率（%）	金额	费用类别	备注
1	1	A	分部分项工程	FBFXHJ	分部分项合计		511,124.89	分部分项合计	Σ（分部分项工程清单工程量*相应清单项目综合单价）
2	1.1	A1	定额人工费	FBFX_DERGF	分部分项定额人工费		92,205.86	人工费	Σ（分部分项工程中定额人工费）
3			人工费调整	FBFX_DERGF	分部分项定额人工费	15	13,830.88	人工调整及价差	
4	1.2	A2	材料费	CLF_HSJ*0.912+CLF_BHSJ+ZCF	计价材料费_含税*0.912+计价材料费_不含税+分部分项未计价材料费		357,253.78		
5	1.3	A3	设备费	SBF	分部分项设备费		0.00		
6	1.4	A4	机械费	FBFX_DEJXF	分部分项定额机械费		7,910.16		
7	1.5	A5	管理费和利润	FBFX_GLF+FBFX_LR	分部分项管理费+分部分项利润		39,928.20		
8	2	B	措施项目	CSXMHJ	措施项目合计		26,044.35	措施项目费	
9	2.1	B1	单价措施项目	JSCSF	单价措施项目合计		8,777.04		Σ（单价措施项目清单工程量*清单综合单价）
10	2.1.1	B11	定额人工费	JSCS_DERGF	单价措施定额人工费		1,425.17	人工费	Σ（单价措施项目中定额人工费）
11			人工费调整	JSCS_DERGF	单价措施定额人工费	15	213.78	人工调整及价差	
12	2.1.2	B12	材料费	JSCS_CLF_HSJ*0.912+JSCS_CLF_BHSJ+JSCS_ZCF+JSCS_SBF	单价措施项目计价材料费_含税*0.912+单价措施项目计价材料费_不含税+单价措施项目未计价材料费+单价措施项目设备费		6,478.72		
13	2.1.3	B13	机械费	JSCS_DEJXF	单价措施定额机械费		43.45		
14	2.1.4	B14	管理费和利润	CSXM_GLF+CSXM_LR	措施项目管理费+措施项目利润		614.90		
15	2.2	B2	总价措施项目费	ZZCSF	总价措施项目合计		17,267.31		Σ（总价措施项目费）
16	2.2.1	B21	安全文明施工费	AQWMSGF	安全及文明施工措施费		11,743.63	安全文明施工费	
17	2.2.1.	B211	临时设施费	LSSSF	临时设施费		2,255.89		
18	2.2.2	B22	其他总价措施项目费	ZZCSF-AQWMSGF	总价措施项目合计-安全及文明施工措施费		5,523.68		
19	3	C	其他项目	QTXMHJ	其他项目合计		100,000.00	其他项目费	Σ（其他项目费）
20	3.1	C1	暂列金额	暂列金额	暂列金额		100,000.00		
21	3.2	C2	专业工程暂估价	专业工程暂估价	专业工程暂估价		0.00		
22	3.3	C3	计日工	计日工	计日工		0.00		
23	3.4	C4	总承包服务费	总承包服务费	总承包服务费		0.00		
24	3.5	C5	其他	QT	其他		0.00		
25	4	D	规费	D1 + D2 + D3	社会保险费、住房公积金、残疾人保证金+危险作业意外伤害险+工程排污费		25,280.38	规费	<4.1>+<4.2>+<4.3>
26	4.1	D1	社会保险费、住房公积金、残疾人保证金	FBFX_DERGF+JSCS_DERGF+JRG_GRSL*63.88	分部分项定额人工费+单价措施定额人工费+计日工_工日数量*63.88	26	24,344.07	规费细项	
27	4.2	D2	危险作业意外伤害险	FBFX_DERGF+JSCS_DERGF+JRG_GRSL*63.88	分部分项定额人工费+单价措施定额人工费+计日工_工日数量*63.88	1	936.31	规费细项	
28	4.3	D3	工程排污费					规费细项	按有关规定计算
29		E	不计税工程设备费						
30	5	F	税金	A+B+C+D-E	分部分项工程+措施项目+其他项目+规费-不计税工程设备费	11.36	75,254.28	税金	市区：11.36 县城、镇：11.3 不在市区、县城、镇：11.18
31	6	G	单位工程造价	A + B + C + D + F	分部分项工程+措施项目+其他项目+规费+税金		737,703.90	工程造价	<1>+<2>+<3>+<4>+<5>

图 9-24　费用汇总界面

9.7　报表输出操作

单击导航栏[报表]，如图 9-25 所示，计价类表格有工程量清单、投标方、招标控制价和其他，可根据需要查看或打印报表即可。如投标方的表格，展开后可多选多张表格后点击鼠标右键，即可选择批量导出或批量打印，如图 9-26 所示。课程设计时应要求学生批量导出 Excel 或 PDF 格式的表格进行打印装订。

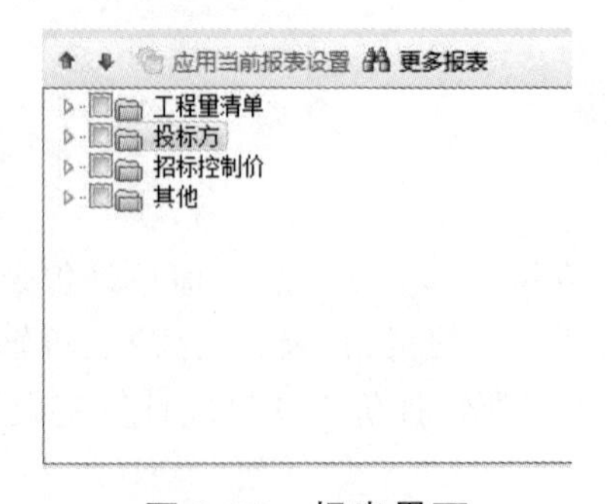

图 9-25　报表界面

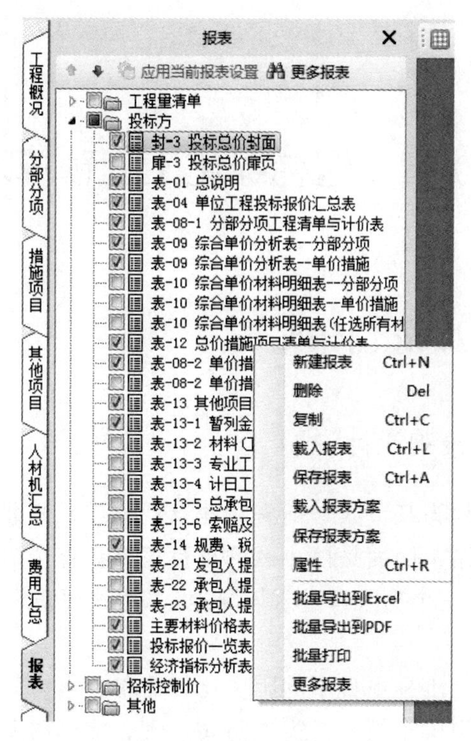

图 9-26　投标方报表界面

第 10 章　园林绿化工程预算示例

10.1　设计说明及施工图纸

10.1.1 某街头绿地景观设计说明

（1）基本概况：本工程为某市区一街头绿地景观设计，其北面为城市道路，东面是一居住区，中间为一人行道路，南面是该小区的车行道路。整个绿地与周边道路，以青石立道牙分隔，三条道路分别有三个出入口进入该绿地。总用地面积为 1 800 m^2，其中有 1 280 m^2 为地下车库所占范围面积。

（2）园建说明：此绿化工程项目中的园建比较简单，有一座四角亭和两个花廊架，四角亭为木结构，木材均采用樟子松木，需作防腐处理，涂刷防腐油，并刷防火漆两遍。木构件连接均为榫接，榫接处利用高性能胶黏结。亭子的木柱子与钢筋混凝土基础连接，采用预制成品钢构件连接，构件需刷防锈氟碳漆两道。花廊架是利用方钢进行焊接形成的，其表面也是需刷防锈氟碳漆两道。由于花廊架的艺术性比较强，采用定制成品的方式来购进，施工方只需要把花廊架与基础进行连接即可。

（3）园路说明：本绿化工程有两种园路，一是透水砖路面，一是板岩碎拼路面。园路的基础做法都是一样的，均采用 150 厚碎石垫层与 100 厚 C15 混凝土作为路面基础垫层，而面层的铺贴利用 30 厚 1∶3 干硬性水泥砂浆进行铺贴。

（4）小品说明：小品有景墙与坐凳、垃圾桶、指示牌等，除去景墙外的其他小品设施，其余均采用外包形式，由其他专业公司进行制作安装，施工单位进行相应的配合工作。景墙采用普通砖砌筑，面贴 15 厚文化石，青石压顶。

（5）植物种植说明：本工程中植物种植土的要求为良好的红土，不含建筑垃圾，应施足肥，并注意组织排水至园路两边或者相应的排水沟内，避免积水造成植物的伤害。对于种植地的地形需按要求进行构筑，总体形态基本达到要求即可。植物选择健康无病虫害、枝叶茂盛、具有良好的树冠结构的苗木，全部采用带土球种植，乔木种植之后要进行支撑，支撑采用四角树棍方式。所有的植物种植完成需养护一年，标准为一级养护。

10.1.2　各分项施工图纸

（1）总平面图纸：包含总体平面图、道路平面图、绿化种植图、总索引图等，如图 10-1 ~ 图 10-4 所示。

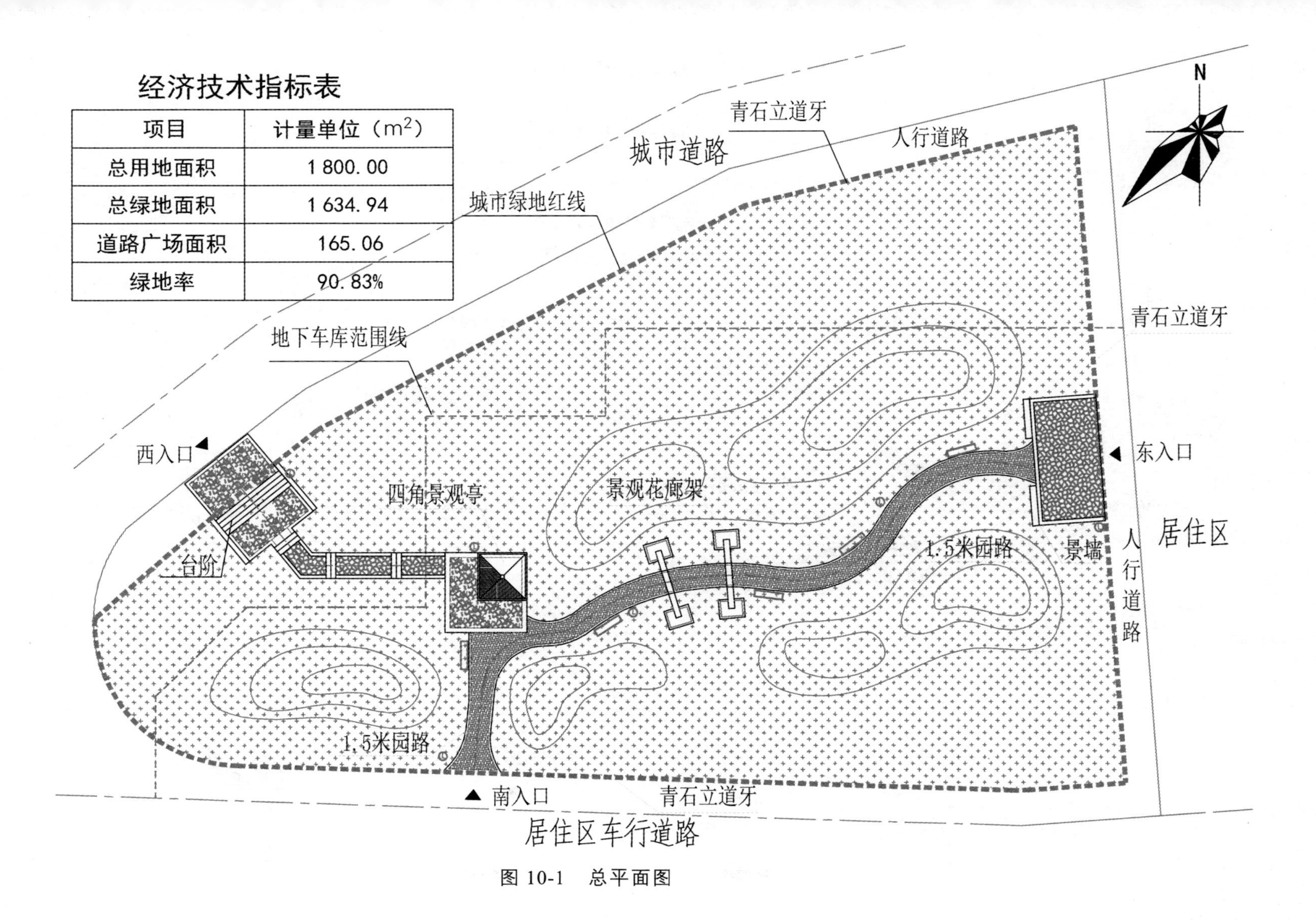

经济技术指标表

项目	计量单位（m^2）
总用地面积	1 800.00
总绿地面积	1 634.94
道路广场面积	165.06
绿地率	90.83%

图 10-1　总平面图

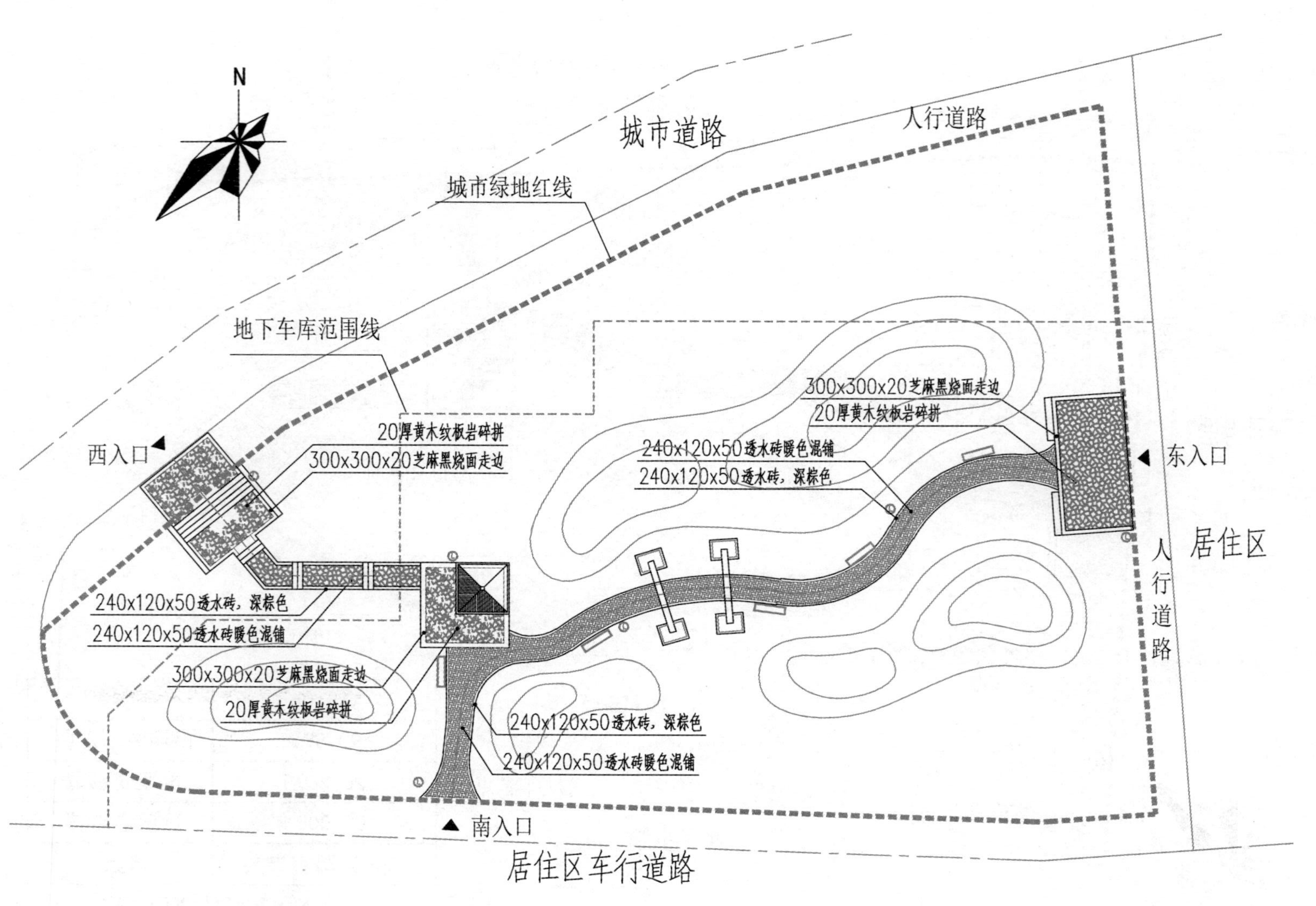

N
城市道路
人行道路
城市绿地红线
地下车库范围线
20厚黄木纹板岩碎拼
300x300x20芝麻黑烧面走边
西入口
300x300x20芝麻黑烧面走边
20厚黄木纹板岩碎拼
240x120x50透水砖暖色混铺
240x120x50透水砖，深棕色
东入口
居住区
人行道路
240x120x50透水砖，深棕色
240x120x50透水砖暖色混铺
300x300x20芝麻黑烧面走边
20厚黄木纹板岩碎拼
240x120x50透水砖，深棕色
240x120x50透水砖暖色混铺
南入口
居住区车行道路

图 10-2 园路铺装总图

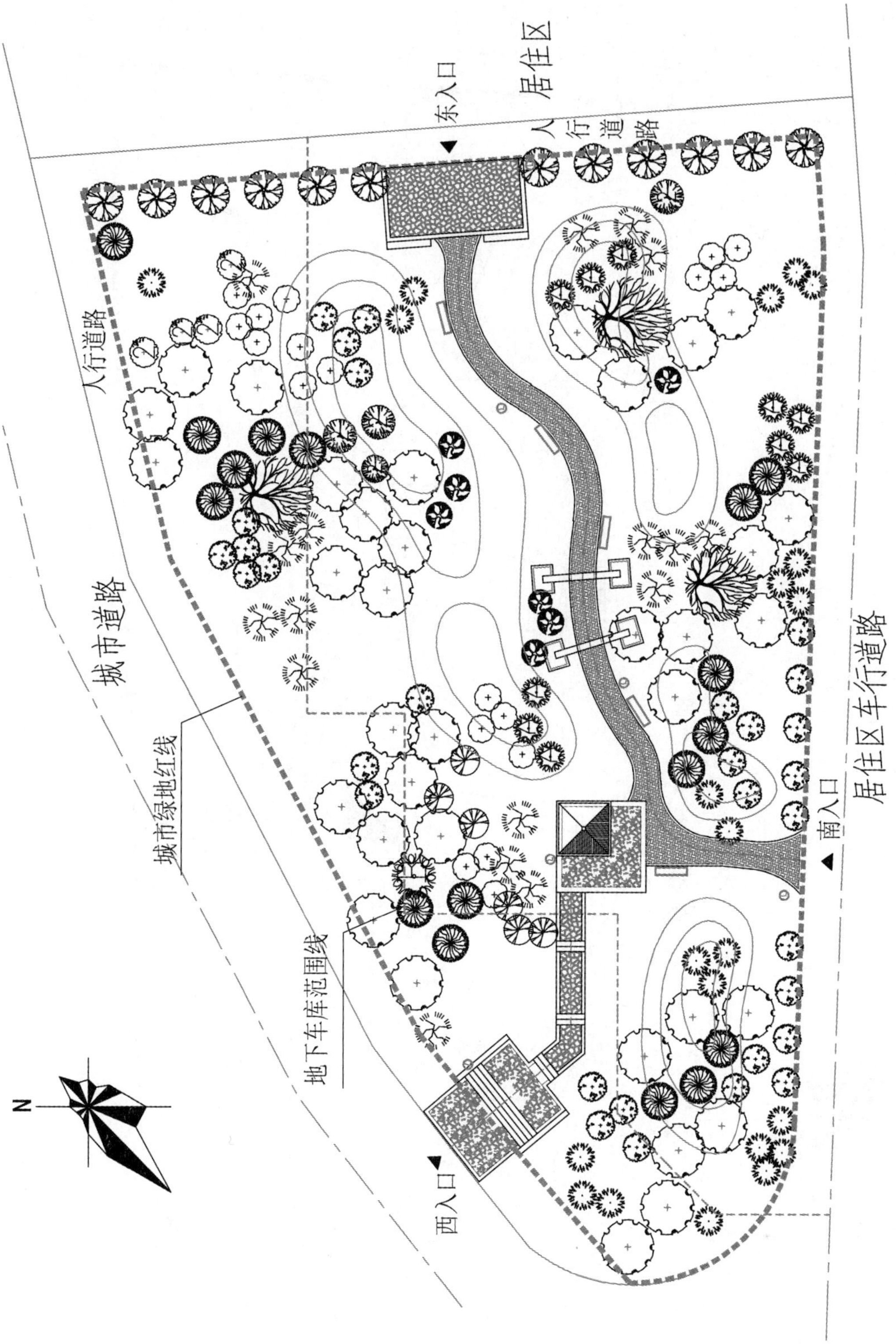

图 10-3　植物种植总图

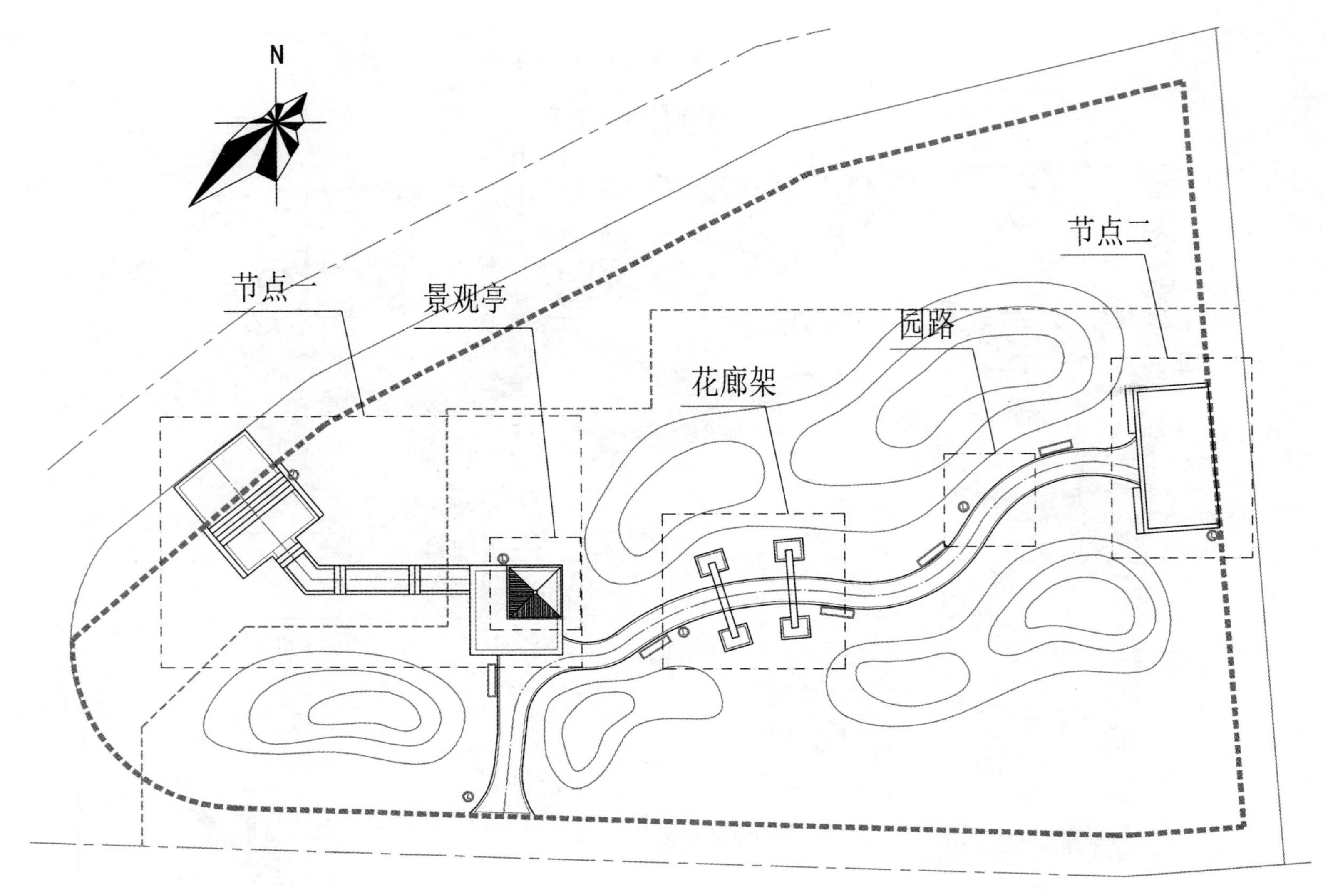

图 10-4　索引总图

（2）植物种植图图纸：包含植物种植表、乔木种植图、灌木种植图、地被种植图。如表 10-1 以及图 10-5～图 10-7 所示。

表 10-1　植物种植表

序号	植物名称	图例	规格	备注
乔木				
1	大叶樟		胸径 ϕ8～10 cm，高 2.5～3 m，冠幅 2～2.5 m	树冠饱满
2	红花木莲		胸径 ϕ6～8 cm，高 3.5 m，冠幅 2～2.5 m	树冠饱满，树形统一
3	广玉兰		胸径 ϕ6～8 cm，高 3.0～3.5 m，冠幅 2.0～2.5 m	主干直，树冠饱满
4	肋果茶		胸径 ϕ4～6 cm，高 2.0～3.0 m，冠幅 2.0～2.5 m	树冠饱满，低分枝，树形优美
5	四季桂		胸径 ϕ4～6 cm，高 2.0～3.0 m，冠幅 2.0～2.5 m	树冠饱满
6	大树杨梅		胸径 ϕ8～10 cm，高 2.5～3.0 m，冠幅 3.0～3.5 m	树冠饱满，分支点不小于 3 个，树形优美
7	杜英		胸径 ϕ8～10 cm，高 2.5～3.0 m，冠幅 2.0～2.5 m	主干直，树冠饱满
8	云南拟单性木兰		胸径 ϕ4～6 cm，高 2.0～2.5 m，冠幅 2.5～3.0 m	主干直，树冠饱满
9	香樟		胸径 ϕ8～10 cm，高 2.5～3.0 m，冠幅 2.0～2.5 m	主干直，带骨架多分枝
10	枇杷		胸径 ϕ12～15 cm，高 2.5～3.0 m，冠幅 2.0～2.5 m	树冠饱满
11	球花石楠		胸径 ϕ8～10 cm，高 2～2.5 m，冠幅 2.0～2.5 m	树冠饱满
12	滇朴		胸径 ϕ20～23 cm，高 6.5～7 m，冠幅 5 m	树冠饱满，带骨架多分枝
13	银杏		胸径 ϕ6～8 cm，高 2.5～3 m，冠幅 2.0～2.5 m	主干直，树冠饱满
地被				
1	加拿利海枣		地径 ϕ20 cm，高 3.5～4 m，冠幅 2.5～3.0 m	高度为自然高
2	非洲茉莉球		苗高×冠幅 1.0～1.2×1 m 以上	丛生状，分枝多，树冠饱满
3	八角金盘		苗高×冠幅 0.3～0.4 m×0.3 m	36 株/m^2
4	肾蕨		苗高×冠幅 0.2～0.3 m×0.3 m	36 株/m^2
5	金森女贞		苗高×冠幅 0.2～0.3 m×0.3 m	36 株/m^2
6	毛鹃		苗高×冠幅 0.25～0.35 m×0.15～0.2 m	36 株/m^2
7	南天竺		苗高×冠幅 0.2～0.3 m×0.25～0.3 m	36 株/m^2
8	鸭脚木		苗高×冠幅 0.25～0.35 m×0.2～0.25 m	36 株/m^2
9	红花继木		苗高×冠幅 0.2～0.3 m×0.2～0.3 m	36 株/m^2
10	紫柳		苗高×冠幅 0.2～0.3 m×0.2 m	36 株/m^2
11	迎春柳		苗高×冠幅 0.25～0.3 m×0.3～0.4 m	36 株/m^2
12	混播草坪			密植，以不见泥土为宜

种植说明：

① 植物种植要求均应符合规范现行行业标准《园林绿化工程施工及验收规范》CJJ 82。

② 车库顶板需覆土 2 m 深，当与周边的底面连接时，需保证自然美观，其实际的覆土可根据情况进行调整，涉及种植的植物位置也可以适当调整。

③ 车库所占面积为 1 280 m^2。

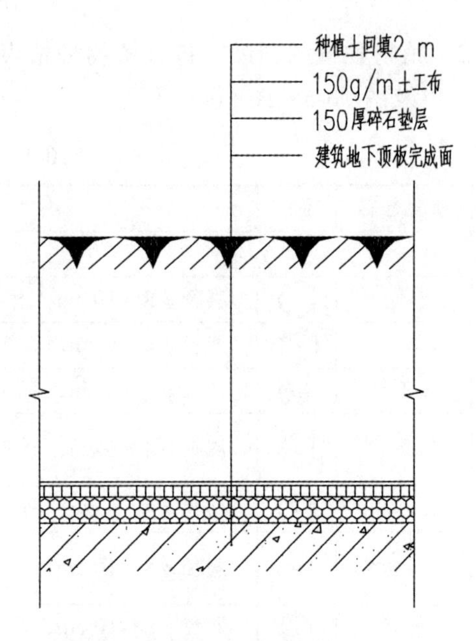

顶板种植区域做法 1:10

图 10-5　种植说明及车库顶板种植图

（3）详图图纸：包含园路详图、园建详图、小品详图等，如图 10-8 ~ 图 10-20 所示。

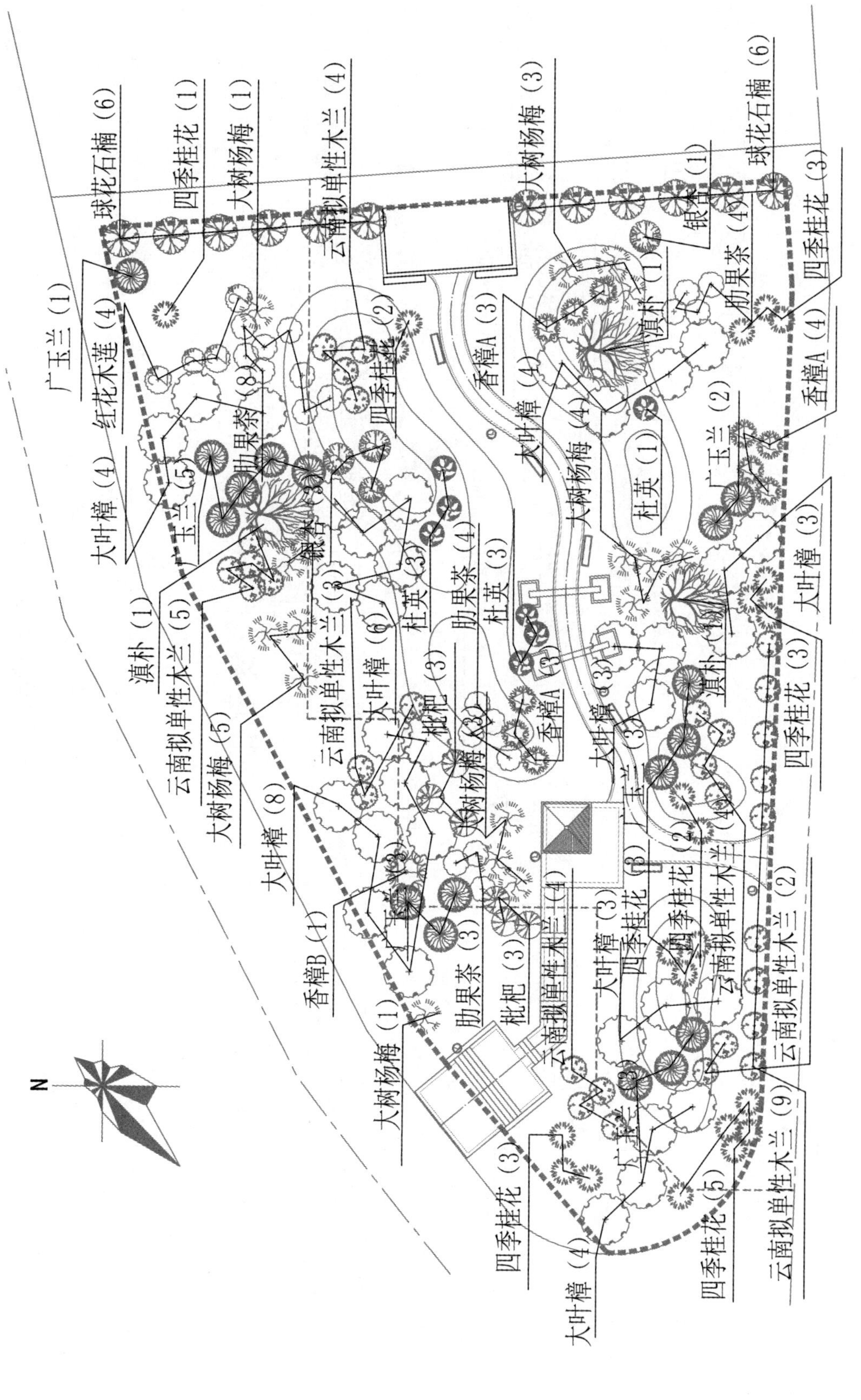

N
广玉兰（1）
大叶樟（4）
红花木莲（4）
球花石楠（6）
滇朴（1）
四季桂花（1）
云南拟单性木兰（5）
广玉兰（5）
大树杨梅（5）
大树杨梅（1）
肋果茶（8）
大叶樟（8）
银杏（3）
香樟B（1）
云南拟单性木兰（3）
云南拟单性木兰（4）
大叶樟（6）
大树杨梅（1）
广玉兰（3）
四季桂花（2）
杜英（3）
枇杷（3）
肋果茶（3）
大树杨梅（3）
肋果茶（4）
香樟A（3）
四季桂花（3）
枇杷（3）
杜英（3）
大叶樟（4）
大树杨梅（3）
云南拟单性木兰（4）
香樟A（3）
大叶樟（4）
大树杨梅（4）
大叶樟（3）
大叶樟（3）
广玉兰（3）
四季桂花（3）
广玉兰（3）
杜英（1）
四季桂花（2）
滇朴（1）
银杏（1）
四季桂花（5）
云南拟单性木兰（4）
滇朴（1）
广玉兰（2）
肋果茶（4）
球花石楠（6）
云南拟单性木兰（9）
云南拟单性木兰（2）
四季桂花（3）
大叶樟（3）
香樟A（4）
四季桂花（3）

图 10-6　乔木种植图

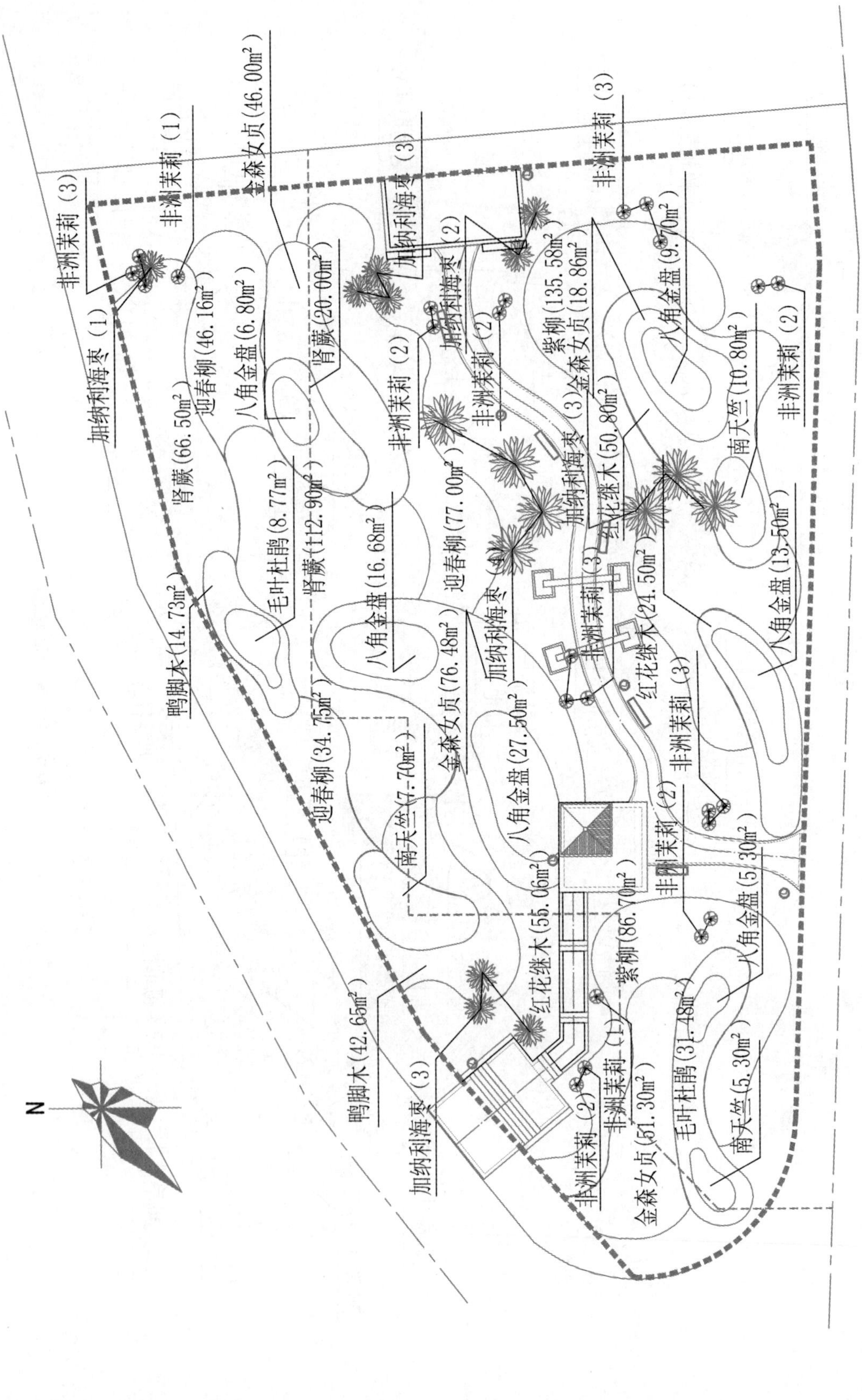

N

加纳利海枣（1）
非洲茉莉（3）
非洲茉莉（1）
鸭脚木(14.73m²)
肾蕨(66.50m²)
迎春柳(46.16m²)
八角金盘(6.80m²)
金森女贞(46.00m²)
毛叶杜鹃(8.77m²)
肾蕨(112.90m²)
肾蕨(20.00m²)
迎春柳(34.75m²)
鸭脚木(42.65m²)
八角金盘(16.68m²)
非洲茉莉（2）
加纳利海枣（3）
南天竺(7.70m²)
加纳利海枣（3）
金森女贞(76.48m²)
迎春柳(77.00m²)
加纳利海枣（2）
非洲茉莉（2）
加纳利海枣（4）
八角金盘(27.50m²)
红花继木(55.06m²)
紫柳(135.58m²)
加纳利海枣（3）
金森女贞(18.86m²)
非洲茉莉（2）
非洲茉莉（3）
非洲茉莉（1）
红花继木(50.80m²)
非洲茉莉（3）
紫柳(86.70m²)
金森女贞(51.30m²)
红花继木(24.50m²)
非洲茉莉（2）
非洲茉莉（3）
毛叶杜鹃(31.48m²)
八角金盘(9.70m²)
南天竺(5.30m²)
八角金盘(5.30m²)
南天竺(10.80m²)
八角金盘(13.50m²)
非洲茉莉（2）

图 10-7　地被种植总图

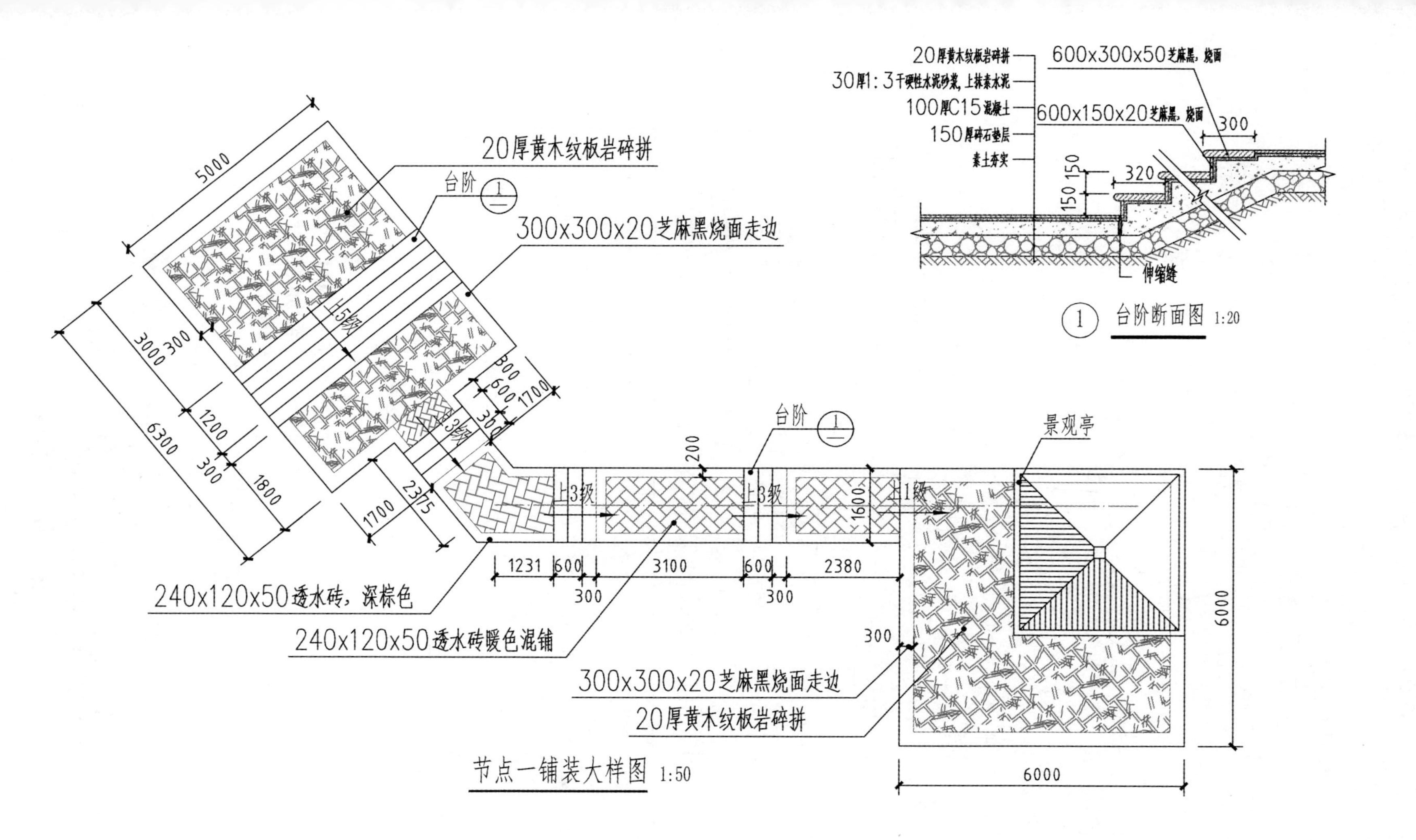

图 10-8 园路节点一详图

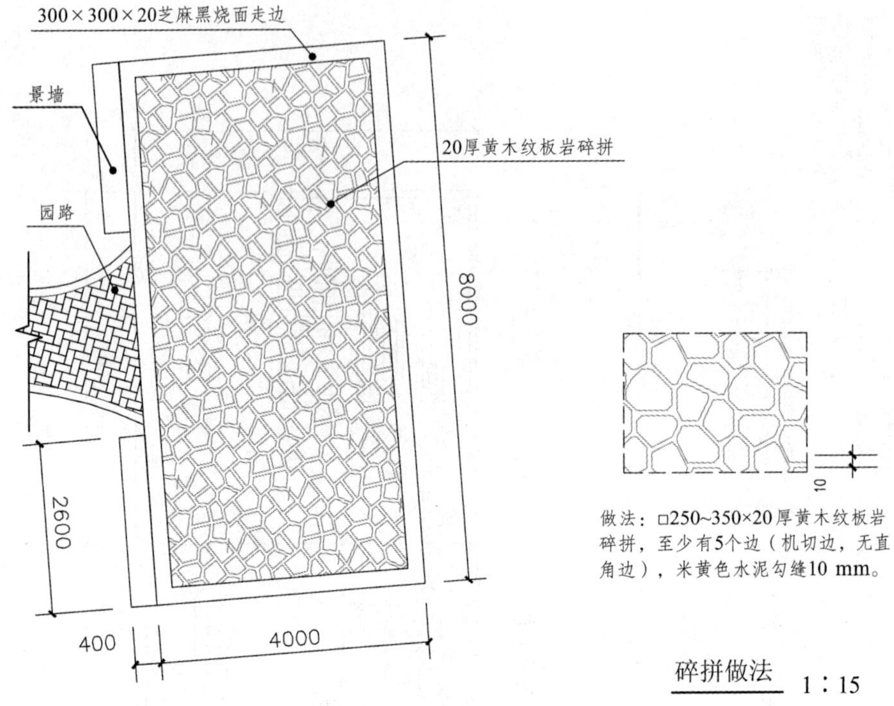

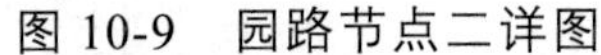

图 10-9　园路节点二详图

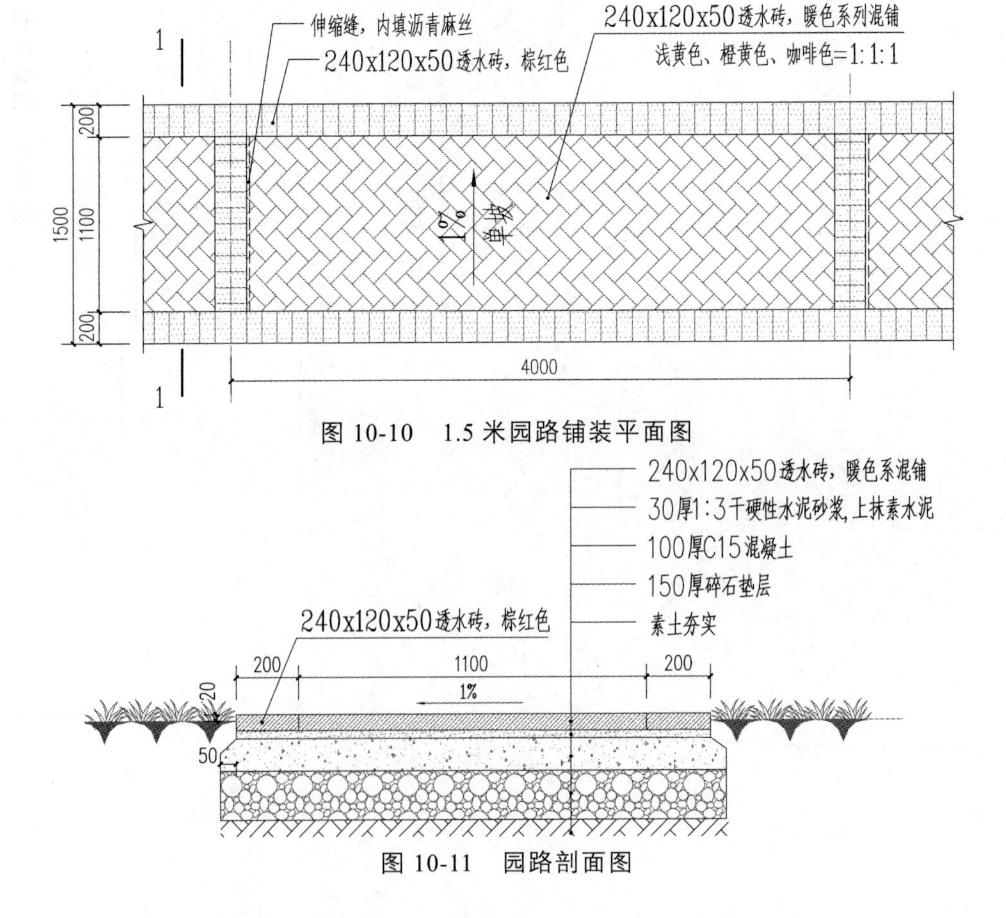

图 10-10　1.5 米园路铺装平面图

图 10-11　园路剖面图

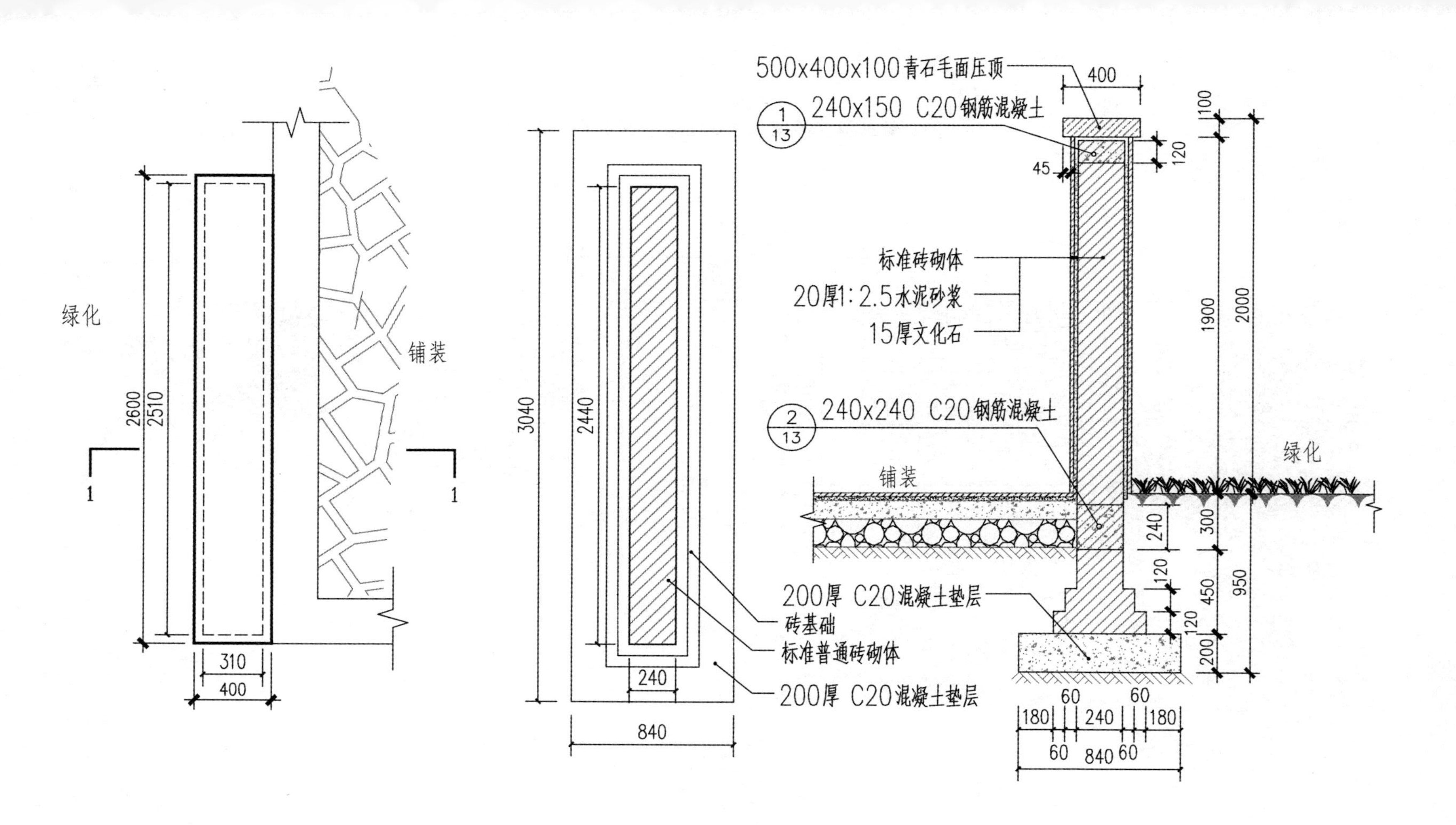

图 10-12　景墙做法详图 1

（注：左为平面图、中为基础平面图、右为 1-1 剖面图）

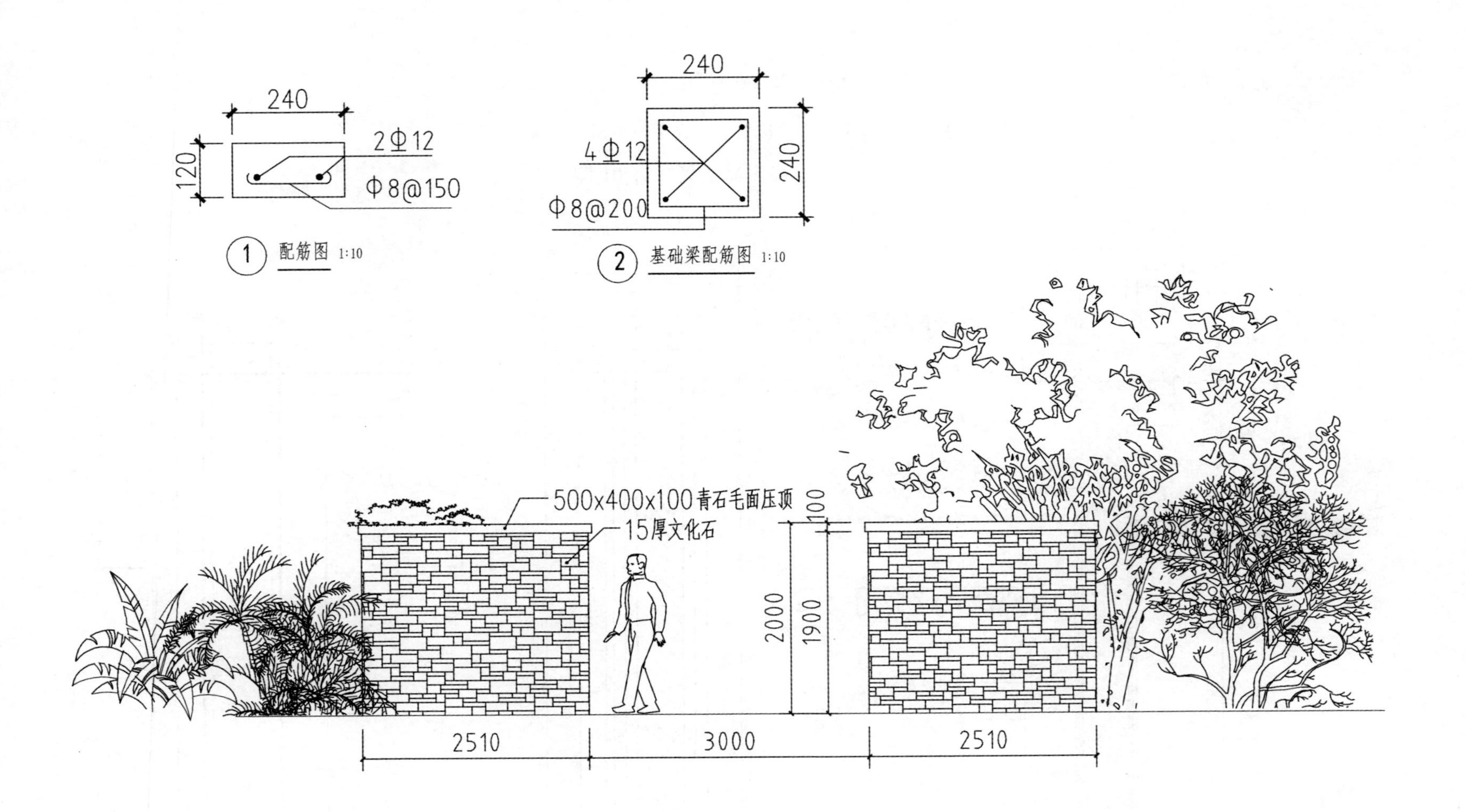

图 10-13　景墙做法详图 2（立面图及配筋图）

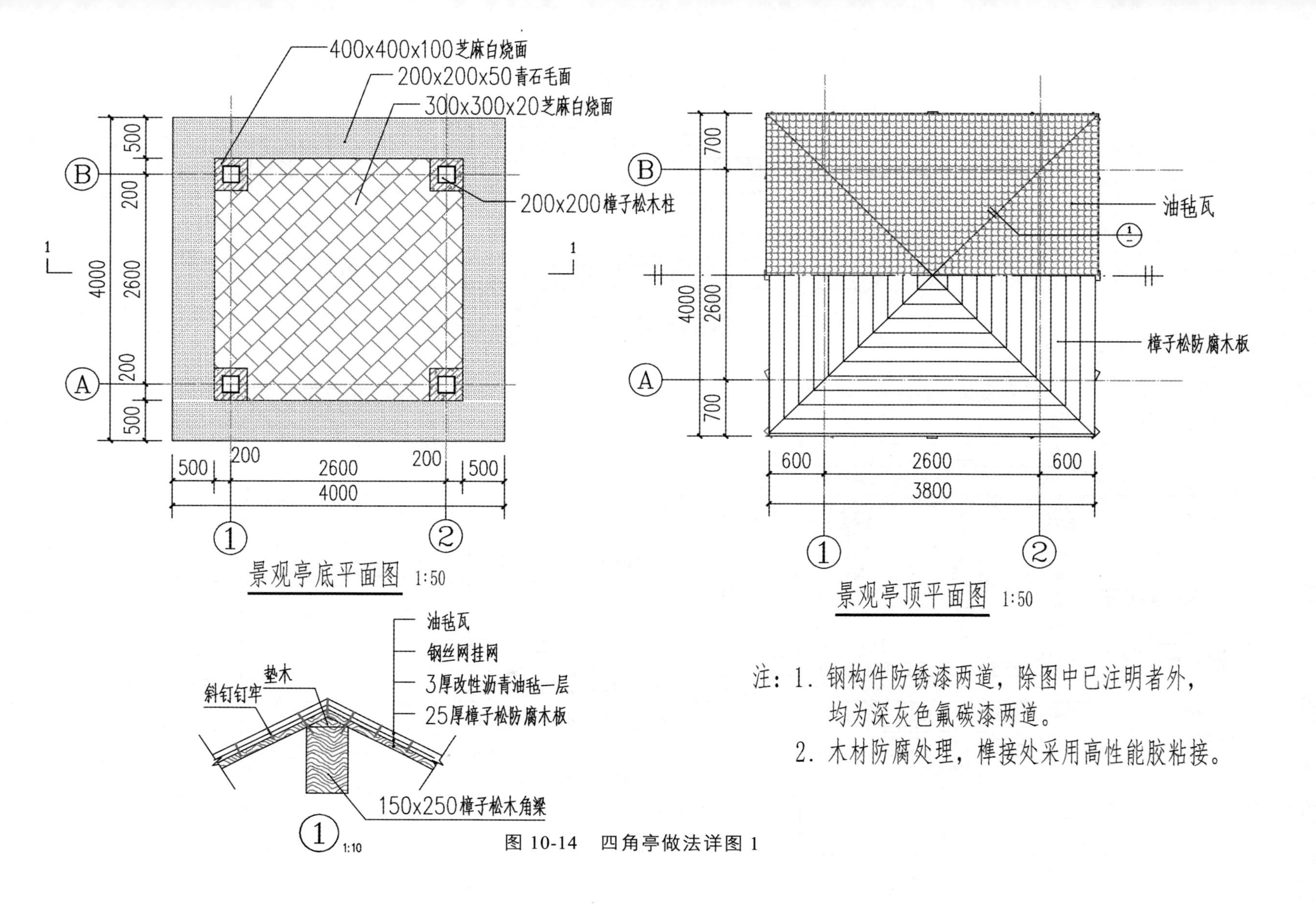

注：1．钢构件防锈漆两道，除图中已注明者外，均为深灰色氟碳漆两道。

2．木材防腐处理，榫接处采用高性能胶粘接。

图 10-14　四角亭做法详图 1

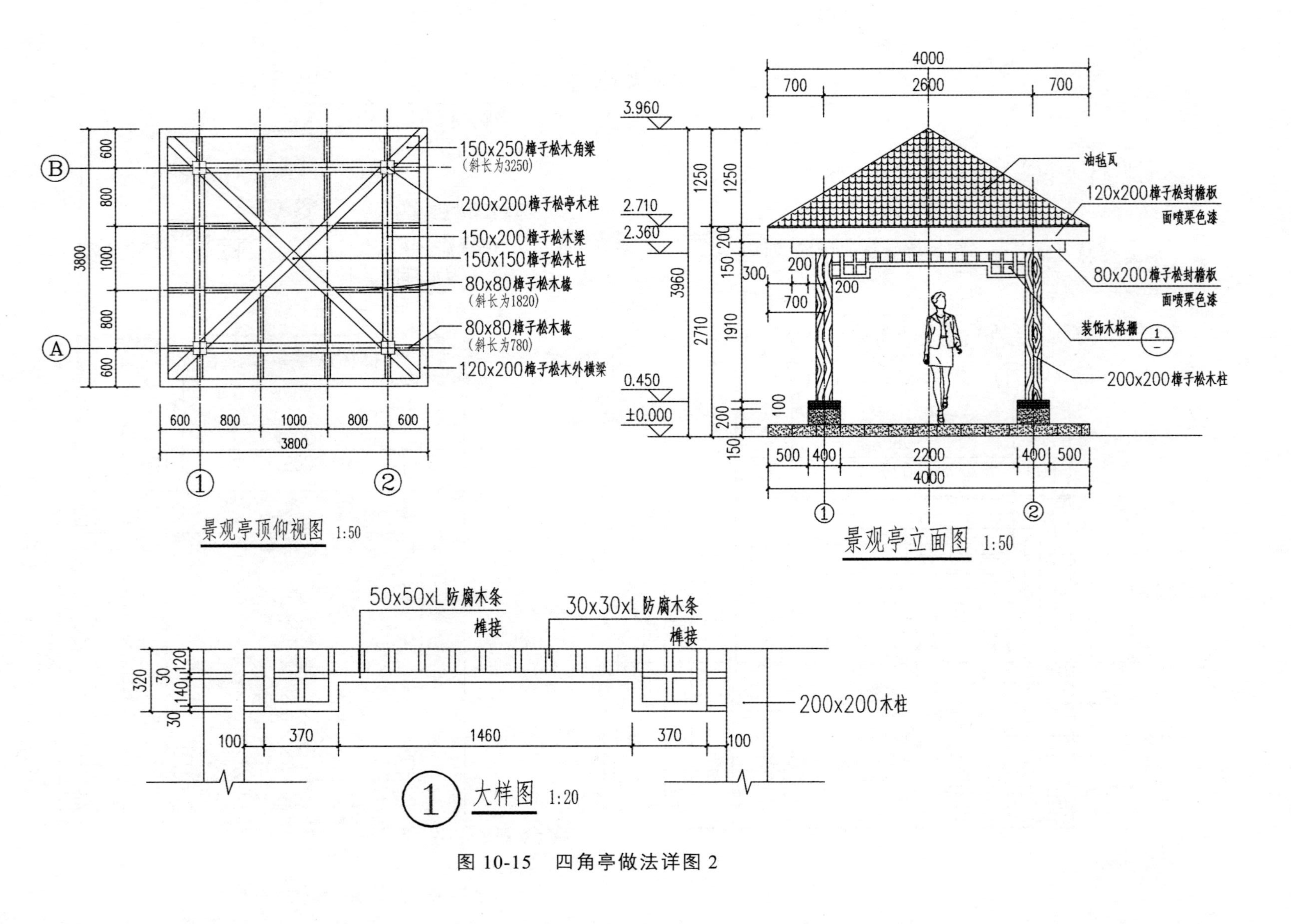

150x250樟子松木角梁
(斜长为3250)
200x200樟子松亭木柱
150x200樟子松木梁
150x150樟子松木柱
80x80樟子松木椽
(斜长为1820)
80x80樟子松木椽
(斜长为780)
120x200樟子松木外横梁
景观亭顶仰视图 1:50
油毡瓦
120x200樟子松封檐板
面喷栗色漆
80x200樟子松封檐板
面喷栗色漆
装饰木格栅
200x200樟子松木柱
景观亭立面图 1:50
50x50xL防腐木条
榫接
30x30xL防腐木条
榫接
200x200木柱
大样图 1:20

图 10-15 四角亭做法详图 2

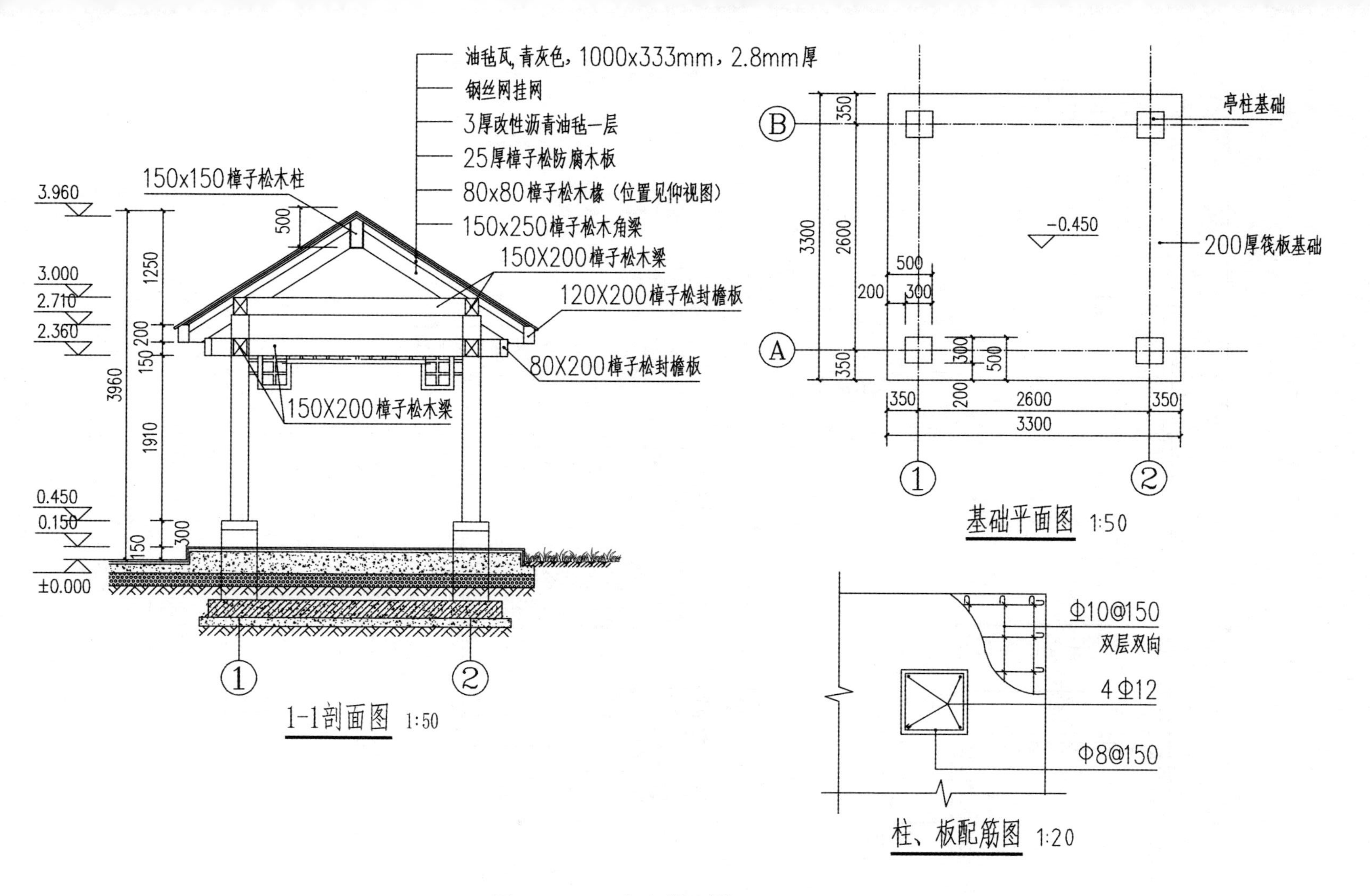

图 10-16　四角亭做法详图 3

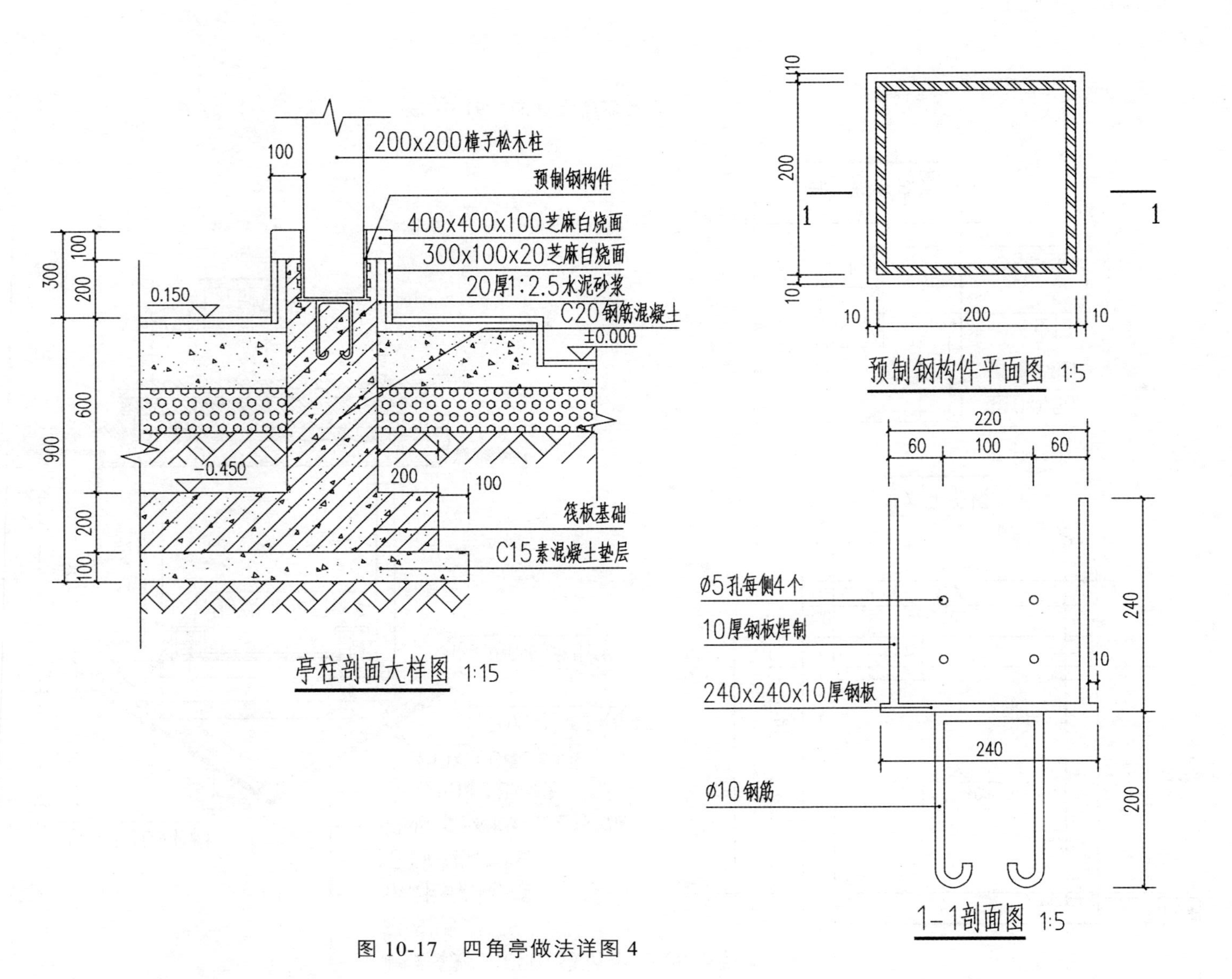
200x200樟子松木柱
预制钢构件
400x400x100芝麻白烧面
300x100x20芝麻白烧面
20厚1:2.5水泥砂浆
C20钢筋混凝土
±0.000
0.150
-0.450
筏板基础
C15素混凝土垫层
亭柱剖面大样图 1:15
预制钢构件平面图 1:5
ø5孔每侧4个
10厚钢板焊制
240x240x10厚钢板
ø10钢筋
1-1剖面图 1:5

图 10-17 四角亭做法详图 4

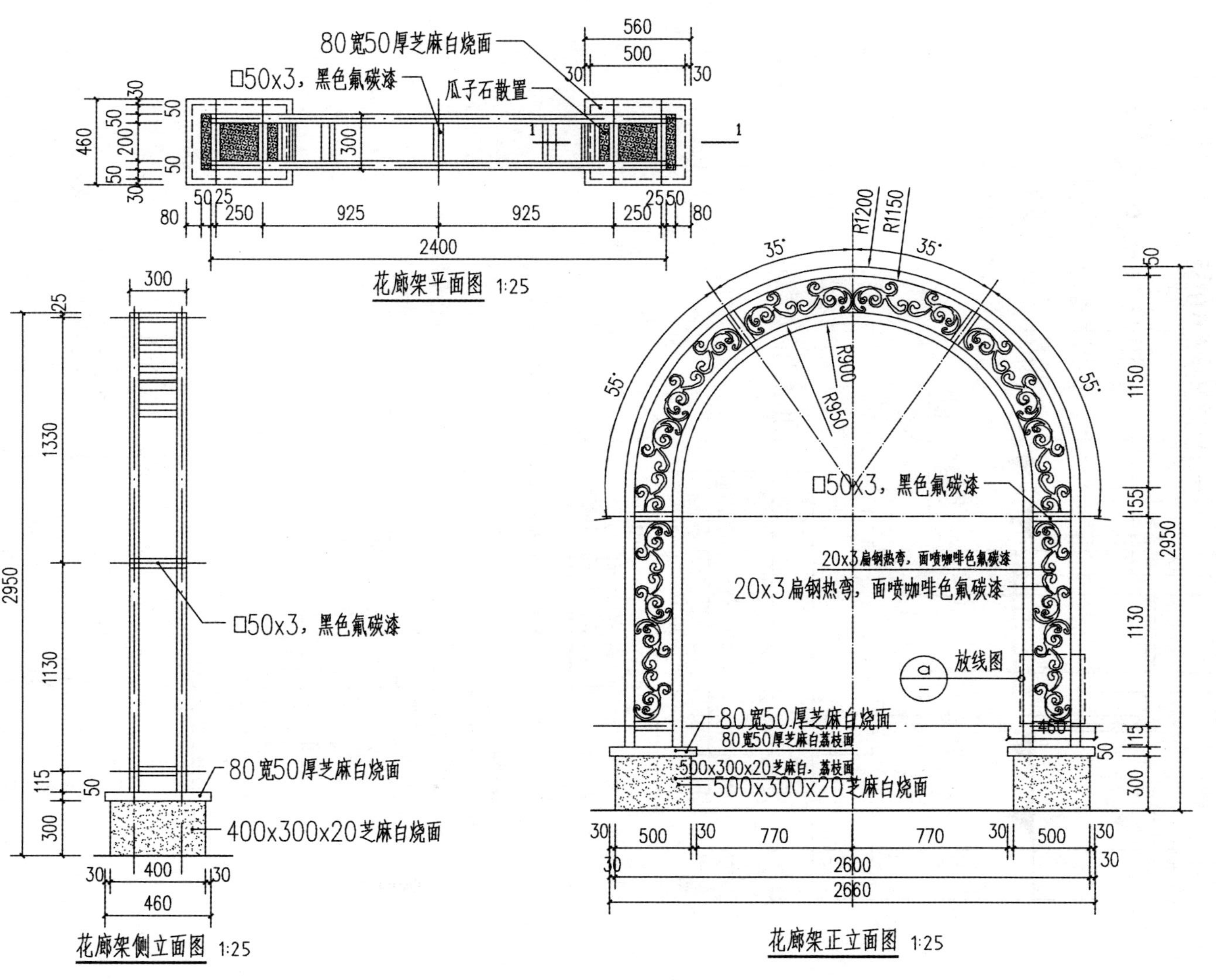
80宽50厚芝麻白烧面
□50x3，黑色氟碳漆
瓜子石散置
花廊架平面图 1:25
□50x3，黑色氟碳漆
80宽50厚芝麻白烧面
400x300x20芝麻白烧面
花廊架侧立面图 1:25
R1200
R1150
R900
R950
□50x3，黑色氟碳漆
20x3扁钢热弯，面喷咖啡色氟碳漆
放线图
80宽50厚芝麻白烧面
80宽50厚芝麻白荔枝面
500x300x20芝麻白，荔枝面
500x300x20芝麻白烧面
花廊架正立面图 1:25

图 10-18 花廊架做法详图 1

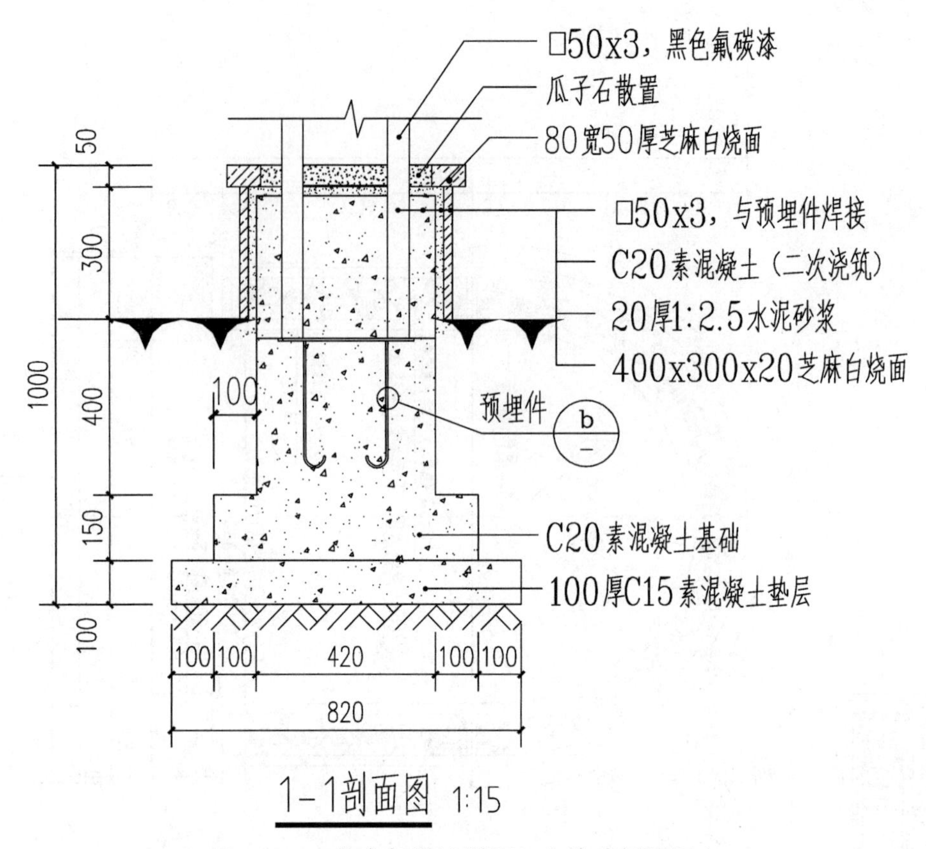

图 10-19　花廊架做法详图 2（基础剖面图）

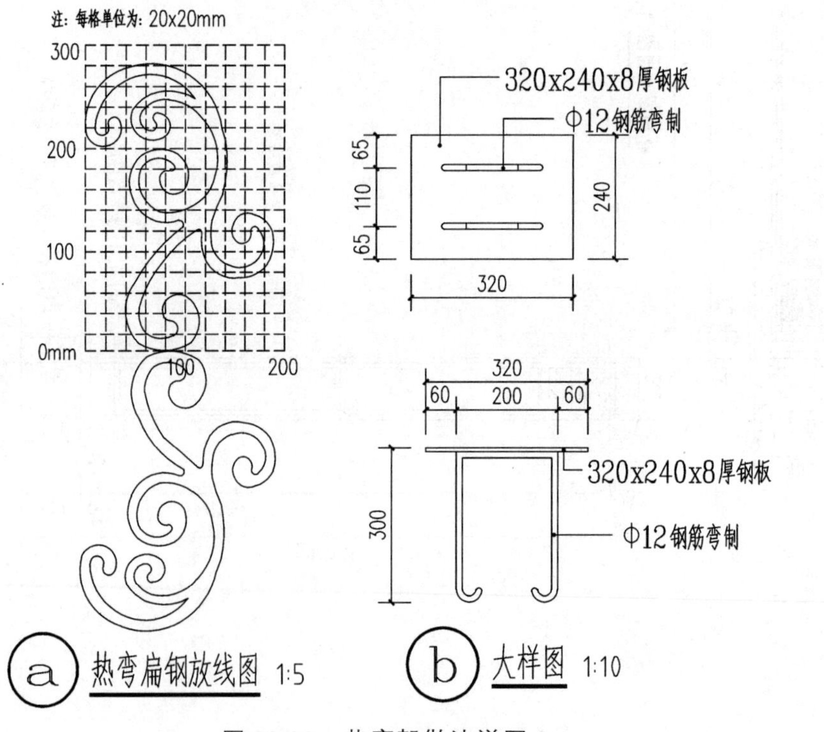

图 10-20　花廊架做法详图 3

10.2 清单列项与定额匹配

10.2.1 清单列项

1）分部分项工程清单列项

根据国家标准《园林绿化工程工程量计算规范》（GB 50858—2013）的项目划分标准，以及本项目的工程设计施工图纸相应的内容，可以把园林绿化工程的分部分项工程清单列项分为三大块，一是绿化工程，二是园路工程，三是园建景观小品工程。

首先来看绿化种植工程。绿化工程的列项比较简单，只需要根据植物种植表中的植物以及规范中的植物项目进行分类，然后依序对照设计图纸中的工程内容，来进行相应的标准列项，具体如表 10-2 所示。

表 10-2 绿化工程清单项目表

序号	项目编码	项目名称	项目特征	计量单位
1	050101009001	种植土回填（车库顶板）	1. 回填土质为种植红土 2. 回填厚度为 2 m	m^3
2	050101010001	整理绿化用地	1. 利用原土回填整理 2. ±30 cm 以内的整理	m^2
3	050101011001	绿地起坡造型	1. 平均起坡高度为 40 cm 2. 回填土质为种植红土	m^3
4	050102001001	栽植乔木（大叶樟）	1. 种类：大叶樟 2. 胸径或干径：胸径 8～10 cm 3. 株高、冠径：株高 2.5～3 m，冠径 2～2.5 m 4. 养护期：一年	株
5	050102001002	栽植乔木（香樟）	1. 种类：香樟 2. 胸径或干径：胸径 8-10 cm 3. 株高、冠径：株高 2.5-3.0 m，冠径 2.0-2.5 m 4. 养护期：一年	株
6	050102001003	栽植乔木（四季桂）	1. 种类：四季桂 2. 胸径或干径：胸径 4～6 cm 3. 株高、冠径：株高 2.0～3.0 m，冠径 2.0～2.5 m 4. 养护期：一年	株
7	050102001004	栽植乔木（云南拟单性木兰）	1. 种类：云南拟单性木兰 2. 胸径或干径：胸径 4～6 cm 3. 株高、冠径：株高 2.0～2.5 m，冠径 2.5～3.0 m 4. 养护期：一年	株
8	050102001005	栽植乔木（球花石楠）	1. 种类：球花石楠 2. 胸径或干径：胸径 8～10 cm 3. 株高、冠径：株高 2～2.5 m，冠径 2.0～2.5 m 4. 养护期：一年	株

续表

序号	项目编码	项目名称	项目特征	计量单位
9	050102001006	栽植乔木（广玉兰）	1. 种类：广玉兰 2. 胸径或干径：胸径 6～8 cm 3. 株高、冠径：株高 3.0～3.5 m，冠径 2.0～2.5 m 4. 养护期：一年	株
10	050102001007	栽植乔木（枇杷）	1. 种类：枇杷 2. 胸径或干径：胸径 12～15 cm 3. 株高、冠径：株高 2.5～3.0 m，冠径 2.0～2.5 m 4. 养护期：一年	株
11	050102001008	栽植乔木（大树杨梅）	1. 种类：大树杨梅 2. 胸径或干径：胸径 8～10 cm 3. 株高、冠径：株高 2.5～3.0 m，冠径 3.0～3.5 m 4. 养护期：一年	株
12	050102001009	栽植乔木（杜英）	1. 种类：杜英 2. 胸径或干径：胸径 8～10 cm 3. 株高、冠径：株高 2.5～3.0 m，冠径 2.0～2.5 m 4. 养护期：一年	株
13	050102001010	栽植乔木（肋果茶）	1. 种类：肋果茶 2. 胸径或干径：胸径 4～6 cm 3. 株高、冠径：株高 2.0～3.0 m，冠径 2.0～2.5 m 4. 养护期：一年	株
14	050102001011	栽植乔木（银杏）	1. 种类：银杏 2. 胸径或干径：胸径 6～8 cm 3. 株高、冠径：株高 2.5～3.0 m，冠径 2.0～2.5 m 4. 养护期：一年	株
15	050102001012	栽植乔木（滇朴）	1. 种类：滇朴 2. 胸径或干径：胸径 20～25 cm 3. 株高、冠径：株高 6.5～7 m，冠径 5 m 4. 养护期：一年	株
16	050102001013	栽植乔木（红花木莲）	1. 种类：红花木莲 2. 胸径或干径：胸径 6～8 cm 3. 株高、冠径：株高 3.5 m，冠径 2-2.5 m 4. 养护期：一年	株
17	050102002001	栽植灌木（非洲茉莉）	1. 种类：非洲茉莉球 2. 冠丛高：株高 1.0～1.2 m 3. 蓬径：蓬径 1 m 4. 养护期：一年	株
18	050102004001	栽植棕榈类	1. 种类：加纳利海枣 2. 株高、地径：株高 3.5～4 m，地径 20 cm 3. 养护期：一年	株

续表

序号	项目编码	项目名称	项目特征	计量单位
19	050102007001	栽植色带（八角金盘）	1. 苗木、花卉种类：八角金盘 2. 株高或蓬径：株高 0.3～0.4 m，蓬径 0.3 m 3. 单位面积株数：36 株 4. 养护期：一年	m^2
20	050102007002	栽植色带（肾蕨）	1. 苗木、花卉种类：肾蕨 2. 株高或蓬径：株高 0.2～0.3 m，蓬径 0.3 m 3. 单位面积株数：36 株 4. 养护期：一年	m^2
21	050102007003	栽植色带（金森女贞）	1. 苗木、花卉种类：金森女贞 2. 株高或蓬径：株高 0.2～0.3 m，蓬径 0.3 m 3. 单位面积株数：36 株 4. 养护期：一年	m^2
22	050102007004	栽植色带（毛叶杜鹃）	1. 苗木、花卉种类：毛叶杜鹃 2. 株高或蓬径：株高 0.25～0.35 m，蓬径 0.15～0.2 m 3. 单位面积株数：36 株 4. 养护期：一年	m^2
23	050102007005	栽植色带（南天竺）	1. 苗木、花卉种类：南天竺 2. 株高或蓬径：株高 0.2～0.3 m，蓬径 0.25～0.3 m 3. 单位面积株数：36 株 4. 养护期：一年	m^2
24	050102007006	栽植色带（鸭脚木）	1. 苗木、花卉种类：鸭脚木 2. 株高或蓬径：株高 0.25～0.35 m，蓬径 0.2～0.25 m 3. 单位面积株数：36 株 4. 养护期：一年	m^2
25	050102007007	栽植色带（红花檵木）	1. 苗木、花卉种类：红花檵木 2. 株高或蓬径：株高 0.2～0.3 m，蓬径 0.2～0.3 m 3. 单位面积株数：36 株 4. 养护期：一年	m^2
26	050102007008	栽植色带（紫柳）	1. 苗木、花卉种类：紫柳 2. 株高或蓬径：株高 0.25～0.3 m，蓬径 0.3 m 3. 单位面积株数：36 株 4. 养护期：一年	m^2
27	050102007009	栽植色带（迎春柳）	1. 苗木、花卉种类：迎春柳 2. 株高或蓬径：株高 0.25～0.3 m，蓬径 0.3～0.4 m 3. 单位面积株数：36 株 4. 养护期：一年	m^2
28	050102012001	铺种草皮	1. 草皮种类：冷季型混播草种 2. 铺种方式：撒草籽，密植 3. 养护期：一年	m^2

绿化种植工程的清单列项完成后，开始进行园路广场工程项目的清单列项。在园林绿化工程中，因为广场的铺装与道路的基层做法是一致的，也可以把广场铺装的部分也划分到道路的清单项名目下，列项时注意区别不同材料的路面来进行，具体如表 10-3 所示。

表 10-3　园路工程清单项目表

序号	项目编码	项目名称	项目特征	计量单位
1	050201001001	园路（透水砖路面）	1. 路床土石类别：夯实普土 2. 垫层厚度、宽度、材料种类：150 厚碎石垫层，100 厚 C15 混凝土垫层 3. 路面厚度、宽度、材料种类：浅黄、橙黄、咖啡色透水砖 1∶1∶1 混铺，棕色透水砖走边，规格均为 240×120×50 4. 砂浆强度等级：1∶3 干硬性水泥砂浆	m^2
2	050201001002	园路（板岩碎拼广场）	1. 路床土石类别：人工夯实普土 2. 垫层厚度、宽度、材料种类：150 厚碎石垫层，100 厚 C15 混凝土垫层 3. 路面厚度、宽度、材料种类：20 厚黄木纹板岩碎拼，300×300×20 芝麻黑烧面花岗岩走边 4. 砂浆强度等级：1∶3 干硬性水泥砂浆	m^2
3	050201001003	园路（景观亭地面）	1. 路面厚度、宽度、材料种类：200×200×50 厚青石毛面，300×300×20 芝麻白烧面花岗岩铺贴 2. 地面侧面 300×150×20 芝麻白烧面花岗岩铺贴 3. 砂浆强度等级：1∶2.5 水泥砂浆结合层	m^2
4	010507004001	台阶	1. 路床土石类别：夯实普土 2. 垫层厚度、宽度、材料种类：150 厚碎石垫层，100 厚 C15 混凝土垫层 3. 路面厚度、宽度、材料种类：芝麻黑烧面花岗岩铺贴，踢面 600×150×20，踏面 600×300×50 4. 砂浆强度等级：1∶3 干硬性水泥砂浆	m^2

在园路的清单列项中，由于景观亭的地面面层与其他路面不一样，而基层做法一致，因此把面层的项目单列一个清单项，而基层可以计算在其他清单项目中，简化计算，避免重复。而台阶在园林工程的专业计算规范中没有清单项，这就需要借用房建专业的计算规范中对应的清单项，所以台阶的列项项目编码为房建专业的清单项目编码。

最后就是进行园建小品项目的清单列项，在本工程项目中园建有一个景观亭和两个花廊架，以及景墙和一些垃圾桶、坐凳等。那我们可以将他们分开分别列项，就不会有遗漏与重复，如表 10-4 ~ 表 10-6 所示。

表 10-4　景观亭清单列项表

序号	项目编码	项目名称	项目特征	计量单位
1	010101004001	挖基坑土方	1. 土壤类别：三类土 2. 挖土深度：900 mm	
2	010103001001	回填方	1. 密实度要求：人工夯实 2. 填方材料品种：原土回填	

续表

序号	项目编码	项目名称	项目特征	计量单位
3	010501001001	垫层	1. 混凝土种类：素混凝土 2. 混凝土强度等级：C15	
4	010501004001	满堂基础	1. 混凝土种类：现浇钢筋混凝土 2. 混凝土强度等级：C20	
5	010501003001	独立基础	1. 混凝土种类：现浇钢筋混凝土 2. 混凝土强度等级：C20	
6	010515001001	现浇构件钢筋	1. 钢筋种类、规格：Φ10@150 基础板筋 2. 亭柱基础钢筋：4Φ12 柱筋，Φ8@150 箍筋	t
7	010702001001	木柱	1. 构件规格尺寸：200×200×2790 2. 木材种类：樟子松防腐木 3. 防护材料种类：涂刷防腐油并刷防火漆两遍 4. 150×150×400 樟子松防腐木雷公柱	
8	010702002001	木梁	1. 构件规格尺寸：截面尺寸 150×250 木角梁，150×200 木梁，80×80 木椽 2. 木材种类：樟子松防腐木 3. 防护材料种类：涂刷防腐油并刷防火漆两遍	
9	010702005001	其他木构件	1. 构件名称：封檐板 2. 构件规格尺寸：120×200 外横梁，80×120 外横梁， 3. 木材种类：樟子松防腐木 4. 防护材料种类：涂刷防腐油并刷防火漆两遍	m
10	010606013001	零星钢构件	1. 构件名称：木柱基础预制钢构件 2. 钢材品种、规格：10 厚钢板，利用 Φ10 钢筋与基础连接	t
11	011206001001	石材零星项目	1. 基层类型、部位：亭子柱脚装饰 2. 安装方式：1∶25 水泥砂浆粘贴 3. 面层材料品种、规格、颜色：400×400×100 芝麻白烧面花岗岩压顶，300×100×20 芝麻白烧面花岗岩立面镶贴	m^2
12	050303004001	油毡瓦屋面	1. 冷底子油品种：3 厚改性沥青油毡一层 2. 油毡瓦颜色规格：青灰色，厚 2.8 mm 以上	m^2
13	050303009001	木（防腐木）屋面	1. 木（防腐木）种类：樟子松防腐木板厚 20 2. 防护层处理：涂刷防腐油并刷防火漆两遍	m^2

在列花廊架与景观亭的项目时要注意，挖基础土方、基础回填、垫层以及基础等项目，其清单项是同一个，要注意避免列项重复出错。必须区分不同的景观园建工程，并且分开按照顺序进行项目编码，同时还要随时进行检查编码顺序码是否正确。在这里如果同学们害怕出错，可以借助计价软件进行，软件中会自动进行相应的顺序编码。

花廊架的列项，由于花廊架本身艺术性比较强，甲方负责提供成品花廊架，此项目的施工方主要进行基础的施工以及安装的配合，所以分部分项工程清单列项时并未列出花廊架的项目，只列了基础的相应项目。

本工程项目之中，除了以上的景观亭和花廊架之外，其园林景观小品还有景墙、坐凳、垃圾桶以及指示牌。而在题中已经说明了坐凳、垃圾桶以及指示牌等属于外包工程，其列项不再列入分部分项工程清单项目，而是列入其他项目里面。

表 10-5　花廊架清单列项表

序号	项目编码	项目名称	项目特征	计量单位
1	010101004002	挖基坑土方	1. 土壤类别：三类土 2. 挖土深度：1 m	
2	010103001002	回填方	1. 密实度要求：人工夯实 2. 填方材料品种：原土回填	
3	010501001002	垫层	1. 混凝土种类：现浇素混凝土 2. 混凝土强度等级：C15	
4	010501003002	独立基础	1. 混凝土种类：现浇素混凝土 2. 混凝土强度等级：C20	
5	011206001002	石材零星项目	1. 基层类型、部位：花架柱脚装饰 2. 安装方式：1∶25 水泥砂浆粘贴 3. 面层材料品种、规格、颜色：立面 400×300×20 芝麻白烧面；压顶 80 宽 50 厚芝麻白烧面花岗岩；瓜子石散置面层	m^2
6	010606013002	零星钢构件	1. 构件名称：花架基础预制铁件 2. 钢材品种、规格：8 厚钢板，利用 ϕ12 钢筋与基础连接	t
7	05B001	花廊架制安	1. 材料为钢材，型号以图纸为准 2. 表面涂刷防锈漆	座

表 10-6　景观小品清单列项表

序号	项目编码	项目名称	项目特征	计量单位
1	050307010001	景墙	1. 土质类别：三类土 2. 基础材料种类、规格：C20 钢筋混凝土，标准砖基础 3. 墙体材料种类、规格：标准砖 4. 墙体厚度：240 5. 混凝土、砂浆强度等级、配合比：1∶2.5 水泥砂浆，C20 混凝土 6. 饰面材料种类：15 厚文化石饰面，500×400×100 青石毛面压顶	
2	010515001002	现浇构件钢筋	1. 钢筋种类、规格：景墙基础梁 Φ12 通长筋，Φ 8@200 箍筋 2. 钢筋种类、规格：景墙过梁 Φ12 通长筋，Φ 8@150 箍筋	t

2）措施项目清单列项

措施项目又分为单价措施项目与总价措施项目两个部分。其中总价措施项目的列项，依据《××省建设工程措施项目计价办法》规定的项目计算方法费率，列项如表 10-7 所示。

表 10-7　总价措施清单列项表

序号	项目编码	项目名称	计算基础	费率/%	金额/元
1	050405001001	安全文明施工费（园林）	分部分项工程费中定额人工费+分部分项工程费中定额机械费×8%	12.65	
2	050405005001	冬、雨季施工增加费，生产工具用具使用费，工程定位复测，工程点交、场地清理费	分部分项工程费中定额人工费+分部分项工程费中定额机械费×8%	5.95	

而单价措施项目就必须根据图纸内容、实际工程施工需要与清单规范的内容来进行列项，与分别分项工程清单列项类似，具体如表 10-8 所示。

表 10-8　单价措施清单列项表

序号	项目编码	项目名称	项目特征描述	计量单位
1	050401001001	景墙砌筑脚手架	1. 搭设方式：木架搭设 2. 墙体高度：2 m	m^2
2	050401003001	亭脚手架	1. 搭设方式：木架搭设 2. 檐口高度：2.71 m	座
3	050402001001	亭现浇混凝土垫层模板	1. 厚度：100 mm	m^2
4	050402001002	花廊架现浇混凝土垫层模板	1. 厚度：100 mm	m^2
5	050402001003	景墙现浇混凝土垫层模板	1. 厚度：100 mm	m^2
6	050402001004	道路现浇混凝土垫层模板	1. 厚度：100 mm	m^2
7	011702027001	台阶模板	1. 台阶踏步宽：300 mm	m^2
8	011702001001	亭独立基础模板	1. 基础类型：钢筋混凝土独立基础	m^2
9	011702001002	亭满堂基础模板	1. 基础类型：钢筋混凝土阀板基础	m^2
10	011702001003	花廊架基础模板	1. 基础类型：独立基础	m^2
11	011702005001	景墙基础梁模板	1. 梁截面形状：240×240 mm	m^2
12	011702025001	景墙过梁其他现浇构件模板	1. 梁截面形状：240×120 mm	m^2
13	050403001001	树木支撑架	1. 支撑类型、材质：铁杆套环支撑装置，木棍支撑 2. 支撑材料规格：1.2 m 3. 单株支撑材料数量：4 根	株

3）其他项目清单列项

对于其他项目的列项，主要考虑甲方要求以及现实项目条件的内容来进行，本项目中条件要求暂列金额 2 万元，水电工程暂估价为 5 万元，坐凳、垃圾桶以及指示牌等属于外包工程，花廊架为甲方提供成品，施工方负责进行安装，如表 10-9 所示。

表 10-9　其他项目清单列项表

序号	项目名称	工程内容	计量单位	备注
1	暂列金额	图纸有部分不完善	项	暂估金额为 2 万元
2	暂估价			
2.1	材料（工程设备）暂估价			
2.2	专业工程暂估价	园林水电工程	项	暂估金额为 5 万元
3	计日工			
4	总承包服务费			
4.1	发包人发包专业工程	坐凳、垃圾桶、指示牌工程	项	工程金额 0.8 万元
4.2	发包人提供材料	植物大叶樟、银杏、枇杷、花廊架	项	

10.2.2　清单项目与定额匹配

清单项目列项完成，就需要结合当地政府主管部门出台的消耗量定额规范，来进行清单项目与定额项目的匹配列项，也就是要确定出完成一个清单项需要多少定额项目才能完成。其列项的原则是一定要结合清单项目中的特征描述，以及施工图纸中的内容来进行，清单项目所匹配的定额项，必须要完整地体现出清单项目中规定的所有涉及的工程内容部分以及所有的特征描述内容。

在此根据《××省园林绿化工程消耗量定额》来进行定额项的匹配说明，清单项与定额项的匹配具体如表 10-10 与表 10-11 所示。

表 10-10　分部分项工程清单项与定额项匹配表

序号	项目编码	项目名称	计量单位	定额编码	定额名称	定额单位
园路						
1	050201001001	园路（透水砖路面）	m^2	05030001	整理园路土基路床	10 m^2
				05030006	园路基础垫层 碎石	m^3
				05030007	园路基础垫层 混凝土	m^3
				05030035	砂浆结合层 砖平铺地面	10 m^2
				05030043	园路面层 石材走边	10 m^2
2	050201001002	园路（板岩碎拼广场）	m^2	05030001	整理园路土基路床	10 m^2
				05030006	园路基础垫层 碎石	m^3
				05030007	园路基础垫层 混凝土	m^3
				05030033	砂浆结合层 广场砖铺装素拼	10 m^2
				05030043	园路面层 石材走边	10 m^2

续表

序号	项目编码	项目名称	计量单位	定额编码	定额名称	定额单位
3	050201001003	园路（景观亭地面）	m^2	05030026	园路面层（砂浆结合层）青石板 厚 50 mm 以内	10 m^2
				05030027	园路面层（砂浆结合层）花岗岩 厚 30 mm 以内	10 m^2
				借 01100094	花岗岩（水泥砂浆黏贴）零星项目	100 m^2
4	010507004001	台阶	m^2	05030001	整理园路土基路床	10 m^2
				05030006	园路基础垫层 碎石	m^3
				05030007	园路基础垫层 混凝土	m^3
				借 01050064	现场搅拌混凝土 台阶	10 m^2
				借 01090088	台阶 花岗岩 水泥砂浆	100 m^2
				借 01090094	零星项目 花岗岩 水泥砂浆	100 m^2
景观亭						
5	010101004001	挖基坑土方	m^3	借 01010004	人工挖沟槽、基坑 三类土 深度 2 m 以内	100 m^3
6	010103001001	回填方	m^3	借 01010125	人工夯填 基础	100 m^3
6	010501001001	垫层	m^3	借 01050001	现场搅拌混凝土 基础垫层 混凝土	10 m^3
7	010501004001	满堂基础	m^3	借 01050007	现场搅拌混凝土 满堂基础 无梁式	10 m^3
8	010501003001	独立基础	m^3	借 01050005	现场搅拌混凝土 独立基础 混凝土及钢筋混凝土	10 m^3
9	010515001001	现浇构件钢筋	t	借 01050352	现浇构件 圆钢 Φ10 内	t
				借 01050354	现浇构件 带肋钢 Φ10 内	t
				借 01050355	现浇构件 带肋钢 Φ10 外	t
10	010606013001	零星钢构件	t	借 01050372	预埋铁件制安	t
11	010702001001	木柱	m^3	借 01060013 换	方木柱 周长 800 mm 以内	m^3
				借 01120150	木材面油漆 防火涂料二遍 其他木材面	100 m^2
12	010702002001	木梁	m^3	借 01060017 换	方木梁 周长 1 m 以内	m^3
				借 01120150	木材面油漆 防火涂料二遍 其他木材面	100 m^2
13	010702005001	其他木构件	m	借 01060025	封檐板 高 20 cm 以内	100 m
				借 01120151	木材面油漆 防火涂料二遍 木扶手（不带托板）	100 m

续表

序号	项目编码	项目名称	计量单位	定额编码	定额名称	定额单位
14	011206001001	石材零星项目	m^2	借 01100094	花岗岩（水泥砂浆黏贴）零星项目	100 m^2
				05040024	花岗岩压顶 厚 100 mm 以内	m^2
15	050303004001	油毡瓦屋面	m^2	借 01080020	屋面铺设彩色沥青瓦	100 m^2
16	050303009001	木（防腐木）屋面	m^2	借 01060022	檩木上钉屋面板	100 m^2
				借 01120150	木材面油漆 防火涂料二遍 其他木材面	100 m^2
花廊架						
17	010101004002	挖基坑土方	m^3	借 01010001	人工挖土方 深度 1.5 m 以内 三类土	100 m^3
18	010103001002	回填方	m^3	借 01010125	人工夯填 基础	100 m^3
19	010501001002	垫层	m^3	借 01050001	现场搅拌混凝土 基础垫层 混凝土 换	10 m^3
20	010501003002	独立基础	m^3	借 01050005	现场搅拌混凝土 独立基础 混凝土及钢筋混凝土	10 m^3
21	011206001002	石材零星项目	m^2	05040023	花岗岩压顶 厚 50 mm 以内	m^2
				05030029	园路面层（砂浆结合层）花岗岩小料石 100×100	10 m^2
				借 01100094	花岗岩（水泥砂浆黏贴）零星项目	100 m^2
22	010606013002	零星钢构件	t	借 01050372	预埋铁件制安	t
23	05B001	花廊架制安	座	补子目 001	花廊架制安	座
景墙						
23	050307010001	景墙	m^3	借 01010004	人工挖沟槽、基坑 三类土 深度 2 m 以内	100 m^3
				借 01010125	人工夯填 基础	100 m^3
				借 01050001	现场搅拌混凝土 基础垫层 混凝土	10 m^3
				借 01040001	砖基础	10 m^3
				借 01040082	零星砖砌体	10 m^3
				借 01100138	文化石 砂浆黏贴墙面	100 m^2
				05040024	花岗岩压顶 厚 100 mm 以内	m^2
				借 01050026	现场搅拌混凝土 基础梁	10 m^3
				借 01050030	现场搅拌混凝土 过梁	10 m^3
24	010515001002	现浇钢筋构件	t	借 01050352	现浇构件 圆钢 Φ10 内	t
				借 01050355	现浇构件 带肋钢 Φ10 外	t

续表

序号	项目编码	项目名称	计量单位	定额编码	定额名称	定额单位
植物						
25	050101009001	种植土回填（车库顶板）	m^3	05010013	人工回填土	10 m^3
26	050101010001	整理绿化用地	m^2	05010001	整理绿化用地	10 m^2
27	050101011001	绿地起坡造型	m^3	05010014	绿化地起坡造型土方堆置 人工	10 m^3
28	050102001001	栽植乔木（大叶樟）	株	05010067 R×1.34	栽植乔木（带土球）土球直径80 cm 以内 三类土 人工×1.34	株
				05010377	乔木一级养护 胸径 10cm 以内	株·年
29	050102001002	栽植乔木（香樟）	株	05010067 R×1.34	栽植乔木（带土球）土球直径80 cm 以内 三类土 人工×1.34	株
				05010377	乔木一级养护 胸径 10 cm 以内	株·年
30	050102001003	栽植乔木（四季桂）	株	05010064 R×1.34	栽植乔木（带土球）土球直径50 cm 以内 三类土 人工×1.34	株
				05010376	乔木一级养护 胸径 5cm 以内	株·年
31	050102001004	栽植乔木（云南拟单性木兰）	株	05010063 R×1.34	栽植乔木（带土球）土球直径40 cm 以内 三类土 人工×1.34	株
				05010376	乔木一级养护 胸径 5 cm 以内	株·年
32	050102001005	栽植乔木（球花石楠）	株	05010067 R×1.34	栽植乔木（带土球）土球直径80 cm 以内 三类土 人工×1.34	株
				05010377	乔木一级养护 胸径 10 cm 以内	株·年
33	050102001006	栽植乔木（广玉兰）	株	05010066 R×1.34	栽植乔木（带土球）土球直径70 cm 以内 三类土 人工×1.34	株
				05010377	乔木一级养护 胸径 10 cm 以内	株·年
34	050102001007	栽植乔木（枇杷）	株	05010069 R×1.34	栽植乔木（带土球）土球直径120 cm 以内 三类土 人工×1.34	株
				05010378	乔木一级养护 胸径 20 cm 以内	株·年
35	050102001008	栽植乔木（大树杨梅）	株	05010067 R×1.34	栽植乔木（带土球）土球直径80 cm 以内 三类土 人工×1.34	株
				05010377	乔木一级养护 胸径 10cm 以内	株·年
36	050102001009	栽植乔木（杜英）	株	05010067 R×1.34	栽植乔木（带土球）土球直径80cm 以内 三类土 人工×1.34	株
				05010377	乔木一级养护 胸径 10 cm 以内	株·年
37	050102001010	栽植乔木（肋果茶）	株	05010064 R×1.34	栽植乔木（带土球）土球直径50 cm 以内 三类土 人工×1.34	株
				05010377	乔木一级养护 胸径 10cm 以内	株·年
38	050102001011	栽植乔木（银杏）	株	05010066 R×1.34	栽植乔木（带土球）土球直径70 cm 以内 三类土 人工×1.34	株
				05010377	乔木一级养护 胸径 10 cm 以内	株·年

续表

序号	项目编码	项目名称	计量单位	定额编码	定额名称	定额单位
39	050102001012	栽植乔木（滇朴）	株	05010071 R×1.34	栽植乔木（带土球）土球直径160 cm以内 三类土 人工×1.34	株
				05010379	乔木一级养护 胸径30 cm以内	株·年
40	050102001013	栽植乔木（红花木莲）	株	05010066 R×1.34	栽植乔木（带土球）土球直径70 cm以内 三类土 人工×1.34	株
				05010377	乔木一级养护 胸径10 cm以内	株·年
41	050102002001	栽植灌木（非洲茉莉）	株	05010110 R×1.34	栽植灌木（带土球）土球直径40 cm以内 三类土 人工×1.34	株
				05010389	灌木一级养护 高度200 cm以内	株·年
42	050102004001	栽植棕榈类	株	05010116 R×1.34	栽植灌木（带土球）土球直径120 cm以内 三类土 人工×1.34	株
				05010391	灌木一级养护高度400 cm以内	株·年
43	050102007001	栽植色带（八角金盘）	m^2	05010169	栽植地被植物片植 种植密度36株/m^2	m^2
				05010398	地被植物一级养护 片植	m^2·年
44	050102007002	栽植色带（肾蕨）	m^2	05010169	栽植地被植物片植 种植密度36株/m^2	m^2
				05010398	地被植物一级养护 片植	m^2·年
45	050102007003	栽植色带（金森女贞）	m^2	05010169	栽植地被植物片植 种植密度36株/m^2	m^2
				05010398	地被植物一级养护 片植	m^2·年
46	050102007004	栽植色带（毛叶杜鹃）	m^2	05010169	栽植地被植物片植 种植密度36株/m^2	m^2
				05010398	地被植物一级养护 片植	m^2·年
47	050102007005	栽植色带（南天竺）	m^2	05010169	栽植地被植物片植 种植密度36株/m^2	m^2
				05010398	地被植物一级养护 片植	m^2·年
48	050102007006	栽植色带（鸭脚木）	m^2	05010169	栽植地被植物片植 种植密度36株/m^2	m^2
				05010398	地被植物一级养护 片植	m^2·年
49	050102007007	栽植色带（红花檵木）	m^2	05010169	栽植地被植物片植 种植密度36株/m^2	m^2
				05010398	地被植物一级养护 片植	m^2·年
50	050102007008	栽植色带（紫柳）	m^2	05010169	栽植地被植物片植 种植密度36株/m^2	m^2
				05010398	地被植物一级养护 片植	m^2·年

续表

序号	项目编码	项目名称	计量单位	定额编码	定额名称	定额单位
51	050102007009	栽植色带（迎春柳）	m^2	05010169	栽植地被植物片植 种植密度36株/m^2	m^2
				05010398	地被植物一级养护 片植	m^2·年
52	050102012001	铺种草皮	m^2	05010181	草皮铺种 播种	m^2
				05010400	地被植物一级养护 草坪	m^2·年

表 10-11 单价措施项目清单项与定额项匹配表

序号	项目编码	项目名称	计量单位	定额编码	定额名称	定额单位
1	050401001001	景墙砌筑脚手架	m^2	借 01150160	里脚手架 木架	100 m^2
2	050401003001	亭脚手架	座	借 01150155	外脚手架 木架 15 m 以内单排	100 m^2
3	050402001001	亭现浇混凝土垫层	m^2	借 01150238	现浇混凝土模板 混凝土基础垫层	100 m^2
4	050402001002	花廊架现浇混凝土垫层	m^2	借 01150238	现浇混凝土模板 混凝土基础垫层	100 m^2
5	050402001003	景墙现浇混凝土垫层	m^2	借 01150238	现浇混凝土模板 混凝土基础垫层	100 m^2
6	050402001004	道路现浇混凝土垫层	m^2	借 01150238	现浇混凝土模板 混凝土基础垫层	100 m^2
7	011702027001	台阶	m^2	借 01150322	现浇混凝土模板 台阶	10 m^2
8	011702001001	亭独立基础	m^2	借 01150250	现浇混凝土模板 独立基础混凝土及钢筋混凝土 复合模板	100 m^2
9	011702001002	亭满堂基础	m^2	借 01150254	现浇混凝土模板 满堂基础无梁式 复合模板	100 m^2
10	011702001003	花廊架基础	m^2	借 01150250	现浇混凝土模板 独立基础混凝土及钢筋混凝土 复合模板	100 m^2
11	011702005001	景墙基础梁模板	m^2	01150278	现浇混凝土模板 基础梁复合模板	100 m^2
12	011702025001	景墙梁其他现浇构件	m^2	01150317	现浇混凝土模板 零星构件	10 m^3
13	050403001001	树木支撑架	株	05010235	树棍护树桩 四脚桩	株

10.3　分部分项工程量计算

项目的清单与定额列项完成以后，要根据国家现行规范《园林绿化工程工程量计算规范》（GB 50858）、《房屋建筑与装饰工程工程量计算规范》（GB 50854）以及其他相关专业工程的计算规范，进行项目清单工程量的计算，并针对套用的当地定额项目的计量规则，计算出相应定额项的工程量。

在这里以某一地区的定额为例，根据《××省园林绿化工程消耗量定额》的计算规则来进行工程量的计算，具体如表 10-12 所示。

由于绿化植物的数量按植物种植株数来计算，直接由设计图纸中计数数量相加而得，在此不再做详述。工程的面积也是直接给定的量，而在实际工作中这些量是可以由 CAD 图纸中来直接量取的，这些就是 CAD 命令的知识，在此不做详解，因此表 10-12 中主要列出的是景观小品以及景观建筑的工程量手工计算式。

10.4　单价措施项目工程量计算

单价措施项目也是需要计算工程量的，同样也是依据现行国家标准《园林绿化工程工程量计算规范》（GB 50858）计算相应的清单工程量，根据《××省园林绿化工程消耗量定额》和《××省房屋建筑与装饰工程消耗量定额》中规定的计算规则来进行定额项的工程量计算，具体如表 10-13。

10.5　工程量清单文件

工程量计算之后即可形成相应的工程量清单文件，根据国家规范《清单计价规范》以及《××省建设工程造价计价规则》规定的表格形式，填写封面以及说明，最终该园林绿化工程工程量清单文件详见表 10-14 ~ 表 10-25。

表 10-12　分部分项工程工程量计算表

序号	项目编码	项目名称	计量单位	工程量	计算式
园路					
1	050201001001	园路（透水砖路面）	m²	80.92	计算说明：利用道路的中心线长度乘以宽度 （2.575−0.9+1.231+3.1+2.38）×1.6+45×1.5=80.92（m²）
定额	05030001	整理园路土基路床	m²	86.26	计算说明：道路设计图示尺寸两边各放宽 5 cm （2.575−0.9+1.231+3.1+2.38）×（1.6+0.05×2）+45×（1.5+0.05×2）=86.26（m²）
	05030006	园路基础垫层碎石	m³	12.94	计算说明：道路设计图示尺寸两边各放宽 5 cm 乘以厚度计算 86.26×0.15=12.94（m³）
	05030007	园路基础垫层混凝土	m³	8.63	86.26×0.1=8.63（m³）
	05030035	砂浆结合层砖平铺地面	m²	55.99	80.92−24.93=55.99（m²）
	05030043	园路面层石材走边	m²	24.93	（2.575−0.9+1.231+3.1+2.38）×0.2×2+（1.6−0.2×2）×0.2×3+45×0.2×2+（1.5−0.2×2）×0.2×13=24.93（m²） 注：13 为横向走边数量（45÷4+1）向上取整
2	050201001002	园路（板岩碎拼广场）	m²	83.5	6.3×5+（6×6−4×4）+4×8=83.5（m²）
定额	05030001	整理园路土基路床	m²	103.06	（6.3+0.05×2）×（5+0.05×2）+（6+0.05×2）×（6+0.05×2）+（4+0.05×2）×（8+0.05×2）=103.06（m²）
	05030006	园路基础垫层碎石	m³	15.46	103.06×0.15=15.46（m³）
	05030007	园路基础垫层混凝土	m³	12.77	103.06×0.1+4.05×4.05×0.15=12.77（m³） 注：4.05×4.05×0.15 为景观亭地面高出路面的混凝土垫层部分数量
	05030043	园路面层石材走边	m²	16.41	[（3−0.15+1.8−0.15）×2+（5−0.3）×2−1.6+（6−0.3+6−4−0.15）×2+（4−0.3+8−0.3）×2] ×0.3=16.41（m²）
	05030033	砂浆结合层 广场砖铺装素拼	m²	67.09	83.5−16.41=67.09（m²）

续表

序号	项目编码	项目名称	计量单位	工程量	计算式
3	050201001003	园路（景观亭地面）	m^2	16	4×4=16（m^2）
定额	05030026	园路面层(砂浆结合层）青石板 厚 50 mm 以内	m^2	7	（4−0.5）×4×0.5=7（m^2）
	05030027	园路面层(砂浆结合层）花岗岩 厚 30 mm 以内	m^2	6.12	2.6×2.6−0.4×0.4×4=6.12（m^2）
	借 01100094	花岗岩(水泥砂浆黏贴）零星项目	m^2	2.4	4×0.15×4=2.4（m^2）
4	010507004001	台阶	m^2	11.82	计算说明：按投影水平面积计算 1.5×5+0.9×1.6×3=11.82（m^2）
定额	05030001	整理园路土基路床	m^2	12.24	1.5×（5+0.05×2）+0.9×（1.6+0.05×2）×3=12.24（m^2）
	05030006	园路基础垫层 碎石	m^3	1.84	12.24×0.15=1.84（m^3）
	05030007	园路基础垫层 混凝土	m^3	1.22	12.24×0.1=1.22（m^3）
	借 01050064(换）	现场搅拌混凝土 台阶	m^2	12.24	同清单量
	借 01090088	台阶 花岗岩 水泥砂浆	m^2	12.41	0.32×1.6×6+0.32×5×4+0.3×1.6×3+0.3×5×1=12.41（m^2）
	借 01090094	零星项目 花岗岩 水泥砂浆	m^2	5.91	5×0.15×5+1.6×0.15×9=5.91（m^2）
景观亭					
4	010101004001	挖基坑土方	m^3	9.19	计算说明：按垫层面积乘以挖土深度计算 （3.3+0.1×2）×（3.3+0.1×2）×（0.9−0.15）=9.19（m^3）
定额	借 01010004	人工挖沟槽、基坑 三类土 深度 2 m 以内	m^3	12.61	计算说明：按基底加工作面的面积乘以挖土深度计算，由于此基坑挖深小，无需放坡 （3.3+0.1×2+0.3×2）×（3.3+0.1×2+0.3×2）×（0.9−0.15）=12.61（m^3）

续表

序号	项目编码	项目名称	计量单位	工程量	计算式
5	010103001001	回填方	m^3	5.62	基础体积：$3.5×3.5×0.1+3.3×3.3×0.2+0.3×0.3×0.45×4=3.57$（$m^3$） 回填土方：$9.19-3.57=5.62$（$m^3$）
定额	借 01010125	人工夯填 基础	m^3	9.04	$12.61-3.57=9.04$（m^3）
6	010501001001	垫层	m^3	1.23	$3.5×3.5×0.1=1.23$（m^3）
定额	借 01050001（换）	现场搅拌混凝土基础垫层混凝土	m^3	1.23	同清单量
7	010501004001	满堂基础	m^3	2.18	$3.3×3.3×0.2=2.18$（m^3）
定额	借 01050007	现场搅拌混凝土 满堂基础 无梁式	m^3	2.18	同清单量
8	010501003001	独立基础	m^3	0.22	$0.3×0.3×0.6×4=0.22$（m^3）
定额	借 01050005	现场搅拌混凝土 独立基础 混凝土及钢筋混凝土	m^3	0.22	同清单量
9	010515001001	现浇构件钢筋	t	0.1859	$0.00284+0.180+0.00303=0.1859$（t）
定额	借 01050352	现浇构件 圆钢 Φ10 内	t	0.00284	根数：（$0.8-0.02×2$）$÷0.15+1=6$ 根 $0.3×4×6×0.00617×8^2÷1000=0.00284$（t）
	借 01050354	现浇构件 带肋钢 Φ10 内	t	0.180	单层单向根数：（$3.3-0.02×2$）$÷0.15+1=22$ 根 （$3.3-0.02×2+3×0.01×2$）$×22×4×0.00617×10^2÷1000=0.180$（t）
	借 01050355	现浇构件 带肋钢 Φ10 外	t	0.00303	（$0.8-0.02+3×0.012×2$）$×4×0.00617×12^2÷1000=0.00303$（t）
10	010606013001	零星钢构件	t	0.0766	[（$0.22×0.22+0.2×0.23×4$）$×7.85×10+$（$0.2+0.2+0.1+6.25×0.01×2$）$×2×0.00617×10^2$]$×4÷1000=0.0766$（t）
定额	借 01050372	预埋铁件制安	t	0.0766	同清单量
11	010702001001	木柱	m^3	0.46	木柱：$0.2×0.2×$（$3-0.15$）$×4=0.45$（m^3） 雷公柱：$0.15×0.15×0.5=0.01$（m^3） $0.01+0.45=0.46$（m^3）

续表

序号	项目编码	项目名称	计量单位	工程量	计算式
定额	借 01060013 换	方木柱周长 800 mm 以内	m^3	0.46	同清单量
	借 01120150	木材面油漆 防火涂料二遍 其他木材面	m^2	9.60	[0.2×0.2+0.2×（3−0.15）×4]×4+0.15×4×0.5+0.15×0.15=9.60（m^2）
12	010702002001	木梁	m^3	1.34	木梁：（2.6+0.3×2）×0.15×0.2×4+（2.6+0.2）×0.15×0.2×4=0.72（m^3） 木角梁：3.25×0.15×0.25×4=0.49（m^3） 木椽：1.82×0.08×0.08×8+0.78×0.08×0.08×8=0.13（m^3） 0.72+0.49+0.13=1.34（m^3）
定额	借 01060017 换	方木梁 周长 1 m 以内	m^3	1.34	同清单量
	借 01120150	木材面油漆 防火涂料二遍 其他木材面	m^2	33.86	（2.6+0.3×2）×（0.15+0.2）×2×4+（2.6+0.2）×（0.15+0.2）×2×4+3.25×（0.15+0.25）×2×4+1.82×0.08×4×8+0.78×0.08×4×8=33.86（m^2）
13	010702005001	其他木构件	m	28	（2.6+0.3×2）×4+3.8×4=28（m）
定额	借 01060025	封檐板 高 20 cm 以内	m	28	同清单量
	借 01120151	木材面油漆 防火涂料二遍 木扶手（不带托板）	m	48.72	计算说明：封檐板套用木扶手的定额工程量需进行调整，乘以系数 1.74 1.74×28=48.72（m）
14	011206001001	石材零星项目	m^2	2.2	（0.4×0.4−0.3×0.3+0.4×4×0.3）×4=2.2（m^2）
定额	借 01100094	花岗岩（水泥砂浆黏贴）零星项目	m^2	1.92	0.4×4×0.3×4=1.92（m^2）
	05040024	花岗岩压顶 厚 100 mm 以内	m^2	0.28	（0.4×0.4−0.3×0.3）×4=0.28（m^2）
15	050303004001	油毡瓦屋面	m^2	18.87	$\frac{1}{2}\times4\times\sqrt{1.25^2+2^2}\times4=18.87$（$m^2$）
定额	借 01080020	屋面铺设彩色沥青瓦	m^2	18.87	同清单量

续表

序号	项目编码	项目名称	计量单位	工程量	计算式
16	050303009001	木（防腐木）屋面	m^2	18.87	同瓦屋面计算
定额	借 01060022 换	檩木上钉屋面板	m^2	18.87	同清单量
	借 01120150	木材面油漆 防火涂料二遍 其他木材面	m^2	37.74	18.87×2=37.74（m^2）
花廊架					
17	010101004002	挖基坑土方	m^3	1.54	0.82×0.72×0.65×4=1.54（m^3）
定额	借 01010001	人工挖土方 深度 1.5 m 以内 三类土	m^3	4.87	（0.82+0.3×2）×（0.72+0.3×2）×0.65×4=4.87（m^3）
18	010103001002	回填方	m^3	0.90	1.54−（0.82×0.72×0.1+0.62×0.52×0.15+0.42×0.32×0.4）×4=0.90（m^3）
定额	借 01010125	人工夯填 基础	m^3	4.23	4.87−（0.82×0.72×0.1+0.62×0.52×0.15+0.42×0.32×0.4）×4=4.23（m^3）
19	010501001002	垫层	m^3	0.24	0.82×0.72×0.1×4=0.24（m^3）
定额	借 01050001	现场搅拌混凝土 基础垫层 混凝土 换	m^3	0.24	同清单量
20	010501003002	独立基础	m^3	0.57	（0.62×0.52×0.15+0.42×0.32×0.7）×4=0.57（m^3）
定额	借 01050005	现场搅拌混凝土 独立基础 混凝土及钢筋混凝土	m^3	0.57	同清单量
21	011206001002	石材零星项目	m^2	3.19	（0.5×0.3×2+0.4×0.3×2+0.56×0.46）×4=3.19（m^2）
定额	05040023	花岗岩压顶 厚 50 mm 以内	m^2	0.55	（0.56×0.46−0.4×0.3）×4=0.55（m^2）
	05030029	园路面层（砂浆结合层）花岗岩小料石 100×100	m^2	0.48	0.4×0.3×4=0.48（m^2）
	借 01100094	花岗岩（水泥砂浆黏贴）零星项目	m^2	2.16	（0.5×0.3×2+0.4×0.3×2）×4=2.16（m^2）

续表

序号	项目编码	项目名称	计量单位	工程量	计算式
22	010606013002	零星钢构件	t	0.0260	[0.32×0.24×7.85×8+（0.3+0.3+0.2+6.25×0.012×2）×2×0.00617×12²]×4÷1000=0.0260（t）
定额	借 01050372	预埋铁件制安	t	0.0260	同清单量
景墙					
23	050307010001	景墙	m^3	2.96	计算说明：墙体砌筑体积计算 0.31×2.51×1.9×2=2.96（m^3）
定额	借 01010004	人工挖沟槽、基坑 三类土 深度 2 m 以内	m^3	4.85	0.84×0.95×3.04×2=4.85（m^3）
	借 01010125	人工夯填 基础	m^3	2.70	4.85−1.02−[（0.24+0.06×4）×（2.44+0.06×4）×0.12+（0.24+0.06×2）×（2.44+0.06×2）×0.12+0.24×2.44×（0.75−0.24）]×2=2.70（m^3）
	借 01050001	现场搅拌混凝土 基础垫层 混凝土 换	m^3	1.02	0.84×3.04×0.2×2=1.02（m^3）
	借 01040001	砖基础	m^3	0.85	[（0.24+0.06×4）×（2.44+0.06×4）×0.12+（0.24+0.06×2）×（2.44+0.06×2）×0.12+0.24×2.44×（0.75−0.24−0.24）]×2=0.85（m^3）
	借 01040082	零星砖砌体	m^3	2.08	0.24×2.44×（1.9−0.12）×2=2.08（m^3）
	借 01100138	文化石 砂浆黏贴墙面	m^2	21.43	（0.31+2.51）×2×1.9×2=21.43（m^2）
	05040024	花岗岩压顶 厚 100 mm 以内	m^2	2.08	0.4×2.6×2=2.08（m^2）
	借 01050026	现场搅拌混凝土 基础梁	m^3	0.28	0.24×0.24×2.44×2=0.28（m^3）
	借 01050030	现场搅拌混凝土 过梁	m^3	0.14	0.24×0.12×2.44×2=0.14（m^3）
24	010515001002	现浇钢筋构件	t	0.0382	0.0121+0.0261=0.0382（t）
定额	借 01050352	现浇构件 圆钢 Φ10 内	t	0.0121	过梁箍筋根数：（2.44−0.03×2）÷0.15+1=16（根） 基础梁箍筋根数：（2.44−0.03×2）÷0.2+1=12（根） 箍筋长度：0.24×16+0.24×4×12=15.36（m） 15.36×0.00617×8²÷1000×2=0.0121（t）
	借 01050355	现浇构件 带肋钢 Φ10 外	t	0.0261	[2.44−0.03×2+3×0.012×2]×6=14.712（m） 14.712×0.00617×12²÷1000×2=0.0261（t）

表 10-13　单价措施项目工程量计算表

序号	项目编码	项目名称	计量单位	工程量	计算式
1	050401001001	景墙砌筑脚手架	m^2	10.4	2.6×2×2=10.4（m^2）
定额	借 01150160	里脚手架　木架	m^2	10.4	同清单量
2	050401003001	亭脚手架	座	1	数量见图
定额	借 01150155	外脚手架　木架 15 m 以内　单排	m^2	63.36	4×3.96×4=63.36（m^2）
3	050402001001	亭现浇混凝土垫层模板	m^2	1.4	（3.3+2×0.1）×4×0.1=1.4（m^2）
定额	借 01150238	现浇混凝土模板 混凝土基础垫层	m^2	1.4	同清单量
4	050402001002	花廊架现浇混凝土垫层模板	m^2	1.23	（0.82+0.72）×2×0.1×4=1.23（m^2）
定额	借 01150238	现浇混凝土模板 混凝土基础垫层	m^2	1.23	同清单量
5	050402001003	景墙现浇混凝土垫层模板	m^2	3.10	（0.84+3.04）×2×0.2×2=3.10（m^2）
定额	借 01150238	现浇混凝土模板 混凝土基础垫层	m^2	3.10	同清单量
6	050402001004	道路现浇混凝土基础模板	m^2	21.77	1.5 米道路垫层：（1.5+0.05×2+45）×2×0.1=9.32（m^2） 1.6 米道路垫层：（1.6+0.05×2+2.375+ 1.231 +3.1+2.38）×2×0.1=2.15（m^2） 碎拼广场垫层：（3+0.05+5+0.05×2）×2×0.1 +（1.8+0.05+5+0.05× 2）×2×0.1+（6+0.05×2）×4×0.1+4×4×0.15+（4+0.05×2+8+0.05×2）×2×0.1=10.3（m^2） 总数量：9.32+2.15+10.3=21.77（m^2）
定额	借 01150238	现浇混凝土模板 混凝土基础垫层	m^2	21.77	同清单量
7	011702005001	景墙基础梁模板	m^2	2.57	（0.24+2.44）×2×0.24×2=2.57（m^2）
定额	借 01150278	现浇混凝土模板 基础梁　复合模板	m^2	2.57	同清单量

续表

序号	项目编码	项目名称	计量单位	工程量	计算式
8	011702025001	景墙过梁其他现浇构件模板	m^2	1.29	（0.24+2.44）×2×0.12×2=1.29（m^2）
定额	借 01150317	现浇混凝土模板 零星构件	m^3	0.07	0.24×0.12×2.44=0.07（m^3）
9	011702027001	台阶模板	m^2	1.57	每一级台阶的侧面积：0.15×0.3×0.5=0.0225（m^2），总的有 5+3+3+3=14 级台阶 总的模板数量： $14\times2\times0.0225+[\sqrt{0.15^2+0.3^2}\times14]\times0.1\times2=1.57$（$m^2$）
定额	借 01150322	现浇混凝土模板 台阶	m^2	1.57	同清单量
10	011702001001	亭独立基础模板	m^2	3.84	0.3×4×0.8×4=3.84（m^2）
定额	借 01150250	现浇混凝土模板 独立基础 混凝土及钢筋混凝土 复合模板	m^2	3.84	同清单量
11	011702001002	亭满堂基础模板	m^2	2.64	3.3×4×0.2=2.64（m^2）
定额	借 01150254	现浇混凝土模板 满堂基础 无梁式 复合模板	m^2	2.64	同清单量
12	011702001003	花廊架基础模板	m^2	5.51	[（0.62+0.52）×2×0.15+（0.42+0.32）×2×0.7]×4=5.51（m^2）
定额	借 01150250	现浇混凝土模板 独立基础 混凝土及钢筋混凝土 复合模板	m^2	5.51	同清单量
13	050403001001	树木支撑架	株	188	需要支撑的树木总和
定额	05010235	树棍护树桩 四脚桩	株	188	同清单量

表 10-14　某街头绿地景观工程工程量清单封面

某街头绿地景观＿＿＿＿＿＿工程

招标工程量清单

招　标　人：××置业股份有限公司
（单位盖章）

造价咨询人：××工程咨询有限公司
（单位盖章）

年　月　日

表 10-15　某街头绿地景观工程工程量清单扉页

某街头绿地景观＿＿＿＿＿＿工程

招标工程量清单

招　标　人：××置业股份有限公司
（单位盖章）

造价咨询人：××工程咨询有限公司
（单位资质专用章）

法定代表人
或其授权人：＿＿＿＿＿＿
（签字或盖章）

法定代表人
或其授权人：＿＿＿＿＿＿
（签字或盖章）

编　制　人：＿＿＿＿＿＿
（造价人员签字盖专用章）

复　核　人：＿＿＿＿＿＿
（造价工程师签字盖专用章）

编制时间：　年　月　日

复核时间：　年　月　日

表 10-16　某街头绿地景观工程工程量清单总说明

工程名称：某街头绿地景观工程

（1）工程概况：

① 本工程为某市区某街头绿地景观工程，总用地面积为 1 800 m^2，绿地面积为 1 634.94 m^2，绿地起坡造型面积为 437.65 m^2，车库范围面积为 1 280 m^2。

② 工程中基本以绿地种植为主，要求良好的施足基肥的红土，乔木类苗木均带土球，并用四角树棍支撑，养护一年；四角景观亭一座以樟子松木搭建，基础为 C20 钢筋混凝土筏板基础；金属花廊架两座采用 50×50 方钢制作，基础为 C20 钢筋混凝土结构；景墙两道，普通砖砌筑；道路 1.5 m 宽，碎石 150 厚，C15 混凝土 100 厚垫层，透水砖作面层。

③ 一边临城市道路，另两边为居住区道路，小区及道路已建成，地下车库已建成。

（2）工程招标发包范围：施工图标明的全部工程内容。

（3）工程量清单编制依据：

① ××环境工程有限公司所出的某接头绿地景观设计施工图。

② 国家标准《园林绿化工程工程量计算规范》GB 50858—2013。

③《××省建设工程造价计价规则》。

④《××省园林绿化工程消耗量定额》。

⑤ 常规绿化工程施工方案。

（4）工程质量、材料、施工等的特殊要求：

工程质量一次验收合格；材料（尤其是苗木）必须验收合格方能使用，施工中药注意周围环境卫生的爱护，木材需进行防腐处理，金属需进行防锈处理。

（5）其他需要说明的问题：

本工程地形造型需自然衔接周边，保证边坡的稳固性，植物均需满足健康无病虫害。

表 10-17　某街头绿地景观分部分项工程清单

工程名称：某街头绿地景观工程　　　　标段：

序号	项目编码	项目名称	项目特征描述	计量单位	工程量	金额/元				
						综合单价	合价	其中		
								人工费	机械费	暂估价
景观亭										
1	010101004001	挖基坑土方	1. 土壤类别：三类土 2. 挖土深度：900 mm	m^3	9.19					
2	010103001001	回填方	1. 密实度要求：人工夯实 2. 填方材料品种：原土回填	m^3	5.6					
3	010501001001	垫层	1. 混凝土种类：素混凝土 2. 混凝土强度等级：C15	m^3	1.23					
4	010501003001	独立基础	1. 混凝土种类：现浇钢筋混凝土 2. 混凝土强度等级：C20	m^3	0.22					
5	010501004001	满堂基础	1. 混凝土种类：现浇钢筋混凝土 2. 混凝土强度等级：C20	m^3	2.18					
6	010515001001	现浇构件钢筋	1. 钢筋种类、规格：Φ 10@150 基础板筋 2. 亭柱基础钢筋：4 Φ 12 柱筋，Φ 8@150 箍筋	t	0.19					
7	010606013001	零星钢构件	1. 构件名称：木柱基础预制钢构件 2. 钢材品种、规格：10 厚钢板，利用 Φ 10 钢筋与基础连接	t	0.077					

续表

工程名称：某街头绿地景观工程　　　　　　标段：

序号	项目编码	项目名称	项目特征描述	计量单位	工程量	金额/元				
						综合单价	合价	其中		
								人工费	机械费	暂估价
			景观亭							
8	010702001001	木柱	1. 构件规格尺寸：200×200×2790 2. 木材种类：樟子松防腐木 3. 防护材料种类：涂刷防腐油并刷防火漆两遍 4. 150×150×400 樟子松防腐木雷公柱	m^3	0.46					
9	010702002001	木梁	1. 构件规格尺寸：截面尺寸 150×250 木角梁，150×200 木梁，80×80 木椽 2. 木材种类：樟子松防腐木 3. 防护材料种类：涂刷防腐油并刷防火漆两遍	m^3	1.34					
10	010702005001	其他木构件	1. 构件名称：封檐板 2. 构件规格尺寸：120×200 外横梁，80×120 外横梁， 3. 木材种类：樟子松防腐木 4. 防护材料种类：涂刷防腐油并刷防火漆两遍	m	28					
11	011206001001	石材零星项目	1. 基层类型、部位：亭子柱脚装饰 2. 安装方式：1∶25 水泥砂浆粘贴 3. 面层材料品种、规格、颜色：400× 400× 100 芝麻白烧面花岗岩压顶，300×100×20 芝麻白烧面花岗岩立面镶贴	m^2	2.2					

续表

工程名称：某街头绿地景观工程　　　　标段：

序号	项目编码	项目名称	项目特征描述	计量单位	工程量	金额/元				
						综合单价	合价	其中		
								人工费	机械费	暂估价
景观亭										
12	050303004001	油毡瓦屋面	1. 冷底子油品种：3 厚改性沥青油毡一层 2. 油毡瓦颜色规格：青灰色，厚 2.8 mm 以上	m^2	18.87					
13	050303009001	木（防腐木）屋面	1. 木（防腐木）种类：樟子松防腐木板厚 20 2. 防护层处理：涂刷防腐油并刷防火漆两遍	m^2	18.87					
花廊架										
14	010101004002	挖基坑土方	1. 土壤类别：三类土 2. 挖土深度：1 m	m^2	1.54					
15	010103001002	回填方	1. 密实度要求：人工夯实 2. 填方材料品种：原土回填	m^3	0.9					
16	010501001002	垫层	1. 混凝土种类：现浇素混凝土 2. 混凝土强度等级：C15	m^3	0.24					
17	010501003002	独立基础	1. 混凝土种类：现浇素混凝土 2. 混凝土强度等级：C20	m^3	0.57					

续表

工程名称：某街头绿地景观工程　　　　标段：

序号	项目编码	项目名称	项目特征描述	计量单位	工程量	金额/元				
						综合单价	合价	其中		
								人工费	机械费	暂估价
花廊架										
18	011206001002	石材零星项目	1. 基层类型、部位：花架柱脚装饰 2. 安装方式：1∶25 水泥砂浆粘贴 3. 面层材料品种、规格、颜色：立面 400×300×20 芝麻白烧面；压顶 80 宽 50 厚芝麻白烧面花岗岩；瓜子石散置面层	m^2	3.2					
19	010606013002	零星钢构件	1. 构件名称：花架基础预制铁件 2. 钢材品种、规格：8 厚钢板，用 Φ12 钢筋与基础连接	t	0.026					
20	05B001	花廊架制安	1. 材料为钢材，型号以图纸为准 2. 表面涂刷防锈漆	座	2					
园路										
21	010507004001	台阶	1. 路床土石类别：夯实普土 2. 垫层厚度、宽度、材料种类：150 厚碎石垫层，100 厚 C15 混凝土垫层 3. 路面厚度、宽度、材料种类：芝麻黑烧面花岗岩，踢面 600×150×20，踏面 600×300×50 4. 砂浆强度等级：1∶3 干硬性水泥砂浆	m^2	11.82					

续表

工程名称：某街头绿地景观工程　　　　　　标段：

序号	项目编码	项目名称	项目特征描述	计量单位	工程量	金额/元				
						综合单价	合价	其中		
								人工费	机械费	暂估价
园路										
22	050201001001	园路（透水砖路面）	1. 路床土石类别：夯实普土 2. 垫层厚度、宽度、材料种类：150 厚碎石垫层，100 厚 C15 混凝土垫层 3. 路面厚度、宽度、材料种类：浅黄、橙黄、咖啡色透水砖 1∶1∶1 混铺，棕色透水砖走边，规格均为 240×120× 50 4. 砂浆强度等级：1∶3 干硬性水泥砂浆	m^2	80.9					
23	050201001002	园路（板岩碎拼广场）	1. 路床土石类别：人工夯实普土 2. 垫层厚度、宽度、材料种类：150 厚碎石垫层，100 厚 C15 混凝土垫层 3. 路面厚度、宽度、材料种类：20 厚黄木纹板岩碎拼，300×300×20 芝麻黑烧面花岗岩走边 4. 砂浆强度等级：1∶3 干硬性水泥砂浆	m^2	83.5					
24	050201001003	园路（景观亭地面）	1. 路面厚度、宽度、材料种类：200×200×50 厚青石毛面，300×300×20 芝麻白烧面花岗岩铺贴 2. 地面侧面 300×150×20 芝麻白烧面花岗岩铺贴 3. 砂浆强度等级：1∶2.5 水泥砂浆结合层	m^2	16					

续表

工程名称：某街头绿地景观工程　　　　　标段：

序号	项目编码	项目名称	项目特征描述	计量单位	工程量	金额/元				
						综合单价	合价	其中		
								人工费	机械费	暂估价
景墙										
25	010515001002	现浇构件钢筋	1.钢筋种类、规格：景墙基础梁 Φ12 通长筋，Φ8@200 箍筋 2. 钢筋种类、规格：景墙过梁 Φ12 通长筋，Φ8@150 箍筋	t	0.038					
26	050307010001	景墙	1. 土质类别：三类土 2. 基础材料 种类、规格：C20 钢筋混凝土，标准砖基础 3. 墙体材料种类、规格：标准砖 4. 墙体厚度：240 5. 混凝土、砂浆强度等级、配合比：1∶2.5 水泥砂浆 6. 饰面材料种类：15 厚文化石饰面，500×400×100 青石毛面压顶	m^3	2.96					
种植										
27	050101009001	种植土回（换）填	1. 回填土质要求：种植红土 2. 回填厚度：2 m	m^3	2560					

续表

工程名称：某街头绿地景观工程　　　　标段：

序号	项目编码	项目名称	项目特征描述	计量单位	工程量	金额/元				
						综合单价	合价	其中		
								人工费	机械费	暂估价
种植										
28	050101010001	整理绿化用地	1. 回填土质要求：原土 2. 找平找坡要求：30 cm 以内	m^2	1800					
29	050101011001	绿地起坡造型	1. 回填土质要求：种植红土 2. 起坡平均高度：40 cm	m^3	175.06					
30	050102001001	栽植乔木（大叶樟）	1. 种类：大叶樟 2. 胸径或干径：胸径 8～10 cm 3. 株高、冠径：株高 2.5～3 m，冠径 2～2.5 m 4. 养护期：一年	株	35					
31	050102001002	栽植乔木（香樟）	1. 种类：香樟 2. 胸径或干径：胸径 8～10 cm 3. 株高、冠径：株高 2.5～3.0 m，冠径 2.0～2.5 m 4.养护期：一年	株	11					
32	050102001003	栽植乔木（四季桂）	1. 种类：四季桂 2. 胸径或干径：胸径 4～6 cm 3. 株高、冠径：株高 2.0～3.0 m，冠径 2.0～2.5 m 4. 养护期：一年	株	22					

续表

工程名称：某街头绿地景观工程　　　　标段：

序号	项目编码	项目名称	项目特征描述	计量单位	工程量	金额/元				
						综合单价	合价	其中		
								人工费	机械费	暂估价
			种植							
33	050102001004	栽植乔木（云南拟单性木兰）	1. 种类：云南拟单性木兰 2. 胸径或干径：胸径 4～6 cm 3. 株高、冠径：株高 2.0～2.5 m，冠径 2.5～3.0 m 4. 养护期：一年	株	31					
34	050102001005	栽植乔木（球花石楠）	1. 种类：球花石楠 2. 胸径或干径：胸径 8～10 cm 3. 株高、冠径：株高 2～2.5 m，冠径 2.0～2.5 m 4. 养护期：一年	株	12					
35	050102001006	栽植乔木（广玉兰）	1. 种类：广玉兰 2. 胸径或干径：胸径 6～8 cm 3. 株高、冠径：株高 3.0～3.5 m，冠径 2.0～2.5 m 4. 养护期：一年	株	17					
36	050102001007	栽植乔木（枇杷）	1. 种类：枇杷 2. 胸径或干径：胸径 12～15 cm 3. 株高、冠径：株高 2.5～3.0 m，冠径 2.0～2.5 m 4. 养护期：一年	株	6					
37	050102001008	栽植乔木（大树杨梅）	1. 种类：大树杨梅 2. 胸径或干径：胸径 8～10 cm 3. 株高、冠径：株高 2.5～3.0 m，冠径 3.0～3.5 m 4. 养护期：一年	株	17					

续表

工程名称：某街头绿地景观工程　　　　标段：

序号	项目编码	项目名称	项目特征描述	计量单位	工程量	金额/元				
						综合单价	合价	其中		
								人工费	机械费	暂估价
种植										
38	050102001009	栽植乔木（杜英）	1. 种类：杜英 2. 胸径或干径：胸径 8～10 cm 3. 株高、冠径：株高 2.5～3.0 m，冠径 2.0～2.5 m 4. 养护期：一年	株	7					
39	050102001010	栽植乔木（肋果茶）	1. 种类：肋果茶 2. 胸径或干径：胸径 4～6 cm 3. 株高、冠径：株高 2.0～3.0 m，冠径 2.0～2.5 m 4. 养护期：一年	株	19					
40	050102001011	栽植乔木（银杏）	1. 种类：银杏 2. 胸径或干径：胸径 6～8 cm 3. 株高、冠径：株高 2.5～3.0 m，冠径 2.0～2.5 m 4. 养护期：一年	株	4					
41	050102001012	栽植乔木（滇朴）	1. 种类：滇朴 2. 胸径或干径：胸径 20～25 cm 3. 株高、冠径：株高 6.5～7 m，冠径 5 m 4. 养护期：一年	株	3					
42	050102001013	栽植乔木（红花木莲）	1. 种类：红花木莲 2. 胸径或干径：胸径 6～8 cm 3. 株高、冠径：株高 3.5 m，冠径 2～2.5 m 4. 养护期：一年	株	4					

续表

工程名称：某街头绿地景观工程　　　　标段：

序号	项目编码	项目名称	项目特征描述	计量单位	工程量	金额/元				
						综合单价	合价	其中		
								人工费	机械费	暂估价
种植										
43	050102002001	栽植灌木（非洲茉莉）	1. 种类：非洲茉莉球 2. 冠丛高：株高 1.0～1.2 m 3. 蓬径：蓬径 1 m 4. 养护期：一年	株	24					
44	050102004001	栽植棕榈类	1. 种类：加纳利海枣 2. 株高、地径：株高 3.5～4 m，地径 20 cm 3. 养护期：一年	株	16					
45	050102007001	栽植色带（八角金盘）	1. 苗木、花卉种类：八角金盘 2. 株高或蓬径：株高 0.3～0.4 m，蓬径 0.3 m 3. 单位面积株数：36 株 4. 养护期：一年	m^2	79.48					
46	050102007002	栽植色带（肾蕨）	1. 苗木、花卉种类：肾蕨 2. 株高或蓬径：株高 0.2～0.3 m，蓬径 0.3 m 3. 单位面积株数：36 株 4. 养护期：一年	m^2	199.4					
47	050102007003	栽植色带（金森女贞）	1. 苗木、花卉种类：金森女贞 2. 株高或蓬径：株高 0.2～0.3 m，蓬径 0.3 m 3. 单位面积株数：36 株 4. 养护期：一年	m^2	192.64					

续表

工程名称：某街头绿地景观工程　　　　标段：

序号	项目编码	项目名称	项目特征描述	计量单位	工程量	金额/元				
						综合单价	合价	其中		
								人工费	机械费	暂估价
种植										
48	050102007004	栽植色带（毛叶杜鹃）	1. 苗木、花卉种类：毛叶杜鹃 2. 株高或蓬径：株高 0.25～0.35 m，蓬径 0.15～0.2 m 3. 单位面积株数：36 株 4. 养护期：一年	m^2	40.25					
49	050102007005	栽植色带（南天竺）	1. 苗木、花卉种类：南天竺 2. 株高或蓬径：株高 0.2～0.3 m，蓬径 0.25～0.3 m 3. 单位面积株数：36 株 4. 养护期：一年	m^2	23.8					
50	050102007006	栽植色带（鸭脚木）	1. 苗木、花卉种类：鸭脚木 2. 株高或蓬径：株高 0.25～0.35 m，蓬径 0.2～0.25 m 3. 单位面积株数：36 株 4. 养护期：一年	m^2	57.38					
51	050102007007	栽植色带（红花檵木）	1. 苗木、花卉种类：红花檵木 2. 株高或蓬径：株高 0.2～0.3 m，蓬径 0.2～0.3 m 3. 单位面积株数：36 株 4. 养护期：一年	m^2	130.36					

续表

工程名称：某街头绿地景观工程　　　　标段：

序号	项目编码	项目名称	项目特征描述	计量单位	工程量	金额/元				
						综合单价	合价	其中		
								人工费	机械费	暂估价
种植										
52	050102007008	栽植色带（紫柳）	1. 苗木、花卉种类：紫柳 2. 株高或蓬径：株高 0.25 ~ 0.3 m，蓬径 0.3 m 3. 单位面积株数：36 株 4. 养护期：一年	m^2	222.28					
53	050102007009	栽植色带（迎春柳）	1. 苗木、花卉种类：迎春柳 2. 株高或蓬径：株高 0.25 ~ 0.3 m，蓬径 0.3 ~ 0.4 m 3. 单位面积株数：36 株 4. 养护期：一年	m^2	157.91					
54	050102012001	铺种草皮	1. 草皮种类：冷季型混播草种 2. 铺种方式：撒草籽，密植 3. 养护期：一年	m^2	531.44					

表 10-18　某街头绿地景观单价措施项目清单

工程名称：某街头绿地景观工程　　　　标段：

序号	项目编码	项目名称	项目特征描述	计量单位	工程量	金额/元				
						综合单价	合价	其中		
								人工费	机械费	暂估价
1	050401001001	景墙砌筑脚手架	1. 搭设方式：木架搭设 2. 墙体高度：2 m	m^2	10.4					
2	050401003001	亭脚手架	1. 搭设方式：木架搭设 2. 檐口高度：2.71 m	座	1					
3	011702001001	亭独立基础	1. 基础类型：钢筋混凝土独立基础	m^2	3.84					
4	011702001002	亭满堂基础	1. 基础类型：钢筋混凝土阀板基础	m^2	2.64					
5	011702001003	花廊架基础	1. 基础类型：独立基础	m^2	5.51					
6	011702005001	景墙基础梁模板	1. 构件类型：景墙基础梁	m^2	2.57					
7	011702025001	景墙梁其他现浇构件	1. 构件类型：景墙梁	m^2	1.29					
8	011702027001	台阶	1. 台阶踏步高：150 mm 2. 台阶踏步宽：300 mm	m^2	1.57					
9	050402001001	亭现浇混凝土垫层	1. 厚度：100 mm	m^2	1.4					
10	050402001002	花廊架现浇混凝土垫层	1. 厚度：100 mm	m^2	1.23					
11	050402001003	景墙现浇混凝土垫层	1. 厚度：100 mm	m^2	3.1					
12	050402001004	道路现浇混凝土垫层	1. 厚度：100 mm	m^2	21.77					
13	050403001001	树木支撑架	1. 支撑类型、材质：木棍绑扎支撑 2. 支撑材料规格：1.2 m 3. 单株支撑材料数量：4 根	株	188					

表 10-19　某街头绿地景观工程总价措施项目清单

工程名称：某街头绿地景观工程　　　　标段：

序号	项目编码	项目名称	计算基础	费率/%	金额/元	调整费率/%	调整后金额（元）	备注
1	050405001001	安全文明施工费（园林）						
	1.1	环境保护费、安全施工费、文明施工费（园林）		10.22				
	1.2	临时设施费（园林）		2.43				
2	050405005001	冬、雨季施工增加费，生产工具用具使用费，工程定位复测，工程点交、场地清理费		5.95				

编制人（造价人员）：　　　　　　　　复核人（造价工程师）：

注：按施工方案计算的措施费，若无“计算基数”和“费率”的数值，也可只填“金额”数值，但应在备注栏说明施工方案出处或计算方法。

表 10-20　某街头绿地景观工程其他项目清单

工程名称：某街头绿地景观工程　　标段：

序号	项目名称	金额/元	结算金额/元	备注
1	暂列金额	20 000		详见明细表
2	暂估价	50 000		
2.1	材料（工程设备）暂估价			
2.2	专业工程暂估价	50 000		详见明细表
3	计日工			详见明细表
4	总承包服务费			详见明细表
5	其他			
5.1	人工费调差			
5.2	机械费调差			
5.3	风险费			
5.4	索赔与现场签证			详见明细表

注：1. 材料（工程设备）暂估单价进入清单项目综合单价，此处不汇总。
2. 机械费中燃料动力价差列入 5.2 项中。

表 10-21　暂列金额明细表

工程名称：某街头绿地景观工程　　标段：

序号	项目名称	计量单位	暂定金额/元	备注
1	图纸部分不完整	项	20 000	
合　计			20 000	—

注：此表由招标人填写，如不能详列，也可只列暂定金额总额，投标人应将上述暂列金额计入投标总价中。

表 10-22　专业工程暂估价以及结算表

工程名称：某街头绿地景观工程　　标段：

序号	工程名称	工程内容	暂估金额/元	结算金额/元	差额±/元	备注
1	园林水电工程	绿地内的浇灌以及照明工程	50 000			
合　计			20 000	—		

注：此表由招标人填写，如不能详列，也可只列暂定金额总额，投标人应将上述暂列金额计入投标总价中。

表 10-23　总承包服务费计价表

工程名称：某街头绿地景观工程　　　　　　标段：

序号	项目名称	项目价值/元	服务内容	计算基础	费率/%	金额/元
1	发包人发包专业工程	8 000	现场管理与协调	专业工程价值	1.5	
2	发包人提供材料	40 550	甲供材料验收保管	甲供材价值	1	
合　计		—	—		—	

注：此表项目名称、服务内容由招标人填写，编制招标控制价时，费率及金额由招标人按有关计价规定确定；投标时，费率及金额由投标人自主报价，计入投标总价中。

表 10-24　发包人提供材料和工程设备一览表

工程名称：某街头绿地景观工程预算　　　　　　标段：

序号	材料（工程设备）名称、规格、型号	单位	数量	单价/元	交货方式	送达地点	备注
1	乔木大叶樟(带土球)胸径 8～10 cm	株	35	550			
2	乔木银杏（带土球）胸径 6～8 cm	株	4	500			
3	乔木枇杷(带土球)胸径 12～15 cm	株	6	550			
4	花廊架制安未计价材料费	座	2	8000			

注：此表由招标人填写，供投标人在投标报价、确定总承包服务费时参考。

表 10-25　规费、税金项目计价表

工程名称：某街头绿地景观工程预算　　　　　　标段：

序号	项目名称	计算基础	计算基数	计算费率（%）	金额/元
1	规费	定额人工费			
1.1	社会保险费、住房公积金、残疾人保证金	定额人工费		26	
1.2	危险作业意外伤害险	定额人工费		1	
1.3	工程排污费				
2	税金	分部分项工程费+措施项目费+其他项目费+规费-按规定不计税的工程设备费		11.36	
合　计					

编制人（造价人员）：　　　　　　　　　　复核人（造价工程师）：

10.6 招标控制价文件

工程量清单文件之后作为招标方，需要进行的就是招标控制价文件的编制，根据国家规范《清单规范》以及《××省建设工程造价计价规则》规定的表格形式，填写封面以及说明，该园林绿化工程招标控制价文件详见表 10-26 ~ 表 10-42。

表 10-26　某街头绿地景观工程招标控制价封面

某街头绿地景观　工程

招标控制价

招　标　人：××置业股份有限公司
（单位盖章）

造价咨询人：××工程咨询有限公司
（单位盖章）

年　月　日

表 10-27　某街头绿地景观工程周彪控制价扉页

某街头绿地景观　工程

招标控制价

招标控制价　（小写）：739，695.08

（大写）：柒拾叁万玖仟陆佰玖拾伍元零捌分

招　标　人：××置业股份有限公司 （单位盖章）	造价咨询人：××工程咨询有限公司 （单位资质专用章）
法定代表人 或其授权人： （签字或盖章）	法定代表人 或其授权人： （签字或盖章）
编　制　人： （造价人员签字盖专用章）	复　核　人： （造价工程师签字盖专用章）
编制时间：　年　月　日	复核时间：　年　月　日

表 10-28　某街头绿地景观工程招标控制价总说明

工程名称：某街头绿地景观工程

（1）工程概况：

① 本工程为云南昆明某接头绿地景观工程，总用地面积为 1 800 m^2，绿地面积为 1 634.94 m^2，绿地起坡造型面积为 437.65 m^2，车库范围面积为 1 280 m^2。

② 工程中基本以绿地种植为主，要求良好的施足基肥的红土，乔木类苗木均带土球，并用四角树棍支撑，养护一年；四角景观亭一座以樟子松木搭建，基础为 C20 钢筋混凝土筏板基础；金属花廊架两座采用 50×50 方钢制作，基础为 C20 钢筋混凝土结构；景墙两道，普通砖砌筑；道路 1.5 m 宽，碎石 150 厚，C15 混凝土 100 厚垫层，透水砖作面层。

③ 一边临城市道路，另两边为居住区道路，小区及道路已建成，地下车库已建成。

（2）工程招标发包范围：施工图标明的全部工程内容。

（3）工程招标控制价编制依据：

① ××环境工程有限公司所出的某接头绿地景观设计施工图。

② 国家标准《园林绿化工程工程量计算规范》（GB 50858—2013）。

③《××省建设工程造价计价规则》。

④《××省园林绿化工程消耗量定额》。

⑤ 常规绿化工程施工方案。

⑥ 人工工资单价为 63.88 元/工日，未计价材价格参考采用××省××年第×期价格信息。

（4）工程质量、材料、施工等的特殊要求：

工程质量一次验收合格；材料（尤其是苗木）必须验收合格方能使用，施工中药注意周围环境卫生的爱护，木材需进行防腐处理，金属需进行防锈处理。

（5）其他需要说明的问题：

本工程地形造型需自然衔接周边，保证边坡的稳固性，植物均需满足健康无病虫害。

表 10-29　某街头绿地景观工程招标控制价公布表

招标人名称：××置业股份有限公司　　　　　　　　　　　　时间：　　年　月　日

序号	名称	金额	
		小写	大写
1	分部分项工程费	539 657.63	伍拾叁万玖仟陆佰伍拾柒元陆角叁分
2	措施费	28 092.76	贰万捌仟零玖拾贰元柒角陆分
2.1	环境保护、临时设施、安全、文明费合计	12 024.57	壹万贰仟零贰拾肆元伍角柒分
2.2	脚手架、模板、垂直运输、大机进出场及安拆费合计	10 412.36	壹万零肆佰壹拾贰元叁角陆分
2.3	其他措施费	5 655.83	伍仟陆佰伍拾伍元捌角叁分
3	其他项目费	70 525.50	柒万零伍佰贰拾伍元伍角
4	规费	25 961.79	贰万伍仟玖佰陆拾壹元柒角玖分
5	税金	75 457.40	柒万伍仟肆佰伍拾柒元肆角
6	其他		
7	招标控制价总价	739 695.08	柒拾叁万玖仟陆佰玖拾伍元零捌分
8	备注		

编制单位：（公章）　　　　　　　　　　　　　　　　　招标人：（公章）

造价工程师（签字并盖注册章）：

表 10-30　某街头绿地景观工程单位工程招标控制价汇总表

工程名称：某街头绿地景观工程　　　　标段：

序号	汇总内容	金额/元	其中：暂估价/元
1	分部分项工程	539 657.63	
1.1	定额人工费	94 417.17	
	人工费调整	14 162.58	
1.2	材料费	382 167.86	
1.3	设备费		
1.4	机械费	8 030.43	
1.5	管理费和利润	40 883.59	
2	措施项目	28 092.76	
2.1	单价措施项目	10 412.36	
2.1.1	定额人工费	1 737.6	
	人工费调整	260.64	
2.1.2	材料费	7 556.07	
2.1.3	机械费	105.53	
2.1.4	管理费和利润	751.53	

续表

工程名称：某街头绿地景观工程　　　　标段：

序号	汇总内容	金额/元	其中：暂估价/元
2.2	总价措施项目费	17 680.4	
2.2.1	安全文明施工费	12 024.57	
2.2.1.1	临时设施费	2 309.86	
2.2.2	其他总价措施项目费	5 655.83	
3	其他项目	70 525.5	—
3.1	暂列金额	20 000	
3.2	专业工程暂估价	50 000	
3.3	计日工		
3.4	总承包服务费	525.5	
3.5	其他		
4	规费	25 961.79	—
5	税金	75 457.4	—
招标控制价合计=1+2+3+4+5		739，695.08	

注：1. 本表适用于单位工程招标控制价或投标报价的汇总，如无单位工程划分，单项工程也使用本表汇总。

2. 本表中材料费不包括设备费。

表 10-31　某街头绿地景观工程工程量清单与计价表

工程名称：某街头绿地景观工程　　　　　标段：

序号	项目编码	项目名称	项目特征描述	计量单位	工程量	金额/元				
						综合单价	合价	其中		
								人工费	机械费	暂估价
景观亭										
1	010101004001	挖基坑土方	1. 土壤类别：三类土 2. 挖土深度：900 mm	m^3	9.19	66.69	612.88	446.08		
2	010103001001	回填方	1. 密实度要求：人工夯实 2. 填方材料品种：原土回填	m^3	5.6	51.23	286.89	195.27	17.98	
3	010501001001	垫层	1. 混凝土种类：素混凝土 2. 混凝土强度等级：C15	m^3	1.23	527.65	649.01	110.69	20.01	
4	010501003001	独立基础	1. 混凝土种类：现浇钢筋混凝土 2. 混凝土强度等级：C20	m^3	0.22	540.91	119	17.7	3.46	
5	010501004001	满堂基础	1. 混凝土种类：现浇钢筋混凝土 2. 混凝土强度等级：C20	m^3	2.18	538.11	1 173.08	167.03	34.29	
6	010515001001	现浇构件钢筋	1. 钢筋种类、规格：Φ10@150 基础板筋 2. 亭柱基础钢筋：4 Φ 12 柱筋，Φ8@150 箍筋	t	0.19	5 432.5	1 032.18	195.94	16.25	
7	010606013001	零星钢构件	1. 构件名称：木柱基础预制钢构件 2. 钢材品种、规格：10 厚钢板，利用 Φ10 钢筋与基础连接	t	0.077	8 525.03	653.02	181.69	19.05	
		本页小计					4 526.06	1 314.4	111.04	

续表

工程名称：某街头绿地景观工程　　　　标段：

序号	项目编码	项目名称	项目特征描述	计量单位	工程量	金额/元				
						综合单价	合价	其中		
								人工费	机械费	暂估价
景观亭							18 706.86	4 221.43	143.83	
8	010702001001	木柱	1. 构件规格尺寸：200×200×2790 2. 木材种类：樟子松防腐木 3. 防护材料种类：涂刷防腐油并刷防火漆两遍 4. 150×150×400 樟子松防腐木雷公柱	m^3	0.46	4 334.79	1 994	500.47	6.59	
9	010702002001	木梁	1. 构件规格尺寸：截面尺寸 150×250 木角梁，150×200 木梁，80×80 木椽 2. 木材种类：樟子松防腐木 3. 防护材料种类：涂刷防腐油并刷防火漆两遍	m^3	1.34	5 093.8	6 825.69	2 180.74	13.12	
10	010702005001	其他木构件	1. 构件名称：封檐板 2. 构件规格尺寸：120×200 外横梁，80×120 外横梁， 3. 木材种类：樟子松防腐木 4. 防护材料种类：涂刷防腐油并刷防火漆两遍	m	28	28.7	803.6	244.44	1.4	
		本页小计					9 623.29	2 925.65	21.11	

续表

工程名称：某街头绿地景观工程　　　　标段：

序号	项目编码	项目名称	项目特征描述	计量单位	工程量	金额/元				
						综合单价	合价	其中		
								人工费	机械费	暂估价
景观亭										
11	011206001001	石材零星项目	1. 基层类型、部位：亭子柱脚装饰 2. 安装方式：1∶25 水泥砂浆粘贴 3. 面层材料品种、规格、颜色：400×400×100 芝麻白烧面花岗岩压顶，300×100×20 芝麻白烧面花岗岩立面镶贴	m^2	2.2	357.6	786.72	99.88	3.19	
12	050303004001	油毡瓦屋面	1. 冷底子油品种:3 厚改性沥青油毡一层 2. 油毡瓦颜色规格：青灰色，厚2.8 mm 以上	m^2	18.87	120.6	2275.72	148.51		
13	050303009001	木（防腐木）屋面	1. 木（防腐木）种类：樟子松防腐木板厚 20 2. 防护层处理：涂刷防腐油并刷防火漆两遍	m^2	18.87	79.23	1 495.07	366.27	8.49	
		本页小计					4 557.51	614.66	11.68	

续表

工程名称：某街头绿地景观工程　　　　标段：

序号	项目编码	项目名称	项目特征描述	计量单位	工程量	金额/元				
						综合单价	合价	其中		
								人工费	机械费	暂估价
花廊架							17 917.4	394.38	31.95	
14	010101004002	挖基坑土方	1. 土壤类别：三类土 2. 挖土深度：1 m	m^2	1.54	84.4	129.98	94.61		
15	010103001002	回填方	1. 密实度要求：人工夯实 2. 填方材料品种：原土回填	m^3	0.9	149.15	134.24	91.36	8.42	
16	010501001002	垫层	1. 混凝土种类：现浇素混凝土 2. 混凝土强度等级：C15	m^3	0.24	527.68	126.64	21.6	3.91	
17	010501003002	独立基础	1. 混凝土种类：现浇素混凝土 2. 混凝土强度等级：C20	m^3	0.57	540.92	308.32	45.85	8.97	
18	011206001002	石材零星项目	1. 基层类型、部位：花架柱脚装饰 2. 安装方式：1∶25 水泥砂浆粘贴 3. 面层材料品种、规格、颜色：立面 400×300×20 芝麻白烧面；压顶 80 宽 50 厚芝麻白烧面花岗岩；瓜子石散置面层	m^2	3.2	311.79	997.73	138.78	4.22	
19	010606013002	零星钢构件	1. 构件名称：花架基础预制铁件 2. 钢材品种、规格：8 厚钢板，利用 Φ12 钢筋与基础连接	t	0.026	8 480.57	220.49	61.35	6.43	
20	05B001	花廊架制安	1. 材料为钢材，型号以图纸为准 2. 表面涂刷防锈漆	座	2	8000	16 000			
		本页小计					17 917.4	453.55	31.95	

续表

工程名称：某街头绿地景观工程　　　　标段：

序号	项目编码	项目名称	项目特征描述	计量单位	工程量	金额/元				
						综合单价	合价	其中		
								人工费	机械费	暂估价
园路							95 900.9	10 012.18	471.18	
21	010507004001	台阶	1. 路床土石类别：夯实普土 2. 垫层厚度、宽度、材料种类：150厚碎石垫层，100厚C15混凝土垫层 3. 路面厚度、宽度、材料种类：芝麻黑烧面花岗岩，踢面 600×150×20，踏面 600×300×50 4. 砂浆强度等级：1∶3 干硬性水泥砂浆	m^2	11.82	1 068.39	12 628.37	1 420.65	106.73	
22	050201001001	园路（透水砖路面）	1. 路床土石类别：夯实普土 2. 垫层厚度、宽度、材料种类：150厚碎石垫层，100厚C15混凝土垫层 3. 路面厚度、宽度、材料种类：浅黄、橙黄、咖啡色透水砖1∶1∶1混铺，棕色透水砖走边，规格均为 240×120×50 4. 砂浆强度等级：1∶3 干硬性水泥砂浆	m^2	80.9	202.99	16 421.89	4 602.4	165.85	
		本页小计					29 050.26	6 023.05	272.58	

续表

工程名称：某街头绿地景观工程　　　　标段：

序号	项目编码	项目名称	项目特征描述	计量单位	工程量	金额/元				
						综合单价	合价	其中		
								人工费	机械费	暂估价
园路										
23	050201001002	园路（板岩碎拼广场）	1. 路床土石类别：人工夯实普土 2. 垫层厚度、宽度、材料种类：150厚碎石垫层，100厚C15混凝土垫层 3. 路面厚度、宽度、材料种类：20厚黄木纹板岩碎拼，300×300×20 芝麻黑烧面花岗岩走边 4. 砂浆强度等级：1∶3 干硬性水泥砂浆	m^2	83.5	748.41	62 492.24	4 987.46	180.36	
24	050201001003	园路（景观亭地面）	1. 路面厚度、宽度、材料种类：200×200× 50 厚青石毛面，300×300×20 芝麻白烧面花岗岩铺贴 2. 地面侧面 300×150×20 芝麻白烧面花岗岩铺贴 3. 砂浆强度等级：1∶2.5 水泥砂浆结合层	m^2	16	272.4	4 358.4	503.36	18.24	
		本页小计					66 850.64	5 490.82	198.6	

续表

工程名称：某街头绿地景观工程　　　　　　标段：

序号	项目编码	项目名称	项目特征描述	计量单位	工程量	金额/元				
						综合单价	合价	其中		
								人工费	机械费	暂估价
景墙							13 186.2	1 483.26	58.81	
25	010515001002	现浇构件钢筋	1. 钢筋种类、规格：景墙基础梁 Φ12 通长筋，Φ8@200 箍筋 2. 钢筋种类、规格：景墙过梁 Φ12 通长筋，Φ8@150 箍筋	t	0.038	5 101.57	194.88	27	3.64	
26	050307010001	景墙	1. 土质类别：三类土 2. 基础材料 种类、规格：C20 钢筋混凝土，标准砖基础 3. 墙体材料种类、规格：标准砖 4. 墙体厚度：240 5. 混凝土、砂浆强度等级、配合比：1∶2.5 水泥砂浆 6. 饰面材料种类：15 厚文化石饰面，500×400×100 青石毛面压顶	m^3	2.96	4 388.96	12 991.32	1 678.76	55.17	
		本页小计					13 186.2	1 483.26	58.81	

续表

工程名称：某街头绿地景观工程　　　　标段：

序号	项目编码	项目名称	项目特征描述	计量单位	工程量	金额/元				
						综合单价	合价	其中		
								人工费	机械费	暂估价
种植							393 946.27	78 305.92	7 324.66	
27	050101009001	种植土回（换）填	1. 回填土质要求：种植红土 2. 回填厚度：2 m	m^3	2 560	20.64	52 838.4	28 211.2		
28	050101010001	整理绿化用地	1. 回填土质要求：原土 2. 找平找坡要求：30 cm 以内	m^2	1 800	4.55	8 190	5 958		
29	050101011001	绿地起坡造型	1. 回填土质要求：种植红土 2. 起坡平均高度：40 cm	m^3	175.06	21.64	3 788.3	2 056.95		
30	050102001001	栽植乔木（大叶樟）	1. 种类：大叶樟 2. 胸径或干径：胸径 8～10 cm 3. 株高、冠径：株高 2.5～3 m，冠径 2～2.5 m 4. 养护期：一年	株	35	714.9	25 021.5	3 420.9	880.25	
31	050102001002	栽植乔木（香樟）	1. 种类：香樟 2. 胸径或干径：胸径 8～10 cm 3. 株高、冠径：株高 2.5～3.0 m，冠径 2.0～2.5 m 4. 养护期：一年	株	11	764.9	8 413.9	1 075.14	276.65	
		本页小计					98 252.1	40 722.19	1 156.9	

续表

工程名称：某街头绿地景观工程　　　　标段：

序号	项目编码	项目名称	项目特征描述	计量单位	工程量	金额/元				
						综合单价	合价	其中		
								人工费	机械费	暂估价
种植										
32	050102001003	栽植乔木（四季桂）	1. 种类：四季桂 2. 胸径或干径：胸径 4～6 cm 3. 株高、冠径：株高 2.0～3.0 m，冠径 2.0～2.5 m 4. 养护期：一年	株	22	791.22	17 406.84	1 348.6	66.66	
33	050102001004	栽植乔木（云南拟单性木兰）	1. 种类：云南拟单性木兰 2. 胸径或干径：胸径 4～6 cm 3. 株高、冠径：株高 2.0～2.5 m，冠径 2.5～3.0 m 4. 养护期：一年	株	31	519.45	16 102.95	1 411.74	93.93	
34	050102001005	栽植乔木（球花石楠）	1. 种类：球花石楠 2. 胸径或干径：胸径 8～10 cm 3. 株高、冠径：株高 2～2.5 m，冠径 2.0～2.5 m 4. 养护期：一年	株	12	814.9	9 778.8	1 172.88	301.8	
35	050102001006	栽植乔木（广玉兰）	1. 种类：广玉兰 2. 胸径或干径：胸径 6～8 cm 3. 株高、冠径：株高 3.0～3.5 m，冠径 2.0～2.5 m 4. 养护期：一年	株	17	854.2	14 521.4	1 393.66	281.01	
		本页小计					57 809.99	5 326.88	743.4	

续表

工程名称：某街头绿地景观工程　　　　标段：

序号	项目编码	项目名称	项目特征描述	计量单位	工程量	金额/元				
						综合单价	合价	其中		
								人工费	机械费	暂估价
种植										
36	050102001007	栽植乔木（枇杷）	1. 种类：枇杷 2. 胸径或干径：胸径 12～15 cm 3. 株高、冠径：株高 2.5～3.0 m，冠径 2.0～2.5 m 4. 养护期：一年	株	6	870.5	5 223	1 192.68	231.66	
37	050102001008	栽植乔木（大树杨梅）	1. 种类：大树杨梅 2. 胸径或干径：胸径 8～10 cm 3. 株高、冠径：株高 2.5～3.0 m，冠径 3.0～3.5 m 4. 养护期：一年	株	17	1 164.9	19 803.3	1 661.58	427.55	
38	050102001009	栽植乔木（杜英）	1. 种类：杜英 2. 胸径或干径：胸径 8～10 cm 3. 株高、冠径：株高 2.5～3.0 m，冠径 2.0～2.5 m 4. 养护期：一年	株	7	564.9	3 954.3	684.18	176.05	
39	050102001010	栽植乔木（肋果茶）	1. 种类：肋果茶 2. 胸径或干径：胸径 4～6 cm 3. 株高、冠径：株高 2.0～3.0 m，冠径 2.0～2.5 m 4. 养护期：一年	株	19	351.49	6 678.31	1 295.8	65.74	
		本页小计					35 658.91	4 834.24	901	

续表

工程名称：某街头绿地景观工程　　　　标段：

序号	项目编码	项目名称	项目特征描述	计量单位	工程量	金额/元				
						综合单价	合价	其中		
								人工费	机械费	暂估价
种植										
40	050102001011	栽植乔木（银杏）	1. 种类：银杏 2. 胸径或干径：胸径 6～8 cm 3. 株高、冠径：株高 2.5～3.0 m，冠径 2.0～2.5 m 4. 养护期：一年	株	4	634.2	2 536.8	327.92	66.12	
41	050102001012	栽植乔木（滇朴）	1. 种类：滇朴 2. 胸径或干径：胸径 20～25 cm 3. 株高、冠径：株高 6.5～7 m，冠径 5 m 4. 养护期：一年	株	3	6 667.5	20 002.5	1 112.82	423.72	
42	050102001013	栽植乔木（红花木莲）	1. 种类：红花木莲 2. 胸径或干径：胸径 6～8 cm 3. 株高、冠径：株高 3.5 m，冠径 2～2.5 m 4. 养护期：一年	株	4	934.2	3 736.8	327.92	66.12	
43	050102002001	栽植灌木（非洲茉莉）	1. 种类：非洲茉莉球 2. 冠丛高：株高 1.0～1.2 m 3. 蓬径：蓬径 1 m 4. 养护期：一年	株	24	212.29	5 094.96	982.56	62.16	
		本页小计					31 371.06	2 751.22	618.12	

续表

工程名称：某街头绿地景观工程　　　　标段：

序号	项目编码	项目名称	项目特征描述	计量单位	工程量	金额/元				
						综合单价	合价	其中		
								人工费	机械费	暂估价
种植										
44	050102004001	栽植棕榈类	1. 种类：加纳利海枣 2. 株高、地径：株高 3.5～4 m，地径 20 cm 3. 养护期：一年	株	16	2 884.8	46 156.8	3 980.96	556	
45	050102007001	栽植色带（八角金盘）	1. 苗木、花卉种类：八角金盘 2. 株高或蓬径：株高 0.3～0.4 m，蓬径 0.3 m 3. 单位面积株数：36 株 4. 养护期：一年	m^2	79.48	149.14	11 853.65	1 757.3	137.5	
46	050102007002	栽植色带（肾蕨）	1. 苗木、花卉种类：肾蕨 2. 株高或蓬径：株高 0.2～0.3 m，蓬径 0.3 m 3. 单位面积株数：36 株 4. 养护期：一年	m^2	199.4	112.42	22 416.55	4 408.73	344.96	
47	050102007003	栽植色带（金森女贞）	1. 苗木、花卉种类：金森女贞 2. 株高或蓬径：株高 0.2～0.3 m，蓬径 0.3 m 3. 单位面积株数：36 株 4. 养护期：一年	m^2	192.64	94.06	18 119.72	4 259.27	333.27	
		本页小计					98 546.72	14 406.26	1 371.73	

续表

工程名称：某街头绿地景观工程　　　　标段：

序号	项目编码	项目名称	项目特征描述	计量单位	工程量	金额/元				
						综合单价	合价	其中		
								人工费	机械费	暂估价
种植										
48	050102007004	栽植色带（毛叶杜鹃）	1. 苗木、花卉种类：毛叶杜鹃 2. 株高或蓬径：株高 0.25～0.35 m，蓬径 0.15～0.2 m 3. 单位面积株数：36 株 4. 养护期：一年	m^2	40.25	112.42	4 524.91	889.93	69.63	
49	050102007005	栽植色带（南天竺）	1. 苗木、花卉种类：南天竺 2. 株高或蓬径：株高 0.2～0.3 m，蓬径 0.25～0.3 m 3. 单位面积株数：36 株 4. 养护期：一年	m^2	23.8	112.42	2 675.6	526.21	41.17	
50	050102007006	栽植色带（鸭脚木）	1. 苗木、花卉种类：鸭脚木 2. 株高或蓬径：株高 0.25～0.35 m，蓬径 0.2～0.25 m 3. 单位面积株数：36 株 4. 养护期：一年	m^2	57.38	83.04	4 764.84	1 268.67	99.27	
51	050102007007	栽植色带（红花檵木）	1. 苗木、花卉种类：红花檵木 2. 株高或蓬径：株高 0.2～0.3 m，蓬径 0.2～0.3 m 3. 单位面积株数：36 株 4. 养护期：一年	m^2	130.36	75.7	9 868.25	2 882.26	225.52	
		本页小计					21 833.6	5 567.06	435.59	

续表

工程名称：某街头绿地景观工程　　　　标段：

序号	项目编码	项目名称	项目特征描述	计量单位	工程量	金额/元				
						综合单价	合价	其中		
								人工费	机械费	暂估价
种植										
52	050102007008	栽植色带（紫柳）	1. 苗木、花卉种类：紫柳 2. 株高或蓬径：株高 0.25～0.3 m，蓬径 0.3 m 3. 单位面积株数：36 株 4. 养护期：一年	m^2	222.28	94.06	20 907.66	4 914.61	384.54	
53	050102007009	栽植色带（迎春柳）	1. 苗木、花卉种类：迎春柳 2. 株高或蓬径：株高 0.25～0.3 m，蓬径 0.3～0.4 m 3. 单位面积株数：36 株 4. 养护期：一年	m^2	157.91	83.04	13 112.85	3 491.39	273.18	
54	050102012001	铺种草皮	1. 草皮种类：冷季型混播草种 2. 铺种方式：撒草籽，密植 3. 养护期：一年	m^2	531.44	30.96	16 453.38	8 035.38	1 440.2	
		本页小计					50 473.89	16 441.38	2 097.92	
		合计					539 657.63	108 577.13	8 030.43	

表 10-33　分部分项工程综合单价分析表

工程名称：某街头绿地景观工程预算　　　　　　　　标段：

序号	项目编码	项目名称	计量单位	清单综合单价组成明细												综合单价/
				定额编号	定额名称	定额单位	数量	单价/元				合价/元				
								基价			未计价材料费	人工费	材料费+未计价材料费	机械费	管理费和利润	
								人工费	材料费	机械费						
1	010101004001	挖基坑土方	m^3	借01010004	人工挖沟槽、基坑 三类土 深度 2 m 以内	100 m^3	0.0137	3 537.86				48.54			18.15	66.69
				小计								48.54			18.15	
2	010103001001	回填方	m^3	借01010125	人工夯填 基础	100 m^3	0.0161	2 159.78		199.1		34.87		3.21	13.15	51.23
				小计								34.87		3.21	13.15	
3	010501001001	垫层	m^3	借01050001	现场搅拌混凝土 基础垫层 混凝土换为现浇混凝土 C15	10 m^3	0.1	899.91	26.94	162.72	3 845.02	89.99	387.2	16.27	34.21	527.65
				小计								89.99	387.2	16.27	34.21	
4	010501003001	独立基础	m^3	借01050005	现场搅拌混凝土 独立基础 混凝土及钢筋混凝土	10 m^3	0.1	804.41	43.59	157.3	4 097.76	80.44	414.14	15.73	30.62	540.91
				小计								80.44	414.14	15.73	30.62	
5	010501004001	满堂基础	m^3	借01050007	现场搅拌混凝土 满堂基础 无梁式	10 m^3	0.1	766.21	67.82	157.3	4 097.76	76.62	416.56	15.73	29.19	538.11
				小计								76.62	416.56	15.73	29.19	

续表

工程名称：某街头绿地景观工程预算　　　　标段：

序号	项目编码	项目名称	计量单位	清单综合单价组成明细												综合单价/
				定额编号	定额名称	定额单位	数量	单价/元				合价/元				
								基价			未计价材料费	人工费	材料费+未计价材料费	机械费	管理费和利润	
								人工费	材料费	机械费						
6	010515001001	现浇构件钢筋	t	借01050352	现浇构件 圆钢Φ 10 内	t	0.015 8	1 083.56	74.37	44.62	3825	17.11	61.57	0.7	6.42	5 432.5
				借01050354	现浇构件 带肋钢Φ 10 内	t	0.947 4	1 061.53	74.37	87.53	3 937.2	1 005.66	3 800.43	82.92	378.88	
				借01050355	现浇构件 带肋钢Φ 10 外	t	0.015 8	538.48	74.71	119.2	4 049.4	8.5	65.12	1.88	3.24	
				小计								1 031.27	3 927.12	85.5	388.54	
7	010606013001	零星钢构件	t	借01050372	预埋铁件 制安	t	1.005 2	2 359.6	1 004.21	247.38	3 978.65	2 371.92	5 008.88	248.67	895.44	8 525.03
				小计								2 371.92	5 008.88	248.67	895.44	
8	010702001001	木柱	m^3	借01060013换	方木柱 周长800 mm 以内一、二类木种人工×0.83，机械×0.83	m^3	1	950.45	14.91	14.32	2 747.5	950.45	2762.41	14.32	355.88	4 334.79
				借01120150	木材面油漆 防火涂料二遍 其他木材面	100 m^2	0.208 7	658.95	34.37		266.4	137.52	62.77		51.42	
				小计								1 087.97	2 825.18	14.32	407.3	

续表

工程名称：某街头绿地景观工程预算　　　　标段：

序号	项目编码	项目名称	计量单位	清单综合单价组成明细												综合单价/
				定额编号	定额名称	定额单位	数量	单价/元				合价/元				
								基价			未计价材料费	人工费	材料费+未计价材料费	机械费	管理费和利润	
								人工费	材料费	机械费						
9	010702002001	木梁	m^3	借01060017换	方木梁 周长1 m以内 一、二类木种 人工×0.83，机械×0.83	m^3	1	1 460.91	21.74	9.79	2 750	1 460.91	2 771.74	9.79	546.59	5 093.8
				借01120150	木材面油漆 防火涂料二遍 其他木材面	100 m^2	0.252 7	658.95	34.37		266.4	166.51	76		62.26	
				小计								1 627.42	2 847.74	9.79	608.85	
10	010702005001	其他木构件	m	借01060025换	封檐板 高20 cm以内 一、二类木种 人工×0.83，机械×0.83	100 m	0.01	460.16	11.83	4.5	1 542.5	4.6	15.54	0.05	1.72	28.7
				借01120150	木材面油漆 防火涂料二遍 木扶手（不带托板）	100 m	0.017 4	237.28	6.63		56.7	4.13	1.1		1.54	
				小计								8.73	16.64	0.05	3.26	
11	011206001001	石材零星项目	m^2	借01100094	花岗岩（水泥砂浆黏贴）零星项目	100 m^2	0.008 7	4 617.83	363.57	153.81	23 908.3	40.3	211.83	1.34	15.12	357.6
				05040024	花岗岩压顶 厚100 mm以内	m^2	0.127 3	40.03	9.61	0.84	633.78	5.09	81.89	0.11	1.91	
				小计								45.39	293.72	1.45	17.03	

续表

工程名称：某街头绿地景观工程预算　　　　　　标段：

序号	项目编码	项目名称	计量单位	清单综合单价组成明细												综合单价/
				定额编号	定额名称	定额单位	数量	单价/元				合价/元				
								基价			未计价材料费	人工费	材料费+未计价材料费	机械费	管理费和利润	
								人工费	材料费	机械费						
12	050303004001	油毡瓦屋面	m^2	借01080020	屋面铺设彩色沥青瓦	100 m^2	0.01	786.05	281.01		10 696.5	7.86	109.78		2.94	120.6
				小计								7.86	109.78		2.94	
13	050303009001	木（防腐木）屋面	m^2	借01060022换	檩木上钉屋面板 一、二类木种 人工×0.83，机械×0.83	100 m^2	0.01	623.15	22.35	44.54	4585	6.23	46.07	0.45	2.35	79.23
				借01120150	木材面油漆 防火涂料二遍 其他木材面	100 m^2	0.02	658.95	34.37		266.4	13.18	6.02		4.93	
				小计								19.41	52.09	0.45	7.28	
14	010101004002	挖基坑土方	m^3	借01010001	人工挖土方 深度1.5m以内 三类土	100 m^3	0.031 6	1 942.48				61.43			22.97	84.4
				小计								61.43			22.97	
15	010103001002	回填方	m^3	借01010124	人工夯填基础	100 m^3	0.047	2 159.78		199.1		101.51		9.36	38.28	149.15
				小计								101.51		9.36	38.28	

续表

工程名称：某街头绿地景观工程预算　　　　标段：

序号	项目编码	项目名称	计量单位	清单综合单价组成明细												综合单价/
				定额编号	定额名称	定额单位	数量	单价/元				合价/元				
								基价			未计价材料费	人工费	材料费+未计价材料费	机械费	管理费和利润	
								人工费	材料费	机械费						
16	010501001002	垫层	m^3	借01050001	现场搅拌混凝土 基础垫层混凝土 换为现浇混凝土 C15	10 m^3	0.1	899.91	26.94	162.72	3 845.02	89.99	387.2	16.27	34.21	527.68
				小计								89.99	387.2	16.27	34.21	
17	010501003002	独立基础	m^3	借01050005	现场搅拌混凝土 独立基础混凝土及钢筋混凝土	10 m^3	0.1	804.41	43.59	157.3	4 097.76	80.44	414.14	15.73	30.62	540.92
				小计								80.44	414.14	15.73	30.62	
18	011206001002	石材零星项目	m^2	05040023	花岗岩压顶 厚50 mm 以内	m^2	0.171 9	36.36	3.53	0.84	411.58	6.25	71.35	0.14	2.34	311.79
				05030029	园路面层(砂浆结合层)花岗岩小料石100×100	10 m^2	0.015	396.69	6.58	9.02	1 037.22	5.95	15.66	0.14	2.23	
				借01100094	花岗岩(水泥砂浆黏贴)零星项目	100 m^2	0.006 8	4 617.83	363.57	153.81	23 908.3	31.17	163.83	1.04	11.69	
				小计								43.37	250.84	1.32	16.26	
19	010606013002	零星钢构件	t	借01050371	预埋铁件制安	t	1	2 359.6	1 004.21	247.38	3 978.65	2 359.6	4 982.86	247.38	890.79	8 480.57
				小计								2 359.6	4 982.86	247.38	890.79	

续表

工程名称：某街头绿地景观工程预算　　　　标段：

序号	项目编码	项目名称	计量单位	清单综合单价组成明细													综合单价/
				定额编号	定额名称	定额单位	数量	单价/元				合价/元				
								基价			未计价材料费	人工费	材料费+未计价材料费	机械费	管理费和利润	
								人工费	材料费	机械费						
20	05B001	花廊架制安	座	补子目001	花廊架制安	座	1				8 000		8 000			8 000
				小计									8 000			
21	010507004001	台阶	m^2	05030001	整理园路土基路床	10 m^2	0.103 6	33.06				3.42			1.28	1 068.39
				05030006	园路基础垫层碎石	m^3	0.155 7	57.3		1.87	132.1	8.92	20.56	0.29	3.35	
				05030007	园路基础垫层混凝土	m^3	0.103 2	116.07	2.55	7.3	386.4	11.98	40.15	0.75	4.51	
				借01050064	现场搅拌混凝土 台阶 换为现浇混凝土C15	10 m^2	0.103 6	235.08	17.31	28.98	632.63	24.34	67.3	3	9.21	
				借01090088	台阶 花岗岩 水泥砂浆	100 m^2	0.010 5	4 351.89	131.93	332.11	61 160.2	45.69	643.52	3.49	17.2	
				借01090094	零星项目 花岗岩 水泥砂浆	100 m^2	0.005	5 165.11	119.7	300.25	24 359.2	25.83	122.39	1.5	9.71	
				小计								120.18	893.92	9.03	45.26	

续表

工程名称：某街头绿地景观工程预算　　　　标段：

序号	项目编码	项目名称	计量单位	清单综合单价组成明细													综合单价/
				定额编号	定额名称	定额单位	数量	单价/元				合价/元					
								基价			未计价材料费	人工费	材料费+未计价材料费	机械费	管理费和利润		
								人工费	材料费	机械费							
22	050201001001	园路（透水砖路面）	m^2	05030001	整理园路土基路床	10 m^2	0.106 6	33.06				3.53			1.32		202.99
				05030006	园路基础垫层碎石	m^3	0.16	57.3		1.87	132.1	9.17	21.13	0.3	3.44		
				05030007	园路基础垫层混凝土	m^3	0.106 7	116.07	2.55	7.3	386.4	12.38	41.49	0.78	4.66		
				05030035	砂浆结合层 砖平铺地面	10 m^2	0.069 2	242.5		4.73	600	16.78	41.53	0.33	6.29		
				05030043	园路面层 石材走边	10 m^2	0.030 8	487.78	8.83	21.01	593.03	15.03	18.55	0.65	5.64		
				小计								56.89	122.7	2.06	21.35		
23	050201001002	园路（板岩碎拼广场）	m^2	05030001	整理园路土基路床	10 m^2	0.123 4	33.06				4.08			1.53		748.41
				05030006	园路基础垫层碎石	m^3	0.185 1	57.3		1.87	132.1	10.61	24.46	0.35	3.98		
				05030007	园路基础垫层混凝土	m^3	0.152 9	116.07	2.55	7.3	386.4	17.75	59.48	1.12	6.68		
				05030033	砂浆结合层 广场砖铺装素拼	10 m^2	0.080 3	220.39	11.4	3.55	6617.98	17.71	532.65	0.29	6.63		
				05030043	园路面层 石材走边	10 m^2	0.019 7	487.78	8.83	21.01	2 408.63	9.59	47.51	0.41	3.6		
				小计								59.74	664.1	2.17	22.42		

续表

工程名称：某街头绿地景观工程预算　　　　　　　　　标段：

序号	项目编码	项目名称	计量单位	清单综合单价组成明细													综合单价/
				定额编号	定额名称	定额单位	数量	单价/元				合价/元				
								基价			未计价材料费	人工费	材料费+未计价材料费	机械费	管理费和利润	
								人工费	材料费	机械费						
24	050201001003	园路（景观亭地面）	m^2	05030026	园路面层（砂浆结合层）青石板厚 50 mm 以内	10 m^2	0.043 8	271.81	6.4	11.72	2 261.22	11.89	99.21	0.51	4.46	272.4
				05030027	园路面层（砂浆结合层）花岗岩厚 30 mm 以内	10 m^2	0.038 3	330.58	6.33	10.29	2 408.63	12.64	92.37	0.39	4.74	
				借 01100094	花岗岩（水泥砂浆黏贴）零星项目	100 m^2	0.001 5	4 617.83	363.57	153.81	23 908.3	6.93	36.41	0.23	2.6	
				小计								31.46	227.99	1.13	11.8	
25	010515001002	现浇构件钢筋	t	借 01050355	现浇构件 带肋钢 Φ10 外	t	0.680 6	538.48	74.71	119.2	4 049.4	366.5	2 806.99	81.13	139.84	5 101.57
				借 01050352	现浇构件 圆钢 Φ10 内	t	0.314 1	1 083.56	74.37	44.62	3 825	340.39	1 224.93	14.02	127.76	
				小计								706.89	4 031.92	95.15	267.6	

续表

工程名称：某街头绿地景观工程预算　　　　标段：

序号	项目编码	项目名称	计量单位	清单综合单价组成明细													综合单价/
				定额编号	定额名称	定额单位	数量	单价/元				合价/元				
								基价			未计价材料费	人工费	材料费+未计价材料费	机械费	管理费和利润	
								人工费	材料费	机械费						
26	050307010001	景墙	m^3	借01010004	人工挖沟槽、基坑 三类土 深度 2 m	100 m	0.016	3 537.8				57.97			21.68	4 388.9
				借01050001	现场搅拌混凝土 基础垫层 混凝土 换为现浇混凝土 C20	10 m^3	0.034 5	899.91	26.94	162.72	4 346.43	31.01	150.7	5.61	11.79	
				借01040001	砖基础	10 m^3	0.028 7	894.77	5.36	35.06	6 018.77	25.69	172.99	1.01	9.64	
				借01040082	零星砖砌体	10 m^3	0.070 3	1 689.63	5.62	29.74	21 994.6	118.73	1 545.96	2.09	44.47	
				借01100138	文化石 砂浆黏贴 墙面	100 m^2	0.072 4	3 691.47	32.29	47.17	19 123.6	267.26	1 386.86	3.42	100.05	
				05040024	花岗岩压顶 厚100 mm 以内	m^2	0.702 7	40.03	9.61	0.84	381.28	28.13	274.68	0.59	10.54	
				借01050026	现场搅拌混凝土 基础梁	10 m^3	0.009 5	971.9	61.98	289.13	4 097.76	9.19	39.35	2.74	3.53	
				借01050029	现场搅拌混凝土过梁	10 m^3	0.004 7	1 998.9	113.8	289.13	4 097.76	9.45	19.92	1.37	3.58	
				借01010125	人工夯填 基础	100 m^3	0.009 1	2 159.78		199.1		19.7		1.82	7.43	
				小计								567.13	3 590.46	18.65	212.71	

续表

工程名称：某街头绿地景观工程预算　　　　标段：

序号	项目编码	项目名称	计量单位	清单综合单价组成明细												综合单价/
				定额编号	定额名称	定额单位	数量	单价/元				合价/元				
								基价			未计价材料费	人工费	材料费+未计价材料费	机械费	管理费和利润	
								人工费	材料费	机械费						
27	050101009001	种植土回（换）填	m^3	05010013	人工回填土	10 m^3	0.1	110.19			55	11.02	5.5		4.12	20.64
				小计								11.02	5.5		4.12	
28	050101010001	整理绿化用地	m^2	05010001	整理绿化用地	10 m^2	0.1	33.06				3.31			1.24	4.55
				小计								3.31			1.24	
29	050101011001	绿地起坡造型	m^3	05010014	绿化地起坡造型土方堆置人工	10 m^3	0.1	117.54			55	11.75	5.5		4.4	21.64
				小计								11.75	5.5		4.4	
30	050102001001	栽植乔木（大叶樟）	株	05010067 R×1.34	栽植乔木（带土球）土球直径80 cm以内 三类土 人工×1.34	株	1	74.82	0.77	21.69	550	74.82	550.77	21.69	28.72	714.9
				05010377	乔木一级养护 胸径 10 cm以内	株·年	1	22.92	3.83	3.46		22.92	3.83	3.46	8.69	
				小计								97.74	554.6	25.15	37.41	
31	050102001002	栽植乔木（香樟）	株	05010067 R×1.34	栽植乔木（带土球）土球直径80 cm以内 三类土 人工×1.34	株	1	74.82	0.77	21.69	600	74.82	600.77	21.69	28.72	764.9
				05010377	乔木一级养护 胸径 10 cm以内	株·年	1	22.92	3.83	3.46		22.92	3.83	3.46	8.69	
				小计								97.74	604.6	25.15	37.41	

续表

工程名称：某街头绿地景观工程预算　　　　　　　　标段：

序号	项目编码	项目名称	计量单位	清单综合单价组成明细													综合单价/
				定额编号	定额名称	定额单位	数量	单价/元				合价/元					
								基价			未计价材料费	人工费	材料费+未计价材料费	机械费	管理费和利润		
								人工费	材料费	机械费							
32	050102001003	栽植乔木（四季桂）	株	05010064 R×1.34	栽植乔木(带土球）土球直径 50 cm 以内 三类土 人工×1.34	株	1	45.28	0.38		700	45.28	700.38		16.93		791.22
				05010376	乔木一级养护 胸径 5 cm 以内	株·年	1	16.02	3.48	3.03		16.02	3.48	3.03	6.1		
				小计								61.3	703.86	3.03	23.03		
33	050102001004	栽植乔木(云南拟单性木兰）	株	05010063 R×1.34	栽植乔木(带土球）土球直径 40 cm 以内 三类土 人工×1.34	株	1	29.52	0.26		450	29.52	450.26		11.04		519.45
				05010376	乔木一级养护 胸径 5 cm 以内	株·年	1	16.02	3.48	3.03		16.02	3.48	3.03	6.1		
				小计								45.54	453.74	3.03	17.14		
34	050102001005	栽植乔木(球花石楠）	株	05010067 R×1.34	栽植乔木(带土球）土球直径 80 cm 以内 三类土 人工×1.34	株	1	74.82	0.77	21.69	650	74.82	650.77	21.69	28.72		814.9
				05010377	乔木一级养护 胸径 10 cm 以内	株·年	1	22.92	3.83	3.46		22.92	3.83	3.46	8.69		
				小计								97.74	654.6	25.15	37.41		

续表

工程名称：某街头绿地景观工程预算　　　　标段：

序号	项目编码	项目名称	计量单位	清单综合单价组成明细													综合单价/
				定额编号	定额名称	定额单位	数量	单价/元				合价/元					
								基价			未计价材料费	人工费	材料费+未计价材料费	机械费	管理费和利润		
								人工费	材料费	机械费							
35	050102001006	栽植乔木（广玉兰）	株	05010066 R×1.34	栽植乔木（带土球）土球直径70 cm以内 三类土 人工×1.34	株	1	59.06	0.64	13.07	720	59.06	720.64	13.07	22.53		854.2
				05010377	乔木一级养护 胸径10 cm以内	株·年	1	22.92	3.83	3.46		22.92	3.83	3.46	8.69		
				小计								81.98	724.47	16.53	31.22		
36	050102001007	栽植乔木（枇杷）	株	05010069 R×1.34	栽植乔木（带土球）土球直径120 cm以内 三类土 人工×1.34	株	1	152.57	2.04	34.72	550	152.57	552.04	34.72	58.25		870.5
				05010378	乔木一级养护 胸径 20 cm以内	株·年	1	46.21	5.42	3.89		46.21	5.42	3.89	17.41		
				小计								198.78	557.46	38.61	75.66		
37	050102001008	栽植乔木（大树杨梅）	株	05010067 R×1.34	栽植乔木（带土球）土球直径80 cm以内 三类土 人工×1.34	株	1	74.82	0.77	21.69	1000	74.82	1 000.77	21.69	28.72		1 164.9
				05010377	乔木一级养护 胸径 10 cm以内	株·年	1	22.92	3.83	3.46		22.92	3.83	3.46	8.69		
				小计								97.74	1 004.6	25.15	37.41		

续表

工程名称：某街头绿地景观工程预算　　　　标段：

序号	项目编码	项目名称	计量单位	清单综合单价组成明细												综合单价/
				定额编号	定额名称	定额单位	数量	单价/元				合价/元				
								基价			未计价材料费	人工费	材料费+未计价材料费	机械费	管理费和利润	
								人工费	材料费	机械费						
38	050102001009	栽植乔木（杜英）	株	05010067 R×1.34	栽植乔木（带土球）土球直径80 cm以内 三类土 人工×1.34	株	1	74.82	0.77	21.69	400	74.82	400.77	21.69	28.72	564.9
				05010377	乔木一级养护 胸径 10 cm以内	株·年	1	22.92	3.83	3.46		22.92	3.83	3.46	8.69	
				小计								97.74	404.6	25.15	37.41	
39	050102001010	栽植乔木（肋果茶）	株	05010064 R×1.34	栽植乔木（带土球）土球直径50 cm以内 三类土 人工×1.34	株	1	45.28	0.38		250	45.28	250.38		16.93	351.49
				05010377	乔木一级养护 胸径 10 cm以内	株·年	1	22.92	3.83	3.46		22.92	3.83	3.46	8.69	
				小计								68.2	254.21	3.46	25.62	

续表

工程名称：某街头绿地景观工程预算　　　　标段：

序号	项目编码	项目名称	计量单位	清单综合单价组成明细												综合单价/
				定额编号	定额名称	定额单位	数量	单价/元				合价/元				
								基价			未计价材料费	人工费	材料费+未计价材料费	机械费	管理费和利润	
								人工费	材料费	机械费						
40	050102001011	栽植乔木（银杏）	株	05010066 R×1.34	栽植乔木（带土球）土球直径70 cm以内 三类土 人工×1.34	株	1	59.06	0.64	13.07	500	59.06	500.64	13.07	22.53	634.2
				05010377	乔木一级养护 胸径 10cm以内	株·年	1	22.92	3.83	3.46		22.92	3.83	3.46	8.69	
				小计								81.98	504.47	16.53	31.22	
41	050102001012	栽植乔木（滇朴）	株	05010071 R×1.34	栽植乔木（带土球）土球直径160 cm以内 三类土 人工×1.34	株	1	296.31	4.58	137.35	6 000	296.31	6 004.58	137.35	115.52	6 667.5
				05010379	乔木一级养护 胸径 30 cm以内	株·年	1	74.64	7.19	3.89		74.64	7.19	3.89	28.04	
				小计								370.95	6 011.77	141.24	143.56	
42	050102001013	栽植乔木（红花木莲）	株	05010066 R×1.34	栽植乔木（带土球）土球直径70 cm以内 三类土 人工×1.34	株	1	59.06	0.64	13.07	800	59.06	800.64	13.07	22.53	934.2
				05010377	乔木一级养护 胸径 10 cm以内	株·年	1	22.92	3.83	3.46		22.92	3.83	3.46	8.69	
				小计								81.98	804.47	16.53	31.22	

续表

工程名称：某街头绿地景观工程预算　　　　　　标段：

<table>
<tr><th rowspan="4">序号</th><th rowspan="4">项目编码</th><th rowspan="4">项目名称</th><th rowspan="4">计量单位</th><th colspan="14">清单综合单价组成明细</th></tr>
<tr><th rowspan="3">定额编号</th><th rowspan="3">定额名称</th><th rowspan="3">定额单位</th><th rowspan="3">数量</th><th colspan="4">单价/元</th><th colspan="4">合价/元</th><th rowspan="3">综合单价/</th></tr>
<tr><th colspan="3">基价</th><th rowspan="2">未计价材料费</th><th rowspan="2">人工费</th><th rowspan="2">材料费+未计价材料费</th><th rowspan="2">机械费</th><th rowspan="2">管理费和利润</th></tr>
<tr><th>人工费</th><th>材料费</th><th>机械费</th></tr>
<tr><td rowspan="3">43</td><td rowspan="3">050102002001</td><td rowspan="3">栽植灌木（非洲茉莉）</td><td rowspan="3">株</td><td>05010110 R×1.34</td><td>栽植灌木（带土球）土球直径40 cm以内 三类土 人工×1.34</td><td>株</td><td>1</td><td>32.49</td><td>0.26</td><td></td><td>150.9</td><td>32.49</td><td>151.16</td><td></td><td>12.15</td><td rowspan="3">212.29</td></tr>
<tr><td>05010389</td><td>灌木一级养护 高度200 cm以内</td><td>株·年</td><td>1</td><td>8.45</td><td>2.21</td><td>2.59</td><td></td><td>8.45</td><td>2.21</td><td>2.59</td><td>3.25</td></tr>
<tr><td colspan="8">小计</td><td>40.94</td><td>153.37</td><td>2.59</td><td>15.4</td></tr>
<tr><td rowspan="3">44</td><td rowspan="3">050102004001</td><td rowspan="3">栽植棕榈类</td><td rowspan="3">株</td><td>05010116 R×1.34</td><td>栽植灌木（带土球）土球直径120 cm以内 三类土 人工×1.34</td><td>株</td><td>1</td><td>221.49</td><td>2.04</td><td>29.99</td><td>2 501.8</td><td>221.49</td><td>2 503.84</td><td>29.99</td><td>83.85</td><td rowspan="3">2 884.8</td></tr>
<tr><td>05010391</td><td>灌木一级养护 高度400 cm以内</td><td>株·年</td><td>1</td><td>27.32</td><td>3.16</td><td>4.76</td><td></td><td>27.32</td><td>3.16</td><td>4.76</td><td>10.38</td></tr>
<tr><td colspan="8">小计</td><td>248.81</td><td>2 507</td><td>34.75</td><td>94.23</td></tr>
<tr><td rowspan="3">45</td><td rowspan="3">050102007001</td><td rowspan="3">栽植色带（八角金盘）</td><td rowspan="3">m^2</td><td>05010169</td><td>栽植地被植物片植 种植密度36株/m^2</td><td>m^2</td><td>1</td><td>13.23</td><td>0.17</td><td>0</td><td>110.16</td><td>13.23</td><td>110.33</td><td></td><td>4.95</td><td rowspan="3">149.14</td></tr>
<tr><td>05010398</td><td>地被植物一级养护 片植</td><td>m^2·年</td><td>1</td><td>8.89</td><td>6.64</td><td>1.73</td><td></td><td>8.89</td><td>6.64</td><td>1.73</td><td>3.38</td></tr>
<tr><td colspan="8">小计</td><td>22.12</td><td>116.97</td><td>1.73</td><td>8.33</td></tr>
</table>

续表

工程名称：某街头绿地景观工程预算　　　　标段：

序号	项目编码	项目名称	计量单位	清单综合单价组成明细													综合单价/
				定额编号	定额名称	定额单位	数量	单价/元				合价/元					
								基价			未计价材料费	人工费	材料费+未计价材料费	机械费	管理费和利润		
								人工费	材料费	机械费							
46	050102007002	栽植色带（肾蕨）	m^2	05010169	栽植地被植物片植 种植密度36株/m^2	m^2	1	13.23	0.17	0	73.44	13.23	73.61		4.95		112.42
				05010398	地被植物一级养护片植	m^2·年	1	8.89	6.64	1.73		8.89	6.64	1.73	3.38		
				小计								22.12	80.25	1.73	8.33		
47	050102007003	栽植色带（金森女贞）	m^2	05010169	栽植地被植物片植 种植密度36株/m^2	m^2	1	13.23	0.17		55.08	13.23	55.25		4.95		94.06
				05010398	地被植物一级养护 片植	m^2·年	1	8.89	6.64	1.73		8.89	6.64	1.73	3.38		
				小计								22.12	61.89	1.73	8.33		
48	050102007004	栽植色带（毛叶杜鹃）	m^2	05010169	栽植地被植物片植 种植密度36株/m^2	m^2	1	13.23	0.17		73.44	13.23	73.61		4.95		112.42
				05010398	地被植物一级养护 片植	m^2·年	1	8.89	6.64	1.73		8.89	6.64	1.73	3.38		
				小计								22.12	80.25	1.73	8.33		

续表

工程名称：某街头绿地景观工程预算　　　　标段：

序号	项目编码	项目名称	计量单位	清单综合单价组成明细												综合单价/
				定额编号	定额名称	定额单位	数量	单价/元				合价/元				
								基价			未计价材料费	人工费	材料费+未计价材料费	机械费	管理费和利润	
								人工费	材料费	机械费						
49	050102007005	栽植色带（南天竺）	m^2	05010169	栽植地被植物片植 种植密度36株/m^2	m^2	1	13.23	0.17		73.44	13.23	73.61		4.95	112.42
				05010398	地被植物一级养护 片植	m^2·年	1	8.89	6.64	1.73		8.89	6.64	1.73	3.38	
				小计								22.12	80.25	1.73	8.33	
50	050102007006	栽植色带（鸭脚木）	m^2	05010169	栽植地被植物片植 种植密度36株/m^2	m^2	1	13.23	0.17		44.06	13.23	44.23		4.95	83.04
				05010398	地被植物一级养护 片植	m^2·年	1	8.89	6.64	1.73		8.89	6.64	1.73	3.38	
				小计								22.12	50.87	1.73	8.33	
51	050102007007	栽植色带（红花檵木）	m^2	05010169	栽植地被植物片植 种植密度36株/m^2	m^2	1	13.23	0.17		36.72	13.23	36.89		4.95	75.7
				05010398	地被植物一级养护 片植	m^2·年	1	8.89	6.64	1.73		8.89	6.64	1.73	3.38	
				小计								22.12	43.53	1.73	8.33	

续表

工程名称：某街头绿地景观工程预算　　　　　　　　标段：

序号	项目编码	项目名称	计量单位	清单综合单价组成明细												综合单价/
				定额编号	定额名称	定额单位	数量	单价/元				合价/元				
								基价			未计价材料费	人工费	材料费+未计价材料费	机械费	管理费和利润	
								人工费	材料费	机械费						
52	050102007008	栽植色带（紫柳）	m^2	05010169	栽植地被植物片植 种植密度36株/m^2	m^2	1	13.23	0.17		55.08	13.23	55.25		4.95	94.06
				05010398	地被植物一级养护 片植	m^2·年	1	8.89	6.64	1.73		8.89	6.64	1.73	3.38	
				小计								22.12	61.89	1.73	8.33	
53	050102007009	栽植色带（迎春柳）	m^2	05010169	栽植地被植物片植 种植密度36株/m^2	m^2	1	13.23	0.17		44.06	13.23	44.23		4.95	83.04
				05010398	地被植物一级养护 片植	m^2·年	1	8.89	6.64	1.73		8.89	6.64	1.73	3.38	
				小计								22.12	50.87	1.73	8.33	
54	050102012001	铺种草皮	m^2	05010181	草皮铺种 播种	10 m^2	0.1	53.48	1.02		9.35	5.35	1.04		2	30.96
				05010400	地被植物一级养护 草坪	m^2·年	1	9.78	6.34	2.71		9.78	6.34	2.71	3.75	
				小计								15.13	7.38	2.71	5.75	

注：数量栏填写本项清单中所包含的该定额的工程量/清单工程量。

表 10-34 某街头绿地景观单价措施项目清单与计价表

工程名称：某街头绿地景观工程　　　　标段：

序号	项目编码	项目名称	项目特征描述	计量单位	工程量	金额/元				
						综合单价	合价	其中		
								人工费	机械费	暂估价
1	050401001001	景墙砌筑脚手架	1. 搭设方式：木架搭设 2. 墙体高度：2 m	m^2	10.4	6.08	63.23	29.54	4.68	
2	050401003001	亭脚手架	1. 搭设方式：木架搭设 2. 檐口高度：2.71 m	座	1	1 220.72	1 220.72	277.87	62.14	
3	011702001001	亭独立基础	1. 基础类型：钢筋混凝土独立基础	m^2	3.84	41.33	158.71	54.99	7.72	
4	011702001002	亭满堂基础	1. 基础类型：钢筋混凝土阀板基础	m^2	2.64	44.27	116.87	50.22	3.3	
5	011702001003	花廊架基础	1. 基础类型：独立基础	m^2	5.51	41.32	227.67	78.9	11.08	
6	011702005001	景墙基础梁模板	1. 构件类型：景墙基础梁	m^2	2.57	44.37	114.03	47.62	3.62	
7	011702025001	景墙梁其他现浇构件	1. 构件类型：景墙梁	m^2	1.29	105.91	136.62	67.57	0.21	
8	011702027001	台阶	1. 台阶踏步高：150 mm 2. 台阶踏步宽：300 mm	m^2	1.57	31.97	50.19	27.44	0.38	
9	050402001001	亭现浇混凝土垫层	1. 厚度：100 mm	m^2	1.4	31.23	43.72	13.2	0.63	
10	050402001002	花廊架现浇混凝土垫层	1. 厚度：100 mm	m^2	1.23	31.24	38.43	11.6	0.57	
11	050402001003	景墙现浇混凝土垫层	1. 厚度：100 mm	m^2	3.1	31.23	96.81	29.23	1.4	
12	050402001004	道路现浇混凝土垫层	1. 厚度：100 mm	m^2	21.77	31.23	679.88	205.29	9.8	
13	050403001001	树木支撑架	1. 支撑类型、材质：木棍绑扎支撑 2. 支撑材料规格：1.2 m 3. 单株支撑材料数量：4 根	株	188	39.71	7 465.48	1 105.44		
		本页小计				10 412.36	1 998.91	105.53	10 412.36	
		合计				10 412.36	1 998.91	105.53	10 412.36	

表 10-35　单价措施项目综合单价分析表

工程名称：某街头绿地景观工程　　　　标段：

序号	项目编码	项目名称	计量单位	清单综合单价组成明细												综合单价/元
				定额编号	定额名称	定额单位	数量	单价/元				合价/元				
								基价			未计价材料费	人工费	材料费+未计价材料费	机械费	管理费和利润	
								人工费	材料费	机械费						
1	050401001001	景墙砌筑脚手架	m^2	借01150160	里脚手架 木架	100 m^2	0.01	284.3	170.24	45.27		2.84	1.7	0.45	1.08	6.08
				小计								2.84	1.7	0.45	1.08	
2	050401003001	亭脚手架	座	借01150155	外脚手架 木架 15 m 以内单排	100 m^2	0.634	438.56	1 222.65	98.07		277.87	774.67	62.14	106.04	1 220.72
				小计								277.87	774.67	62.14	106.04	
3	011702001001	亭独立基础	m^2	借01150250	现浇混凝土模板 独立基础 混凝土及钢筋混凝土 复合模板	100 m^2	0.01	1 431.41	1 849.34	200.94	107.45	14.31	19.57	2.01	5.42	41.33
				小计								14.31	19.57	2.01	5.42	
4	011702001002	亭满堂基础	m^2	借01150254	现浇混凝土模板 满堂基础 无梁式 复合模板	100 m^2	0.01	1 901.86	1 597.89	125.05	85.54	19.02	16.83	1.25	7.15	44.27
				小计								19.02	16.83	1.25	7.15	

续表

工程名称：某街头绿地景观工程　　　　　　　　　　标段：

序号	项目编码	项目名称	计量单位	清单综合单价组成明细													综合单价/元
				定额编号	定额名称	定额单位	数量	单价/元				合价/元				
								基价			未计价材料费	人工费	材料费+未计价材料费	机械费	管理费和利润	
								人工费	材料费	机械费						
5	011702001003	花廊架基础	m^2	借01150250	现浇混凝土模板 独立基础混凝土及钢筋混凝土 复合模板	100 m^2	0.01	1 431.41	1 849.34	200.94	107.45	14.31	19.57	2.01	5.42	41.32
				小计								14.31	19.57	2.01	5.42	
6	011702005001	景墙基础梁模板	m^2	借01150278	现浇混凝土模板 基础梁 复合模板	100 m^2	0.01	1 852.49	1 746	140.85		18.52	17.46	1.41	6.98	44.37
				小计								18.52	17.46	1.41	6.98	
7	011702025001	景墙梁其他现浇	m^2	借01150317	现浇混凝土模板零星构件	10 m^3	0.005	9 653.64	6 224.81	30.17		52.38	33.78	0.16	19.59	105.91
				小计								52.38	33.78	0.16	19.59	
8	011702027001	台阶	m^2	借01150322	现浇混凝土模板 台阶	10 m^2	0.1	174.83	77.07	2.34		17.48	7.71	0.23	6.55	31.97
				小计								17.48	7.71	0.23	6.55	
9	050402001001	亭现浇混凝土垫层	m^2	借01150238	现浇混凝土模板 混凝土基础垫层	100 m^2	0.01	943.25	1 780.19	45.24		9.43	17.8	0.45	3.54	31.23
				小计								9.43	17.8	0.45	3.54	

续表

工程名称：某街头绿地景观工程　　　　　　　　　　　　　　　　　标段：

序号	项目编码	项目名称	计量单位	清单综合单价组成明细												综合单价/元
				定额编号	定额名称	定额单位	数量	单价/元				合价/元				
								基价			未计价材料费	人工费	材料费+未计价材料费	机械费	管理费和利润	
								人工费	材料费	机械费						
10	050402001002	花廊架现浇混凝土垫层	m^2	借01150238	现浇混凝土模板 混凝土基础垫层	100 m^2	0.01	943.25	1 780.19	45.24		9.43	17.8	0.45	3.54	31.24
				小计								9.43	17.8	0.45	3.54	
11	050402001003	景墙现浇混凝土垫层	m^2	借01150238	现浇混凝土模板 混凝土基础垫层	100 m^2	0.01	943.25	1 780.19	45.24		9.43	17.8	0.45	3.54	31.23
				小计								9.43	17.8	0.45	3.54	
12	050402001004	道路现浇混凝土垫层	m^2	借01150238	现浇混凝土模板 混凝土基础垫层	100 m^2	0.01	943.25	1 780.19	45.24		9.43	17.8	0.45	3.54	31.23
				小计								9.43	17.8	0.45	3.54	
13	050403001001	树木支撑架	株	05010235	树棍护树桩四脚桩	株	1	5.88	23.13		8.5	5.88	31.63		2.2	39.71
				小计								5.88	31.63		2.2	

注：数量栏填写本项清单中所包含的该定额的工程量/清单工程量。

表 10-36　总价措施项目清单与计价表

工程名称：某街头绿地景观工程　　　　标段：

序号	项目编码	项目名称	计算基础	费率/%	金额/元	调整费率/%	调整后金额/元	备注
1	031301009001	特殊地区施工增加费	定额人工费+定额机械费	0				2 500 m＜海拔≤3 000 m 的地区，费率为 8；3 000 m＜海拔≤3 500 m 的地区，费率为 15；海拔＞3 500 m 的地区，费率为 20
2	050405001001	安全文明施工费（园林）			12 024.57			
3	1.1	环境保护费、安全施工费、文明施工费（园林）	分部分项工程费中定额人工费+分部分项工程费中定额机械费×8%	10.22	9 714.71			
4	1.2	临时设施费（园林）	分部分项工程费中定额人工费+分部分项工程费中定额机械费×8%	2.43	2 309.86			
5	050405001002	安全文明施工费（独立土石方）						
6	2.1	环境保护费、安全施工费、文明施工费（独立土石方）	分部分项工程费中定额人工费+分部分项工程费中定额机械费×8%	1.6				
7	2.2	临时设施费（独立土石方）	分部分项工程费中定额人工费+分部分项工程费中定额机械费×8%	0.4				

续表

工程名称：某街头绿地景观工程　　　　标段：

序号	项目编码	项目名称	计算基础	费率/%	金额/元	调整费率/%	调整后金额/元	备注
8	050405002001	夜间施工增加费						
9	050405004001	二次搬运费						
10	050405005001	冬、雨季施工增加费，生产工具用具使用费，工程定位复测，工程点交、场地清理费	分部分项工程费中定额人工费+分部分项工程费中定额机械费×8%	5.95	5 655.83			
11	050405008001	已完工程及设备保护费						
合　计					17 680.4			

编制人（造价人员）：　　　　复核人（造价工程师）：

注：按施工方案计算的措施费，若无“计算基数”和“费率”的数值，也可只填“金额”数值，但应在备注栏说明施工方案出处或计算方法。

表 10-37 其他项目清单

工程名称：某街头绿地景观工程预算　　　　　　　　　标段：

序号	项目名称	金额/元	结算金额/元	备注
1	暂列金额	20 000		详见明细表
2	暂估价	50 000		
2.1	材料（工程设备）暂估价			
2.2	专业工程暂估价	50 000		详见明细表
3	计日工			详见明细表
4	总承包服务费	525.5		详见明细表
5	其他			
5.1	人工费调差			
5.2	机械费调差			
5.3	风险费			
5.4	索赔与现场签证			详见明细表
合　计		70 525.50		—

注：1. 材料（工程设备）暂估单价进入清单项目综合单价，此处不汇总。
2. 机械费中燃料动力价差列入 5.2 项中。

表 10-38 暂列金额明细表

工程名称：某街头绿地景观工程　　　　　　　　标段：

序号	项目名称	计量单位	暂定金额/元	备注
1	图纸部分不完整	项	20 000	
合　计			20 000	—

注：此表由招标人填写，如不能详列，也可只列暂定金额总额，投标人应将上述暂列金额计入投标总价中。

表 10-39 专业工程暂估价以及结算表

工程名称：某街头绿地景观工程　　　　　　　　　标段：

序号	工程名称	工程内容	暂估金额/元	结算金额/元	差额±/元	备注
1	园林水电工程	绿地内的浇灌以及照明工程	50 000			
合　计			20 000	—		

注：此表由招标人填写，如不能详列，也可只列暂定金额总额，投标人应将上述暂列金额计入投标总价中。

表 10-40　总承包服务费计价表

工程名称：某街头绿地景观工程　　　　　　　标段：

序号	项目名称	项目价值/元	服务内容	计算基础	费率/%	金额/元
1	发包人发包专业工程	8 000	现场管理与协调	8 000	1.5	120
2	发包人提供材料	40 550	甲供材料验收保管	40 550	1	405.5
合　计		—	—		—	525.5

注：此表项目名称、服务内容由招标人填写，编制招标控制价时，费率及金额由招标人按有关计价规定确定；投标时，费率及金额由投标人自主报价，计入投标总价中。

表 10-41　发包人提供材料和工程设备一览表

工程名称：某街头绿地景观工程　　　　　　　标段：

序号	材料（工程设备）名称、规格、型号	单位	数量	单价/元	交货方式	送达地点	备注
1	乔木大叶樟（带土球）胸径 8~10 cm	株	35	550			
2	乔木银杏（带土球）胸径 6~8 cm	株	4	500			
3	乔木枇杷（带土球）胸径 12~15 cm	株	6	550			
4	花廊架制安未计价材料费	座	2	8 000			

注：此表由招标人填写，供投标人在投标报价、确定总承包服务费时参考。

表 10-42　规费、税金项目计价表

工程名称：某街头绿地景观工程　　　　　标段：

序号	项目名称	计算基础	计算基数	计算费率/%	金额/元
1	规费	定额人工费	25 961.79		25 961.79
1.1	社会保险费、住房公积金、残疾人保证金	定额人工费	96 154.77	26	25 000.24
1.2	危险作业意外伤害险	定额人工费	96 154.77	1	961.55
1.3	工程排污费				
2	税金	分部分项工程费+措施项目费+其他项目费+规费-按规定不计税的工程设备费	664 237.68	11.36	75 457.4
合　计					101 419.19

编制人（造价人员）：　　　　　　　　复核人（造价工程师）：

附录一　某街头园林绿化工程施工图图纸

设计说明

（1）基本概况：本工程为某城市绿地景观设计，其北面与东面临城市道路，西面与南面是居住区。整个绿地与周边有三个主要出入口，三个次入口，总用地面积为 2 935.86 m^2。

（2）园建说明：此绿化工程项目中的园建比较简单，有两座木制六角亭，木材均采用柏木，需作防腐处理，涂刷防腐油，并刷防火漆两遍。其木构件的连接均为榫接，榫接处利用高性能胶黏结。亭子与钢筋混凝土基础的连接，采用预制成品钢构件连接，构件需刷防锈氟碳漆两道。

（3）园路说明：本绿化工程有两种园路，一是透水砖路面，一是板岩碎拼路面，园路的基础做法都是一样的，均采用 150 厚碎石垫层与 100 厚 C15 混凝土作为路面基础垫层，而面层的铺贴利用 30 厚 1∶3 干硬性水泥砂浆进行铺贴。

（4）小品说明：小品有景墙与坐凳、垃圾桶、指示牌等。景墙采用普通砖砌筑，面贴 15 厚文化石，青石压顶。垃圾桶与指示牌采用成品安装。

（5）植物种植说明：本工程中植物种植土的要求为良好的红土，不含建筑垃圾，应施足肥，并注意组织排水至园路两边或者相应的排水沟内，避免积水造成植物的伤害。对于种植地的地形需按要求进行构筑，总体形态基本达到要求即可。植物选择健康无病虫害、枝叶茂盛、具有良好的树冠结构的苗木，全部采用带土球种植，乔木种植之后，6 cm 以上的必须要进行支撑，采用 1.2 m 长树棍，四角树棍支撑方式。所有的植物种植完成需养护一年，标准为二级养护。

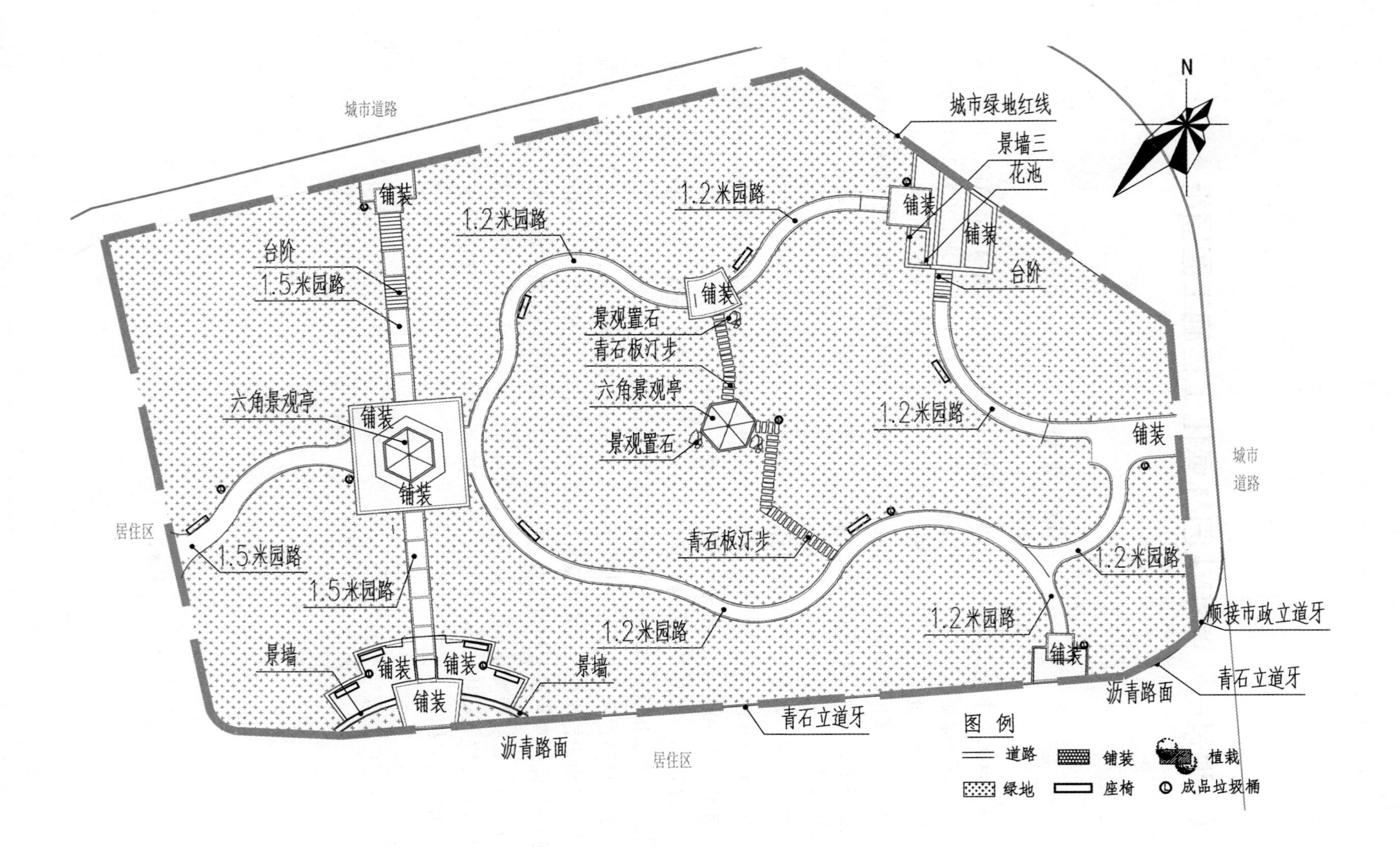
城市道路
N
城市绿地红线
景墙三
花池
铺装
1.2米园路
台阶
1.5米园路
景观置石
青石板汀步
六角景观亭
景观置石
城市道路
居住区
1.5米园路
1.2米园路
青石板汀步
顺接市政立道牙
景墙
青石立道牙
沥青路面
居住区
图例
道路
铺装
植栽
绿地
座椅
成品垃圾桶

图 F1-1　总平面图

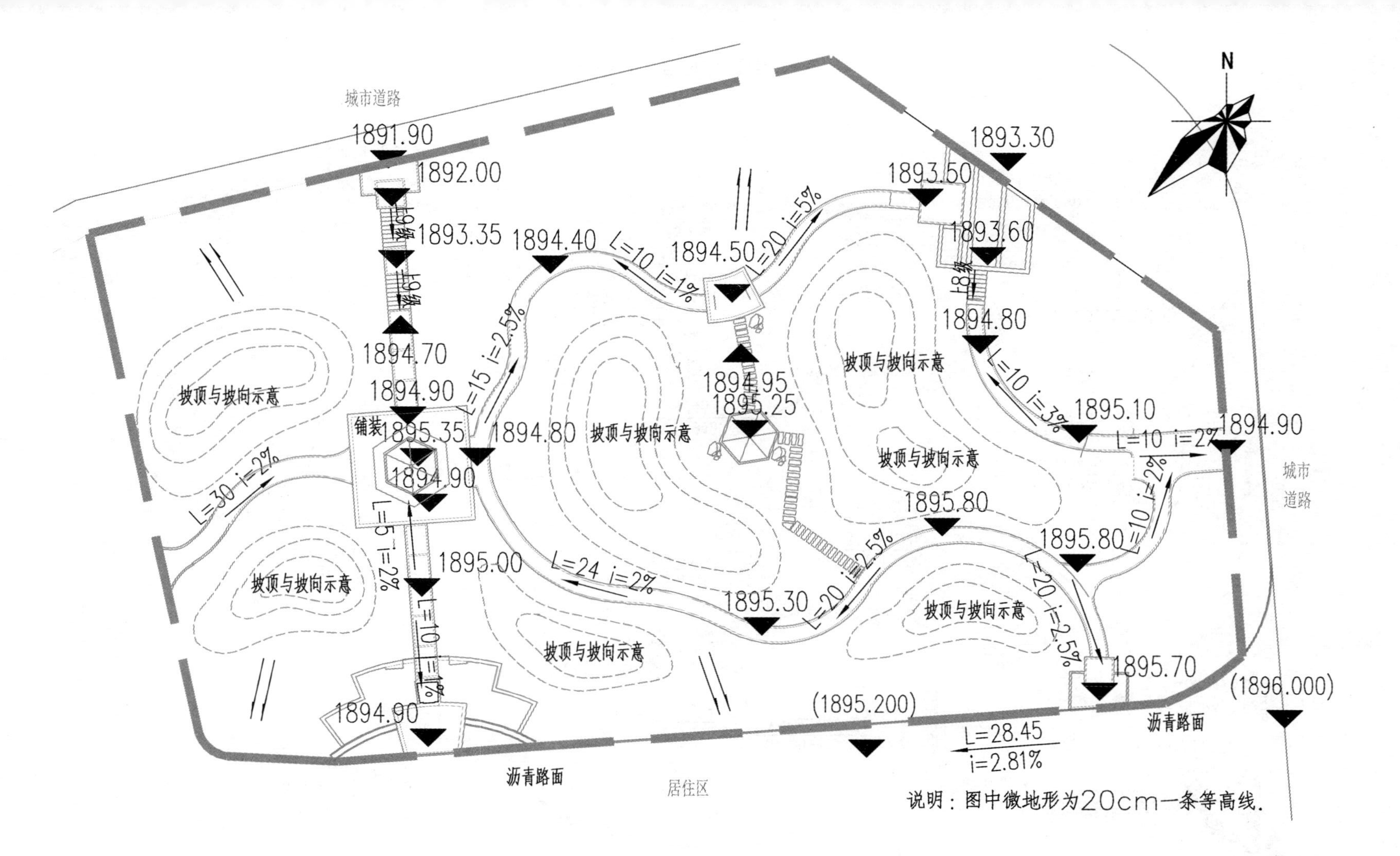
城市道路
N
1891.90
1892.00
1893.35
1894.40
L=10 i=1%
1894.50
L=20 i=5%
1893.50
1893.30
1893.60
1894.70
1894.90
铺装
1895.35
1894.90
L=15 i=2.5%
1894.80
1894.95
1895.25
1894.80
L=10 i=3%
1895.10
L=10 i=2%
1894.90
城市
道路
坡顶与坡向示意
L=30 i=2%
L=5 i=2%
1895.00
L=24 i=2%
1895.80
1895.80
L=10 i=2%
1895.30
L=20 i=2.5%
L=20 i=2.5%
L=10 i=1%
1895.70
1894.90
(1895.200)
(1896.000)
沥青路面
L=28.45
i=2.81%
居住区
说明：图中微地形为20cm一条等高线.

图 F1-2　竖向图

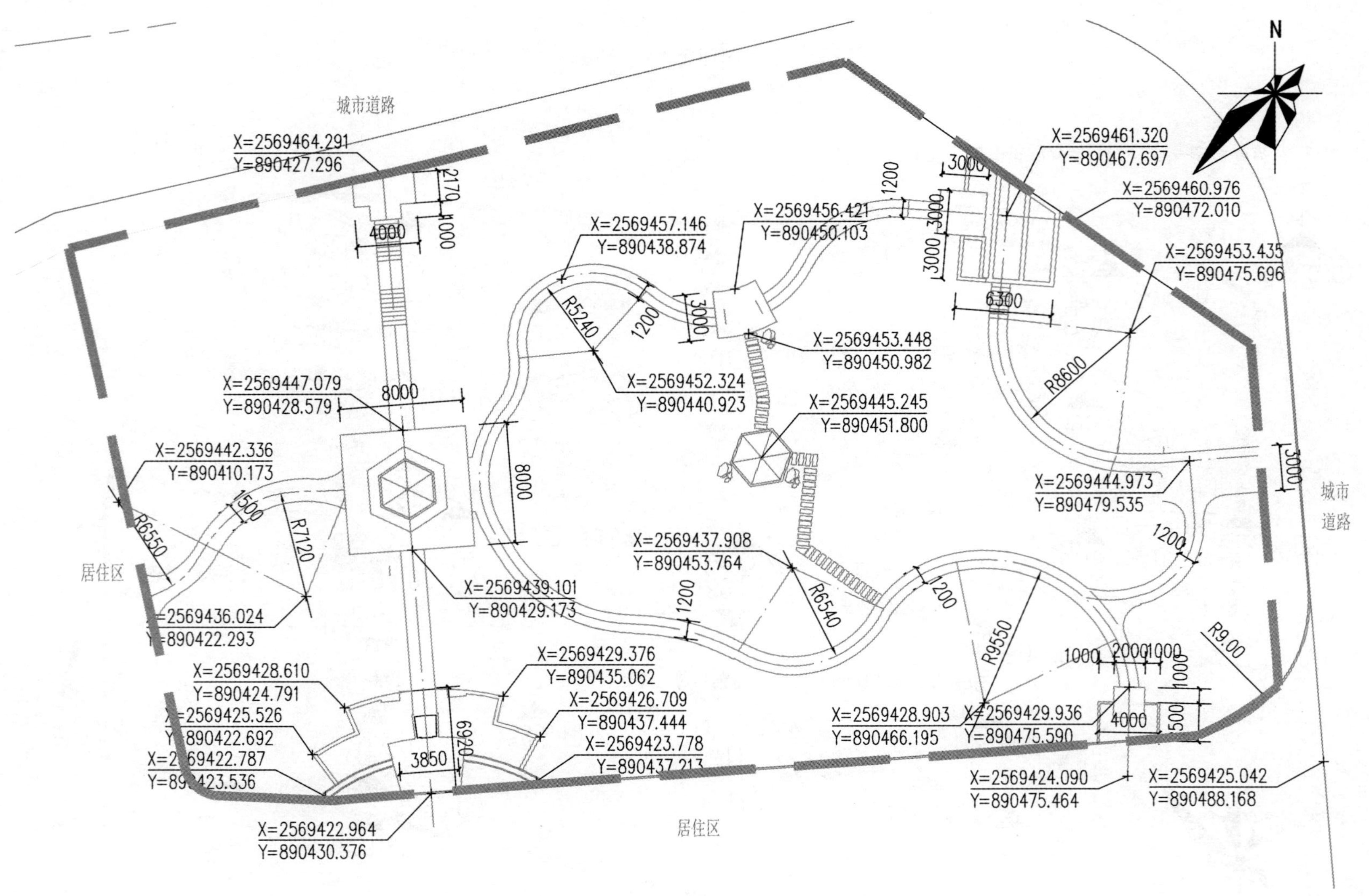

N
城市道路
城市道路
居住区
居住区
X=2569464.291
Y=890427.296
X=2569461.320
Y=890467.697
X=2569460.976
Y=890472.010
X=2569457.146
Y=890438.874
X=2569456.421
Y=890450.103
X=2569453.435
Y=890475.696
X=2569453.448
Y=890450.982
X=2569452.324
Y=890440.923
X=2569447.079
Y=890428.579
X=2569445.245
Y=890451.800
X=2569442.336
Y=890410.173
X=2569444.973
Y=890479.535
X=2569437.908
Y=890453.764
X=2569439.101
Y=890429.173
Y=890422.293
X=2569429.376
Y=890435.062
X=2569428.610
Y=890424.791
X=2569426.709
Y=890437.444
X=2569423.778
X=2569428.903
Y=890466.195
X=2569429.936
Y=890475.590
X=2569424.090
Y=890475.464
X=2569425.042
Y=890488.168
X=2569422.964
Y=890430.376
R5240
R8600
R7120
R6550
R6540
R9550
R9.00

图 F1-3　定位尺寸图

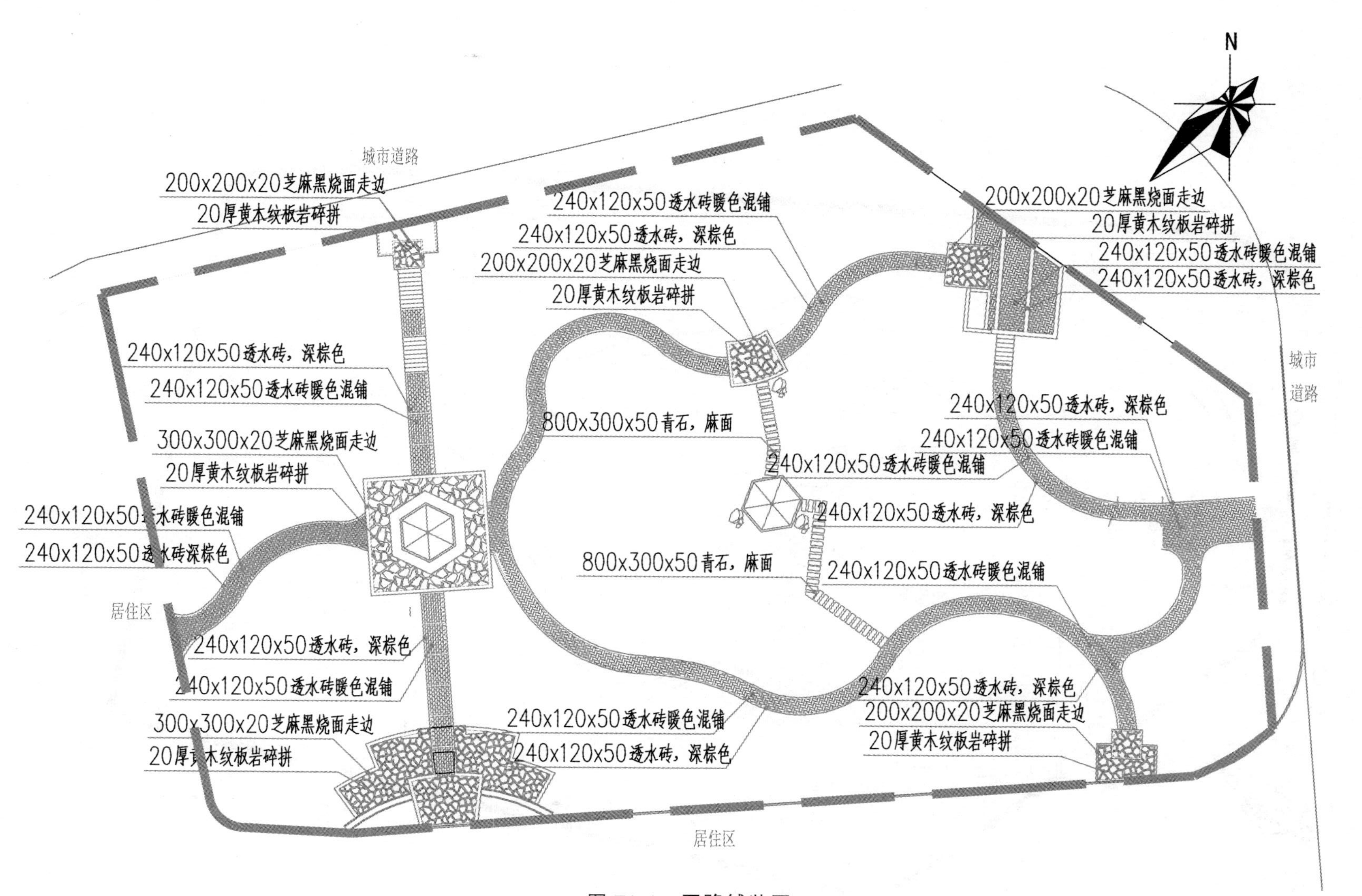
N
城市道路
200x200x20芝麻黑烧面走边
20厚黄木纹板岩碎拼
240x120x50透水砖暖色混铺
240x120x50透水砖，深棕色
200x200x20芝麻黑烧面走边
20厚黄木纹板岩碎拼
200x200x20芝麻黑烧面走边
20厚黄木纹板岩碎拼
240x120x50透水砖暖色混铺
240x120x50透水砖，深棕色
城市
道路
240x120x50透水砖，深棕色
240x120x50透水砖暖色混铺
800x300x50青石，麻面
240x120x50透水砖，深棕色
240x120x50透水砖暖色混铺
300x300x20芝麻黑烧面走边
20厚黄木纹板岩碎拼
240x120x50透水砖暖色混铺
240x120x50透水砖，深棕色
240x120x50透水砖深棕色
240x120x50透水砖，深棕色
800x300x50青石，麻面
240x120x50透水砖暖色混铺
居住区
240x120x50透水砖，深棕色
240x120x50透水砖暖色混铺
240x120x50透水砖，深棕色
200x200x20芝麻黑烧面走边
20厚黄木纹板岩碎拼
300x300x20芝麻黑烧面走边
20厚黄木纹板岩碎拼
240x120x50透水砖暖色混铺
240x120x50透水砖，深棕色
居住区

图 F1-4　园路铺装图

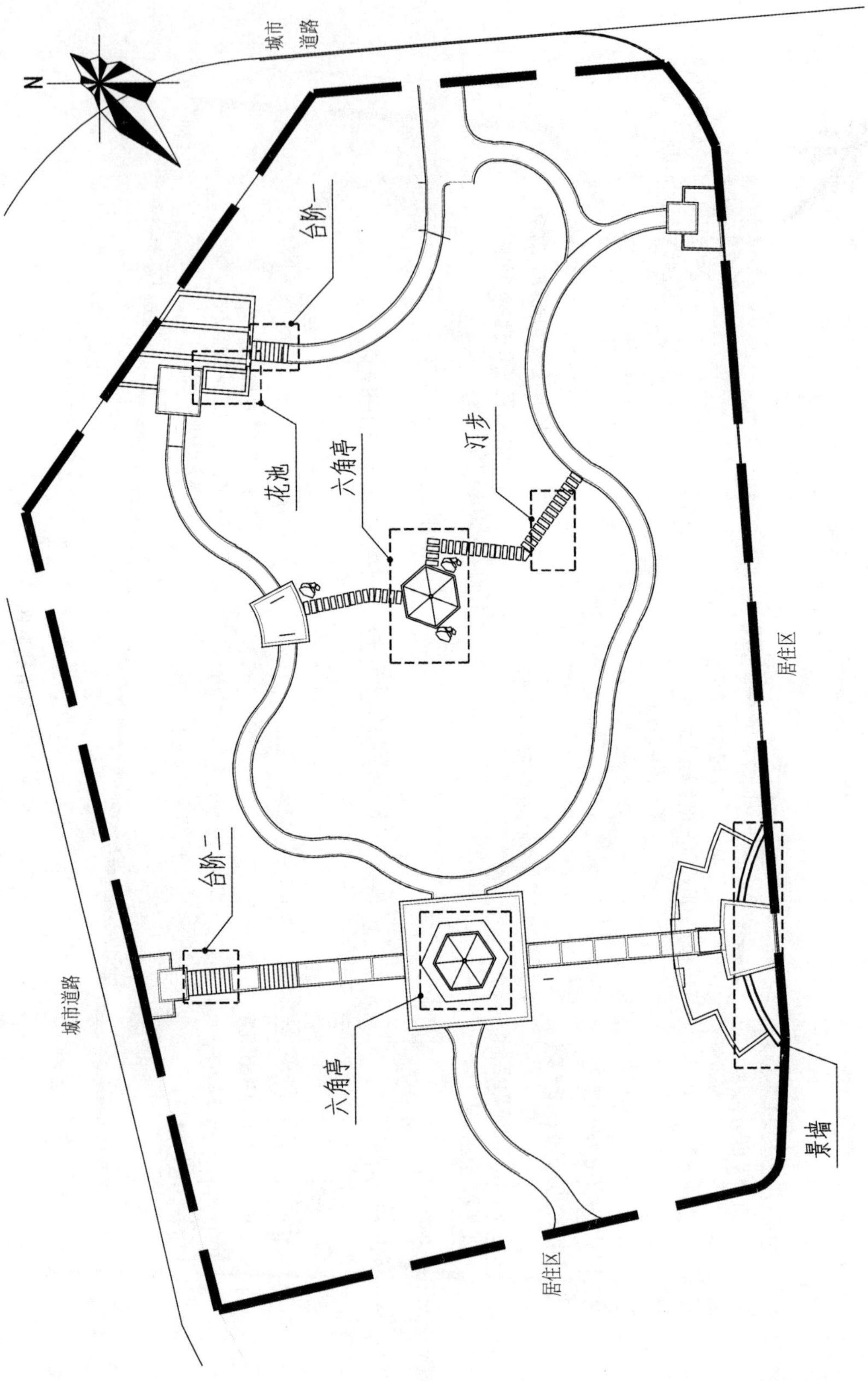

图 F1-5　索引图

表 F1-1 植物表

序号	编号/名称	规格	单位	数量	备注
1	大叶樟	胸径 ϕ8～10 cm，高 2.5～3 m，冠幅 2～2.5 m	株	24	树冠饱满
2	红花木莲	胸径 ϕ6～8 cm，高 3.5 m，冠幅 2～2.5 m	株	4	树冠饱满，树形统一
3	广玉兰	胸径 ϕ6～8 cm，高 3.0～3.5 m，冠幅 2.0～2.5 m	株	20	主干直，树冠饱满
4	肋果茶	胸径 ϕ4～6 cm，高 2.0～3.0 m，冠幅 2.0～2.5 m	株	44	树冠饱满，低分枝，树形优美
5	四季桂	胸径 ϕ4～6 cm，高 2.0～3.0 m，冠幅 2.0～2.5 m	株	16	树冠饱满
6	加拿利海枣	地径 ϕ50 cm，高 3.5～4 m，冠幅 2.5～3.0 m	株	23	高度为自然高
7	大树杨梅	胸径 ϕ8～10 cm，高 2.5～3.0 m，冠幅 3.0～3.5 m	株	20	分支点不小于 3 个，树形优美
8	杜英	胸径 ϕ8～10 cm，高 2.5～3.0 m，冠幅 2.0～2.5 m	株	31	主干直，树冠饱满
9	云南拟单性木兰	胸径 ϕ4～6 cm，高 2.0～2.5 m，冠幅 2.5～3.0 m	株	68	主干直，树冠饱满
10	香樟 A	胸径 ϕ8～10 cm，高 2.5～3.0 m，冠幅 2.0～2.5 m	株	16	主干直，带骨架多分枝
11	香樟 B	胸径 ϕ30～35 cm，高 5.0～6.0 m，冠幅 2.0～2.5 m	株	4	主干直，树冠饱满
12	枇杷	胸径 ϕ12～15 cm，高 2.5～3.0 m，冠幅 2.0～2.5 m	株	39	树冠饱满
13	球花石楠	胸径 ϕ8～10 cm，高 2～2.5 m，冠幅 2.0～2.5 m	株	6	树冠饱满
14	滇朴 b	胸径 ϕ20～23 cm，高 6.5～7 m，冠幅 5 m	株	9	树冠饱满，带骨架多分枝
15	银杏	胸径 ϕ6～8 cm，高 2.5～3 m，冠幅 2.0～2.5 m	株	12	主干直，树冠饱满
16	非洲茉莉球	苗高×冠幅（1.0～1.2）×1 m 以上	株	40	丛生状，分枝多，树冠饱满
17	八角金盘	苗高×冠幅（0.3～0.4）m×0.3 m	m^2	72.36	36 株/m^2
18	肾蕨	苗高×冠幅（0.2～0.3）m×0.3 m	m^2	89.76	36 株/m^2

续表

序号	编号/名称	规格	单位	数量	备注
19	金森女贞	苗高×冠幅（0.2～0.3）m×0.3 m	m^2	279.65	36 株/m^2
20	毛鹃	苗高×冠幅（0.25～0.35）m×0.15～0.2 m	m^2	73.56	36 株/m^2
21	南天竺	苗高×冠幅（0.2～0.3）m×0.25～0.3 m	m^2	53.45	36 株/m^2
22	假连翘	高×冠幅（0.2～0.25）m×0.15～0.2 m	m^2	121.38	36 株/m^2
23	鸭脚木	苗高×冠幅（0.25～0.35）m×0.2～0.25 m	m^2	115.66	36 株/m^2
24	红花继木	苗高×冠幅（0.2～0.3）m×0.2～0.3 m	m^2	311.22	36 株/m^2
25	迎春柳	苗高×冠幅（0.25～0.3）m×0.3～0.4 m	m^2	85.68	36 株/m^2
26	常春藤	藤长 20～30 cm	m^2	66.05	36 株/m^2
27	混播草坪		m^2	1 165.06	密植，以不见泥土为宜

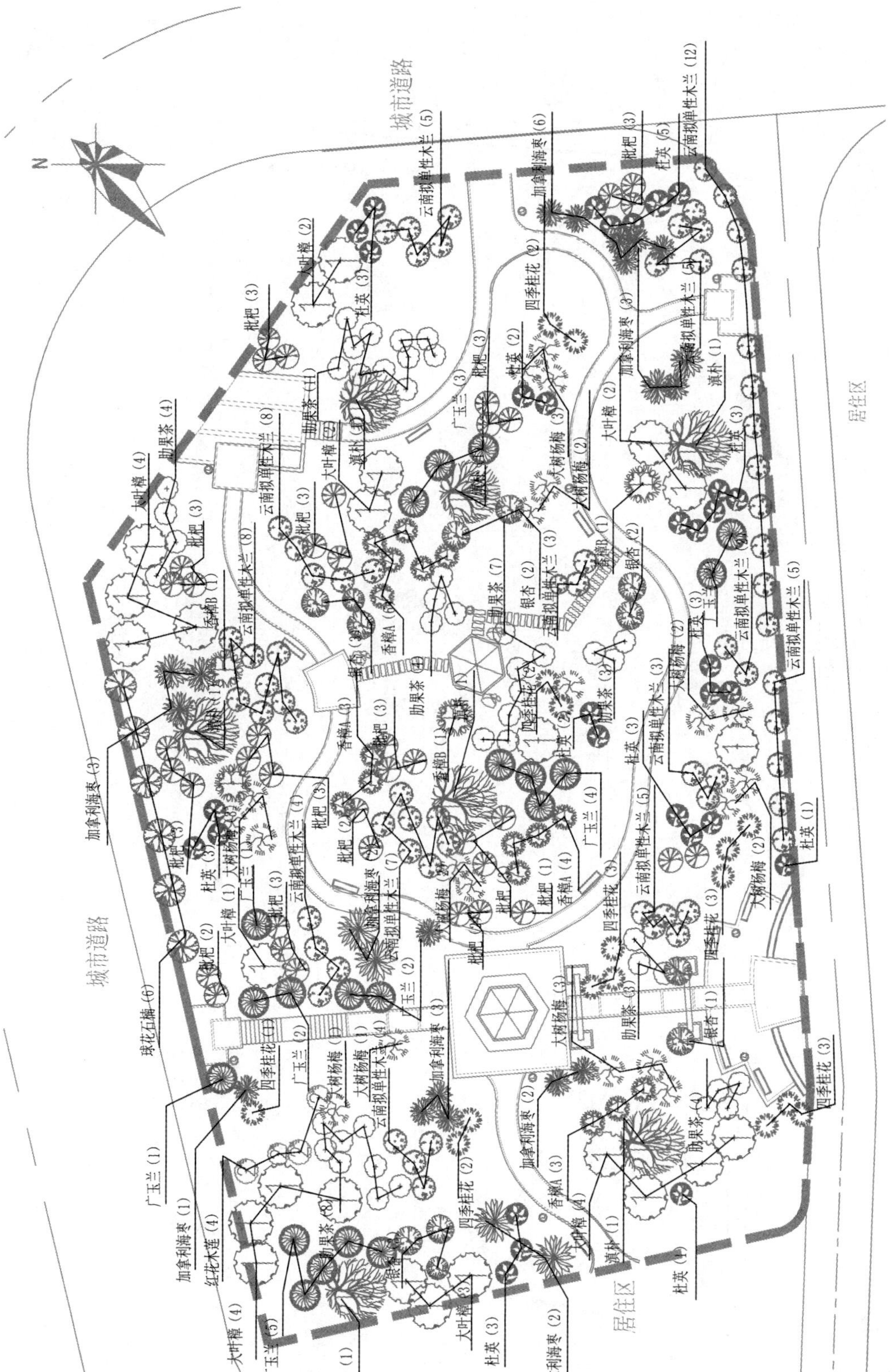

图 F1-6　乔木平面图

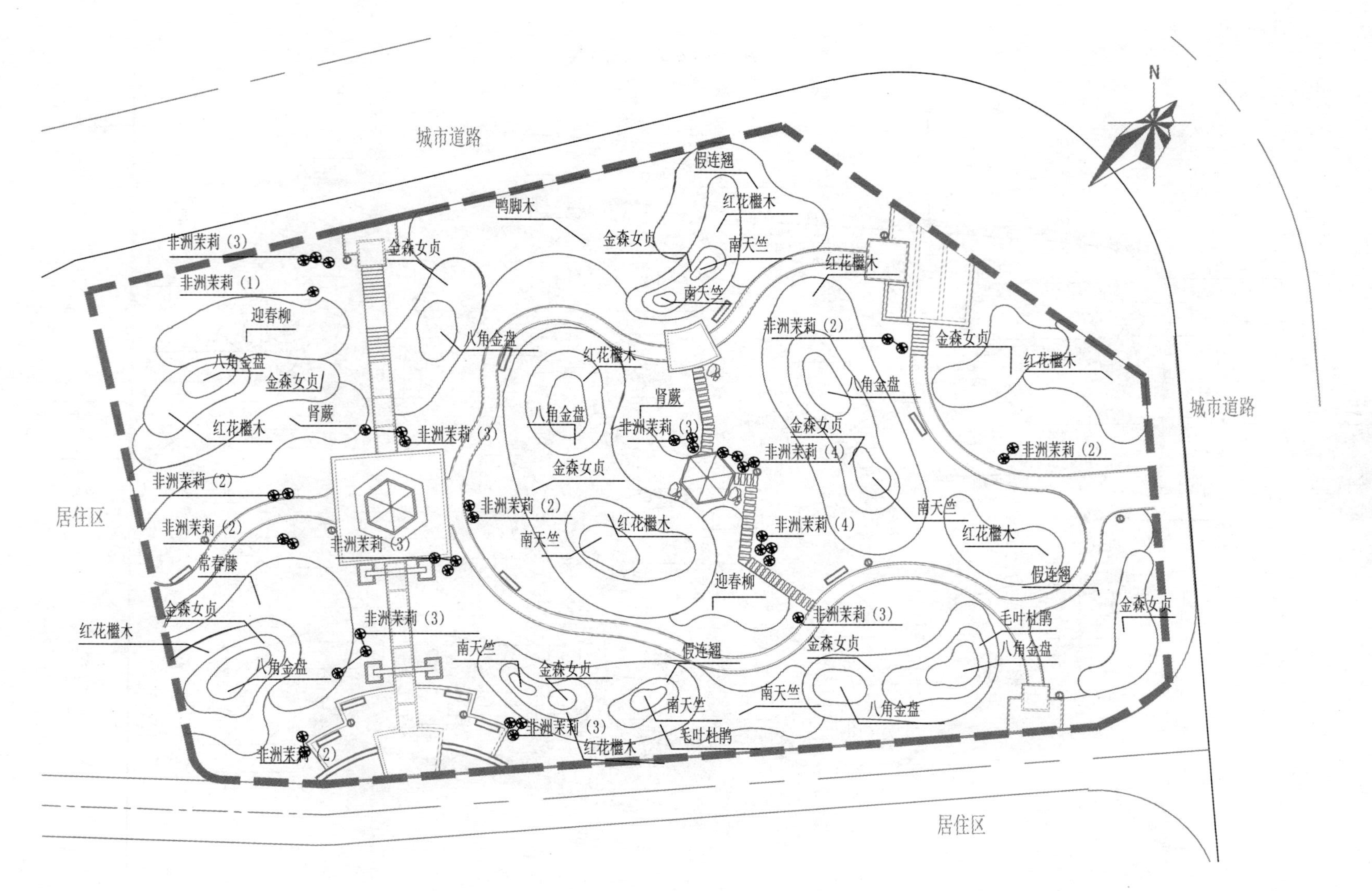
N
城市道路
城市道路
居住区
居住区
假连翘
红花檵木
鸭脚木
金森女贞
南天竺
非洲茉莉（3）
非洲茉莉（1）
迎春柳
八角金盘
肾蕨
非洲茉莉（2）
非洲茉莉（4）
常春藤
毛叶杜鹃

图 F1-7　灌木平面图

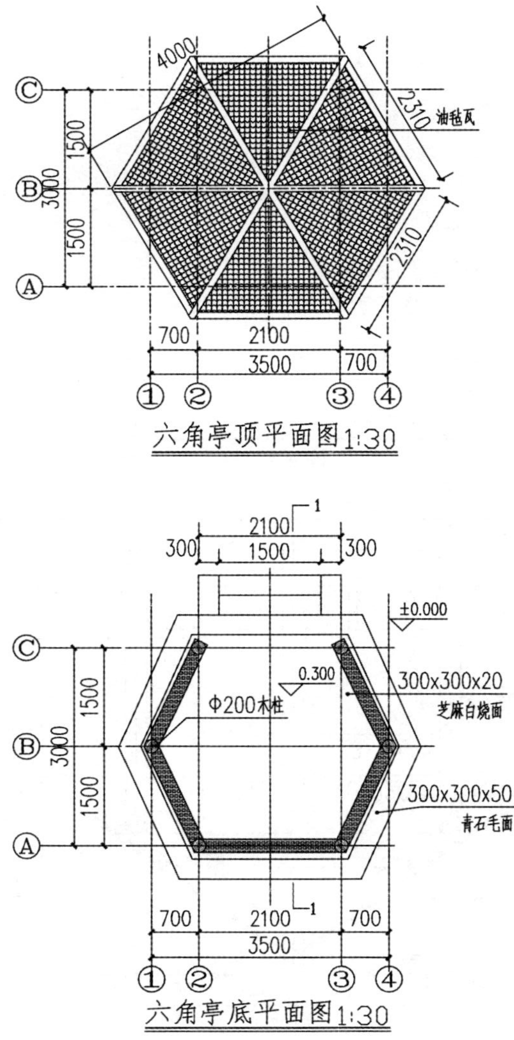
4000
2310
2310
油毡瓦
1500
3000
1500
700
2100
3500
700
六角亭顶平面图1:30
2100
300
1500
300
±0.000
0.300
Φ200木柱
300x300x20
芝麻白烧面
300x300x50
青石毛面
1500
3000
1500
700
2100
700
3500
六角亭底平面图1:30

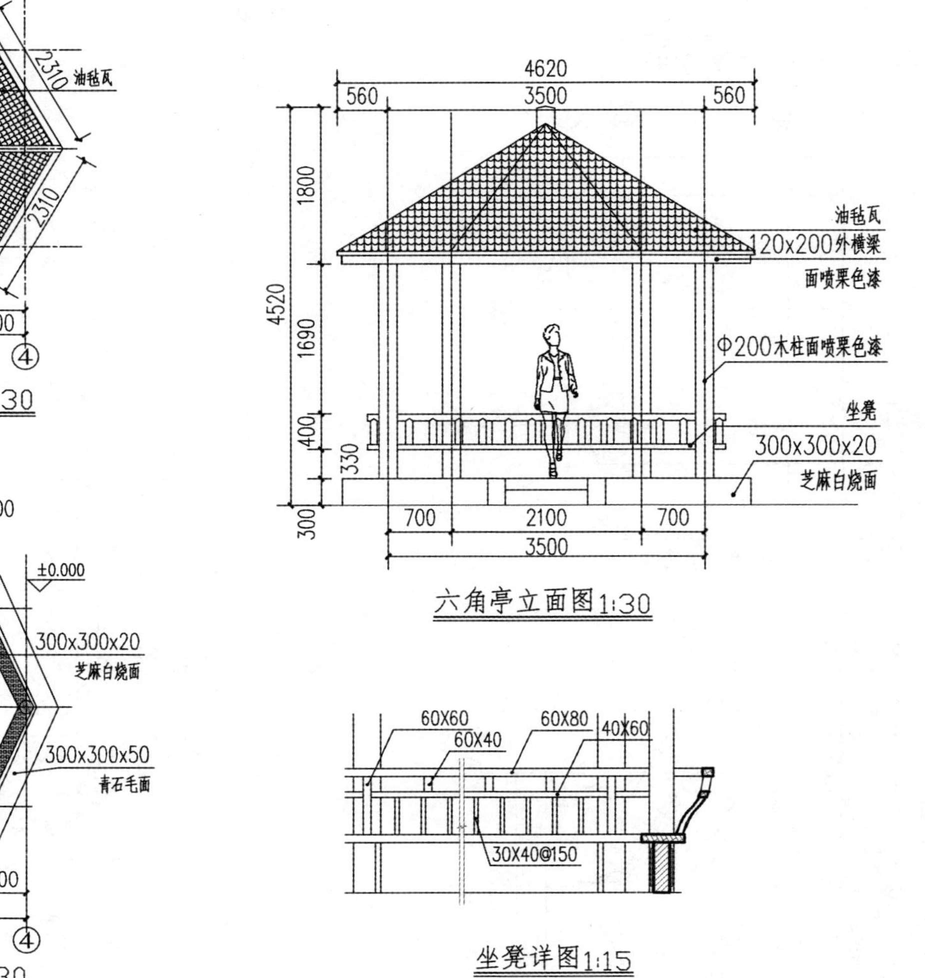
4620
560
3500
560
1800
4520
1690
400
330
300
油毡瓦
120x200外横梁
面喷栗色漆
Φ200木柱面喷栗色漆
坐凳
300x300x20
芝麻白烧面
700
2100
700
3500
六角亭立面图1:30
60X60
60X40
60X80
40X60
30X40@150
坐凳详图1:15

图 F1-8　六角亭详图一

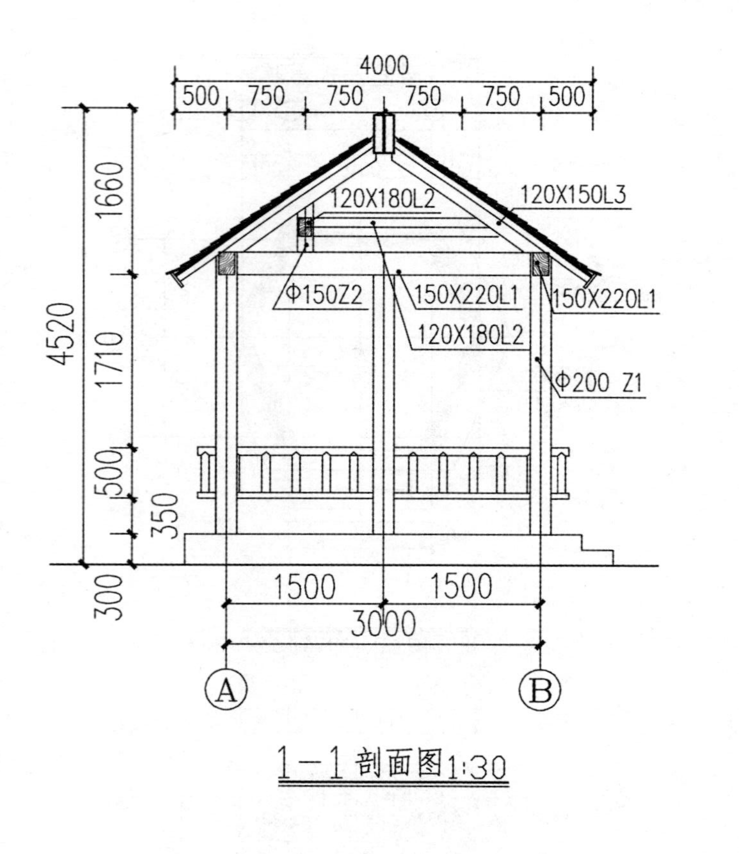

1—1 剖面图1:30

注：六角亭基本做法同四角亭。

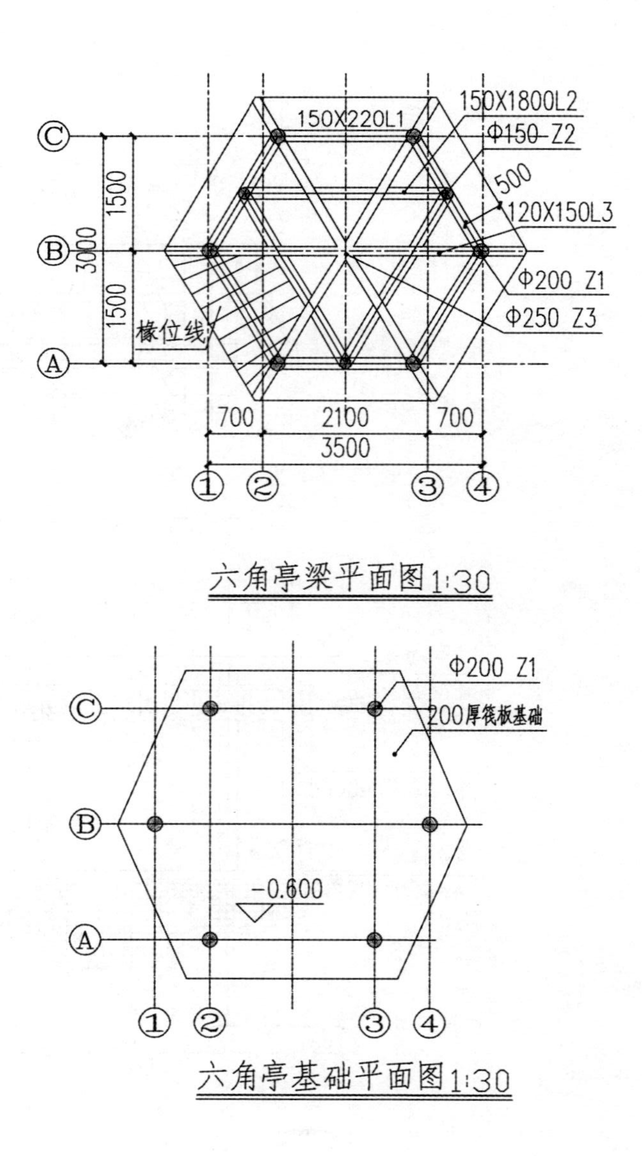

六角亭梁平面图1:30

六角亭基础平面图1:30

图 F1-9　六角亭详图二

①景墙顶平面图 1:60

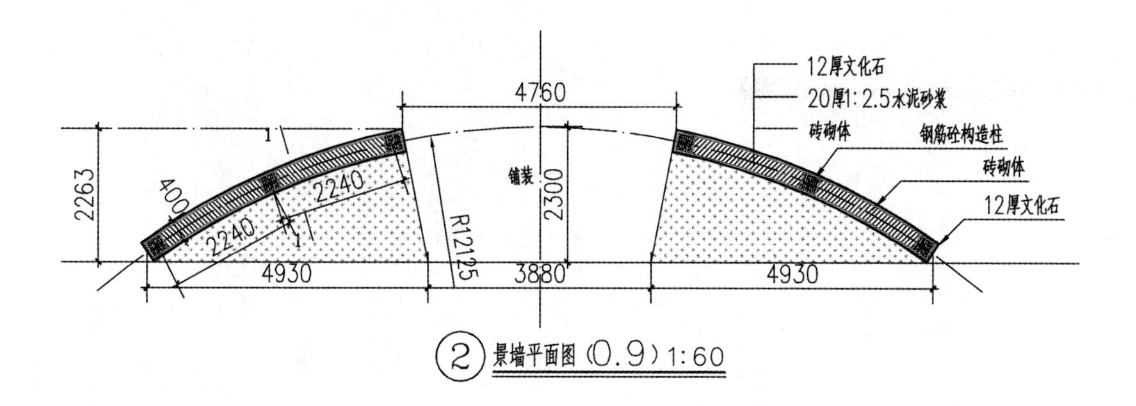

②景墙平面图（0.9）1:60

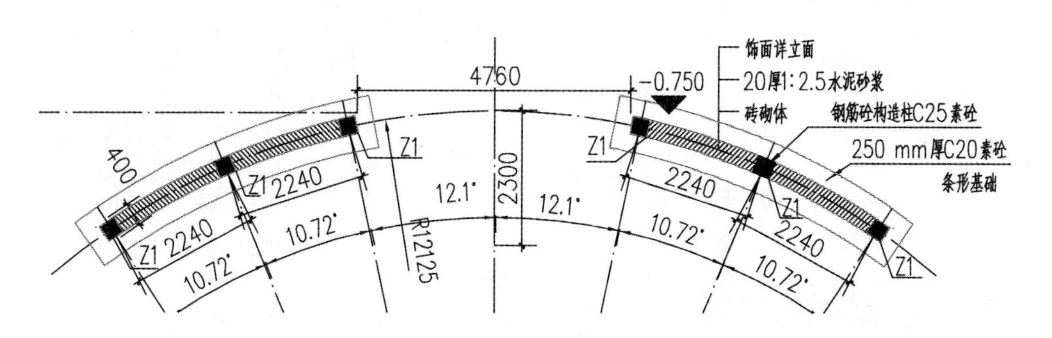

③景墙基础平面图 1:60

图 F1-10　景墙详图一

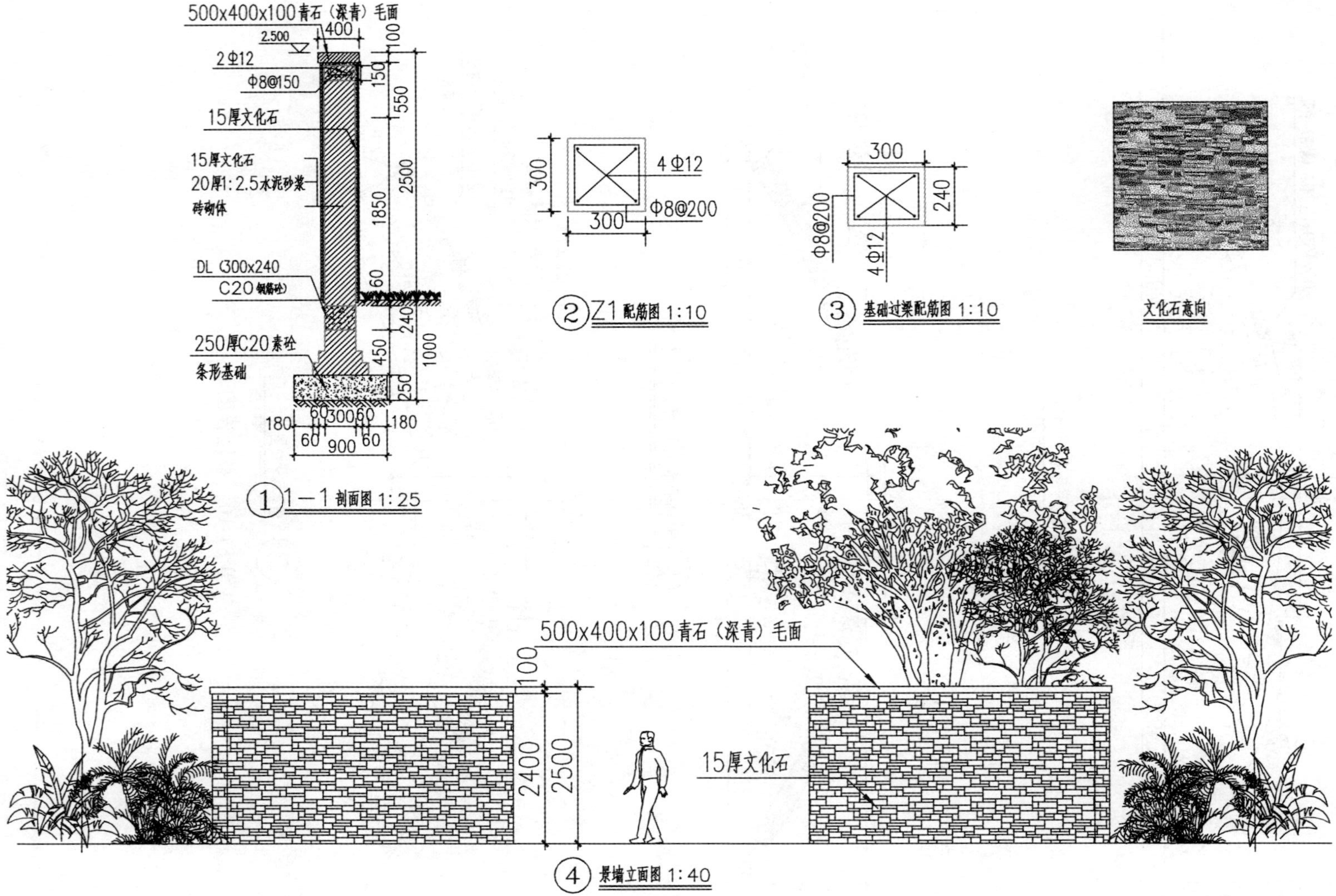

500x400x100青石（深青）毛面
2.500
400
100
2Φ12
Φ8@150
150
550
15厚文化石
15厚文化石
20厚1:2.5水泥砂浆
砖砌体
2500
1850
DL (300x240
C20 钢筋砼)
60
240
250厚C20素砼
条形基础
450
1000
250
180 60 300 60 180
60 900 60

①1—1 剖面图 1:25

300
4Φ12
Φ8@200
300

②Z1 配筋图 1:10

300
240
Φ8@200
4Φ12

③基础过梁配筋图 1:10

文化石意向

500x400x100青石（深青）毛面
100
2400
2500
15厚文化石

④景墙立面图 1:40

图 F1-11　景墙详图二

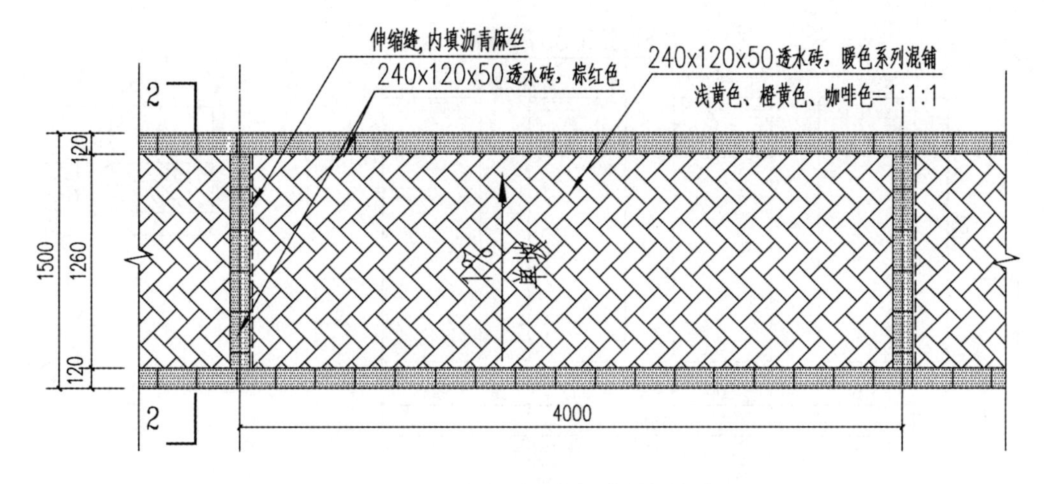

1.5 m园路标准段平面图 1:30

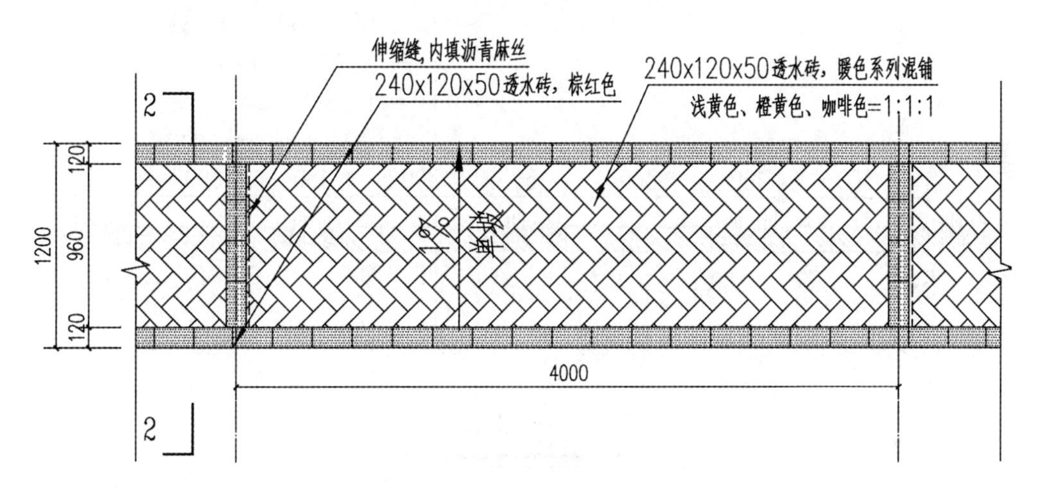

1.2 m园路标准段平面图 1:30

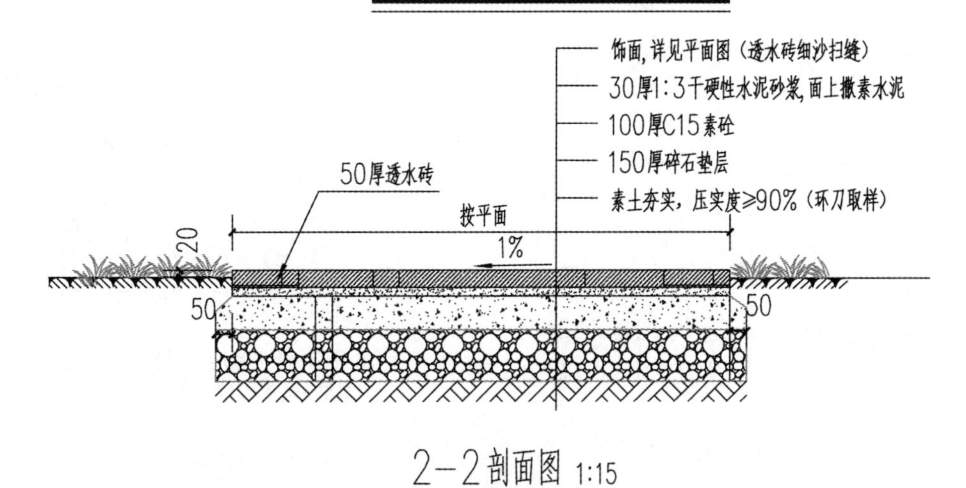

2—2剖面图 1:15

图 F1-12　园路大样图

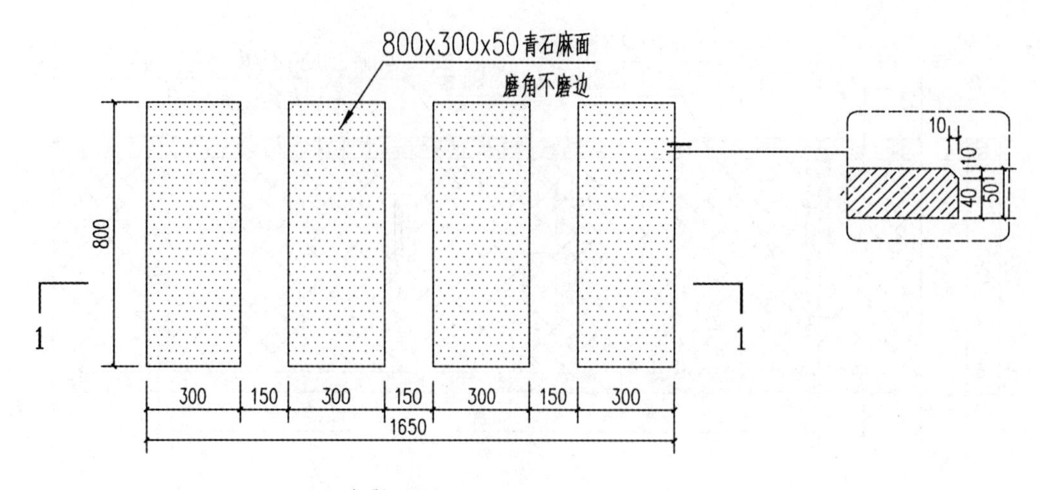

汀步做法详图 1:15

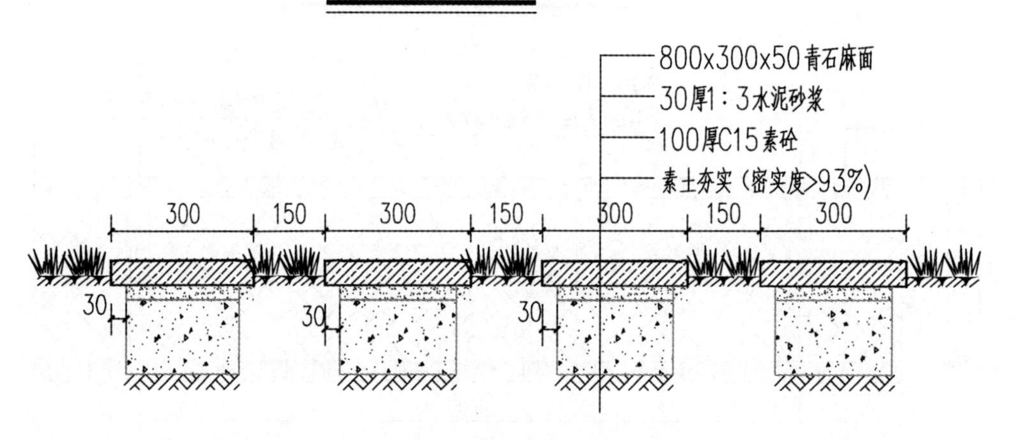

1—1剖面图 1:10

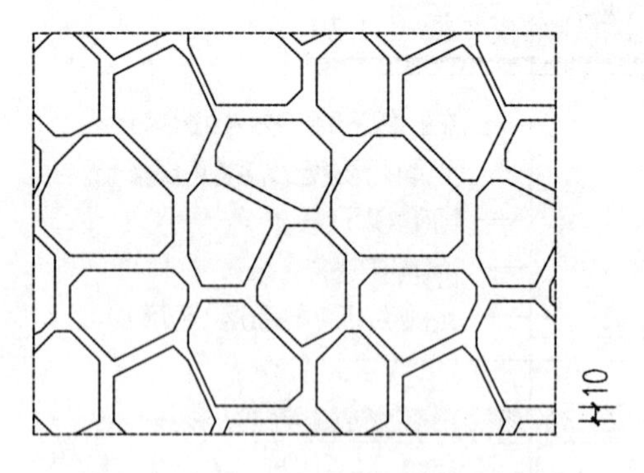

碎拼做法：Φ250-350x20厚黄木纹板岩碎拼，至少五个边（机切边，无直角边）均缝10，米黄色水泥勾缝。

碎拼做法详图 1:10

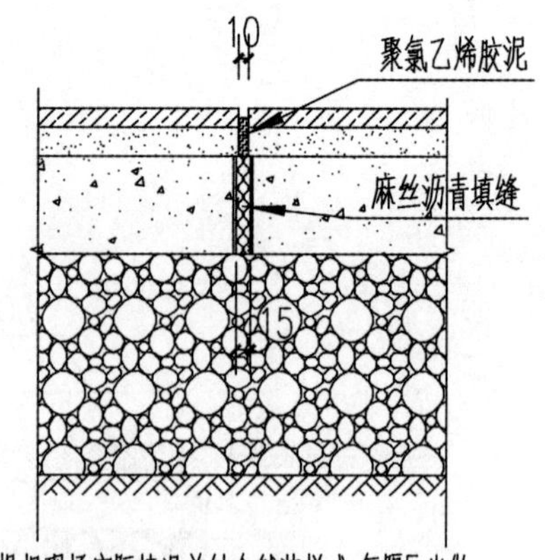

注：根据现场实际情况并结合铺装样式，每隔5米做一道伸缩缝，填缝料选用沥青。

伸缩缝做法详图 1:10

图 F1-13 汀步大样图

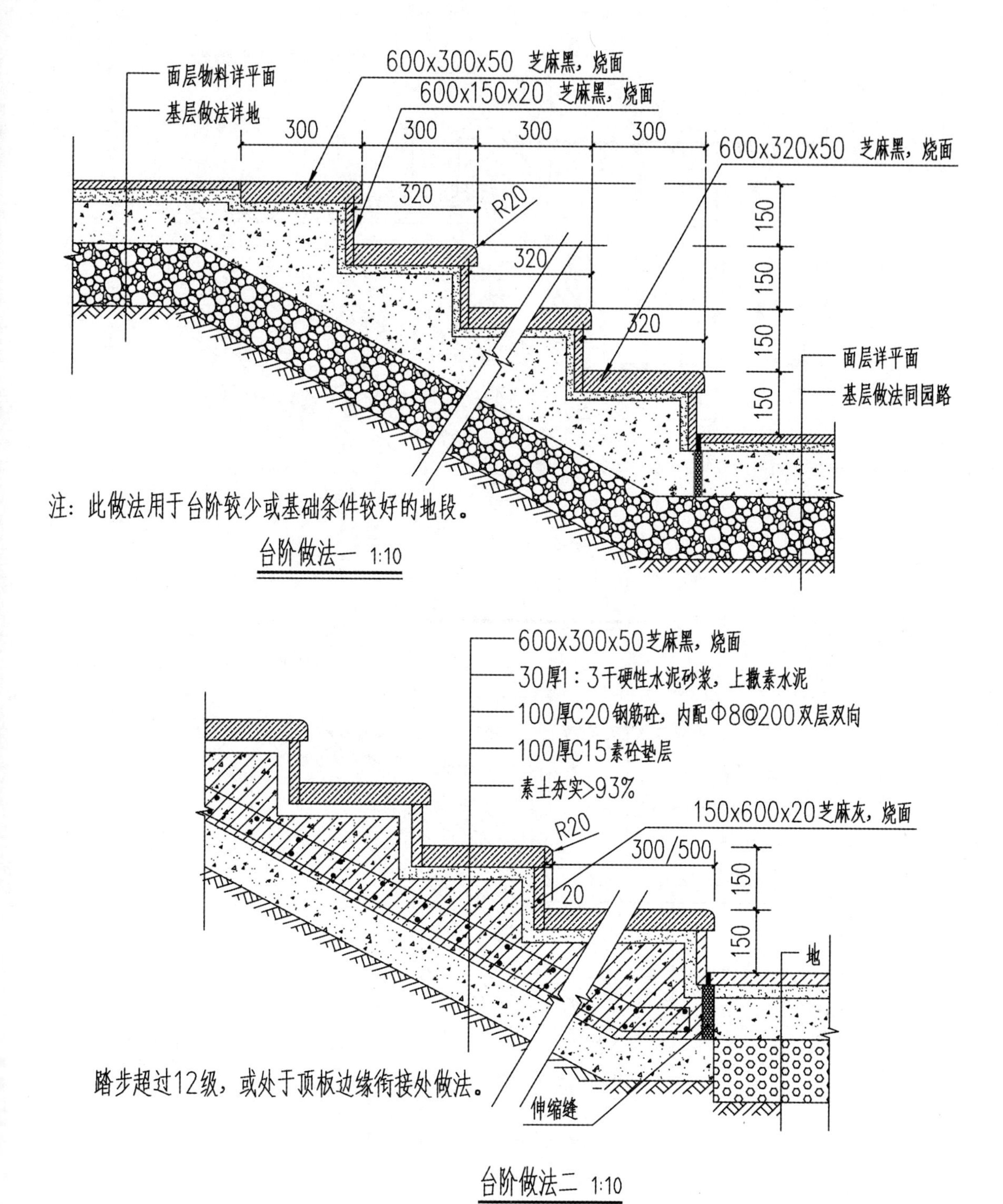
面层物料详平面
基层做法详地
600x300x50 芝麻黑，烧面
600x150x20 芝麻黑，烧面
300
300
300
300
600x320x50 芝麻黑，烧面
320
R20
320
320
150
150
150
150
面层详平面
基层做法同园路
注：此做法用于台阶较少或基础条件较好的地段。
台阶做法一 1:10
600x300x50芝麻黑，烧面
30厚1：3干硬性水泥砂浆，上撒素水泥
100厚C20钢筋砼，内配Φ8@200双层双向
100厚C15素砼垫层
素土夯实>93%
150x600x20芝麻灰，烧面
R20
300/500
20
150
150
地
踏步超过12级，或处于顶板边缘衔接处做法。
伸缩缝
台阶做法二 1:10

图 F1-14　台阶大样图

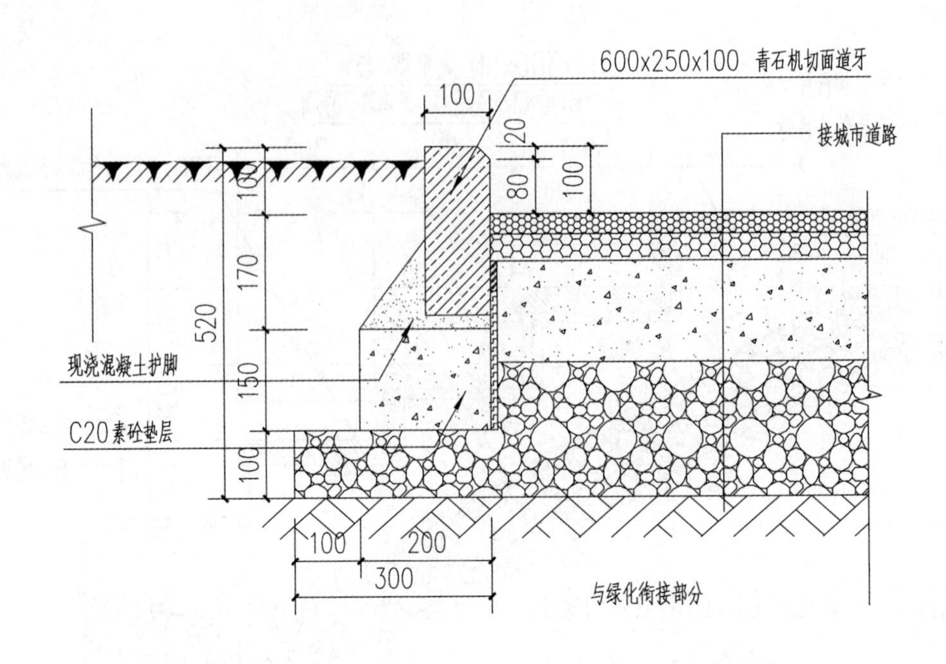

立道牙做法 1:10

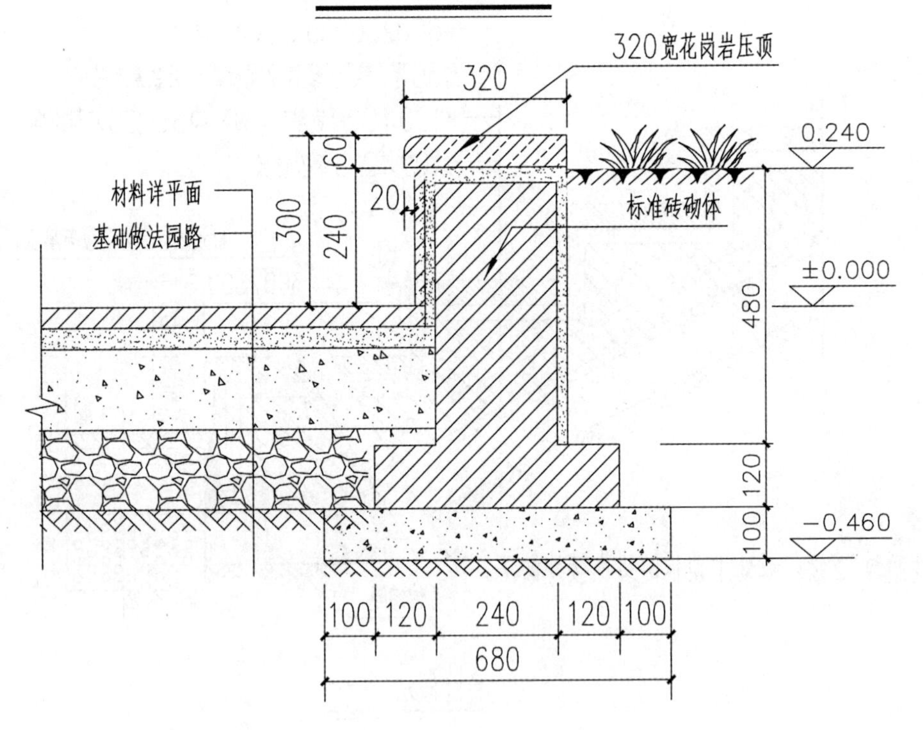

花池做法详图 1:15

图 F1-15　花池及道牙大样图

附录二　某居住区附属绿地园林绿化工程施工图图纸

设计说明

（1）基本概况：本工程为某市一居住区附属绿地景观设计部分图纸，其周边均为居住建筑。总绿地面积为 3 887.21 m^2。

（2）园建说明：木制四角亭，木材均采用山樟木，其木构件的连接均为榫接，榫接处利用高性能胶黏结。亭子与钢筋混凝土基础的连接，采用预制成品钢构件连接，构件需刷防锈氟碳漆两道。

（3）园路说明：本绿化工程有两类园路，一类是普通铺装园路，采用透水砖铺筑；一类是特色铺地，在两边主要的出入口处，利用花岗岩铺筑花样，其基础做法具体详见图纸中。

连续的地面混凝土垫层应设置纵横向缩缝，纵向缩缝采用平头缝，其间距 6 ~ 12 m，横向缩缝采用假缝，其间距为 3 ~ 6 m，缝 5 ~ 20 mm，深度宜为垫层厚度的 1/3，面层与垫层对齐；连续的路面垫层沿纵向宜设置伸缝，其间距采用 20 ~ 30 m，缝宽 20 ~ 30 mm，缝内填沥青类材料，沿缝两侧的混凝土边缘应局部加强。

（4）小品说明：小品有景墙与坐凳、垃圾桶、指示牌等。除去有详图的小品之外，其他的小品设施，如垃圾桶与指示牌等均采用成品安装。

（5）植物种植说明：本工程中植物种植土的要求为良好的红土，不含建筑垃圾，应施足肥，并注意组织排水至园路两边或者相应的排水沟内，避免积水造成植物的伤害。对于种植地的地形需按要求进行构筑，总体形态基本达到要求即可。植物选择健康无病虫害、枝叶茂盛、具有良好的树冠结构的苗木，全部采用带土球种植。乔木种植之后，胸径 5 cm 以上的必须要进行支撑，采用 1.2 m 长树棍四角支撑；所有乔木均需草绳绕树干进行保暖。所有的植物种植完成需养护一年，标准为二级养护。

（6）其他说明：金属部件的圆钢、方钢、钢管、型钢、钢板采用 Q235-A.F 钢，钢筋采用Ⅰ级钢；不锈钢材一律为 304 号不锈钢，钢和不锈钢之间的焊接采用不锈钢焊条。表面油漆工艺：金属表面除锈，清理，打磨；刷丙苯乳胶金属底漆两遍厚 25 ~ 35 μm；局部刮丙苯乳胶腻子，打磨，满刮丙苯乳胶腻子，打磨，刷第一遍醇酸磁漆；复补丙苯乳胶腻子，磨光，刷第二遍醇酸磁漆磨光；湿布擦净，刷第三遍醇酸磁漆。

木制构件需作防腐处理，采用 E-51 双酚 A 环氧树脂刷 2 次。木材配件金属必须做防锈处理，采用镀锌或不锈钢。木结构表面油漆工艺：木材表面清扫，除污，砂纸打磨；润粉，打磨，满刮腻子，打磨，刷油色，刷首遍醇酸清漆；拼色，复补腻子，磨光，刷第二遍醇酸清漆；磨光，刷第三遍酚醛清漆。

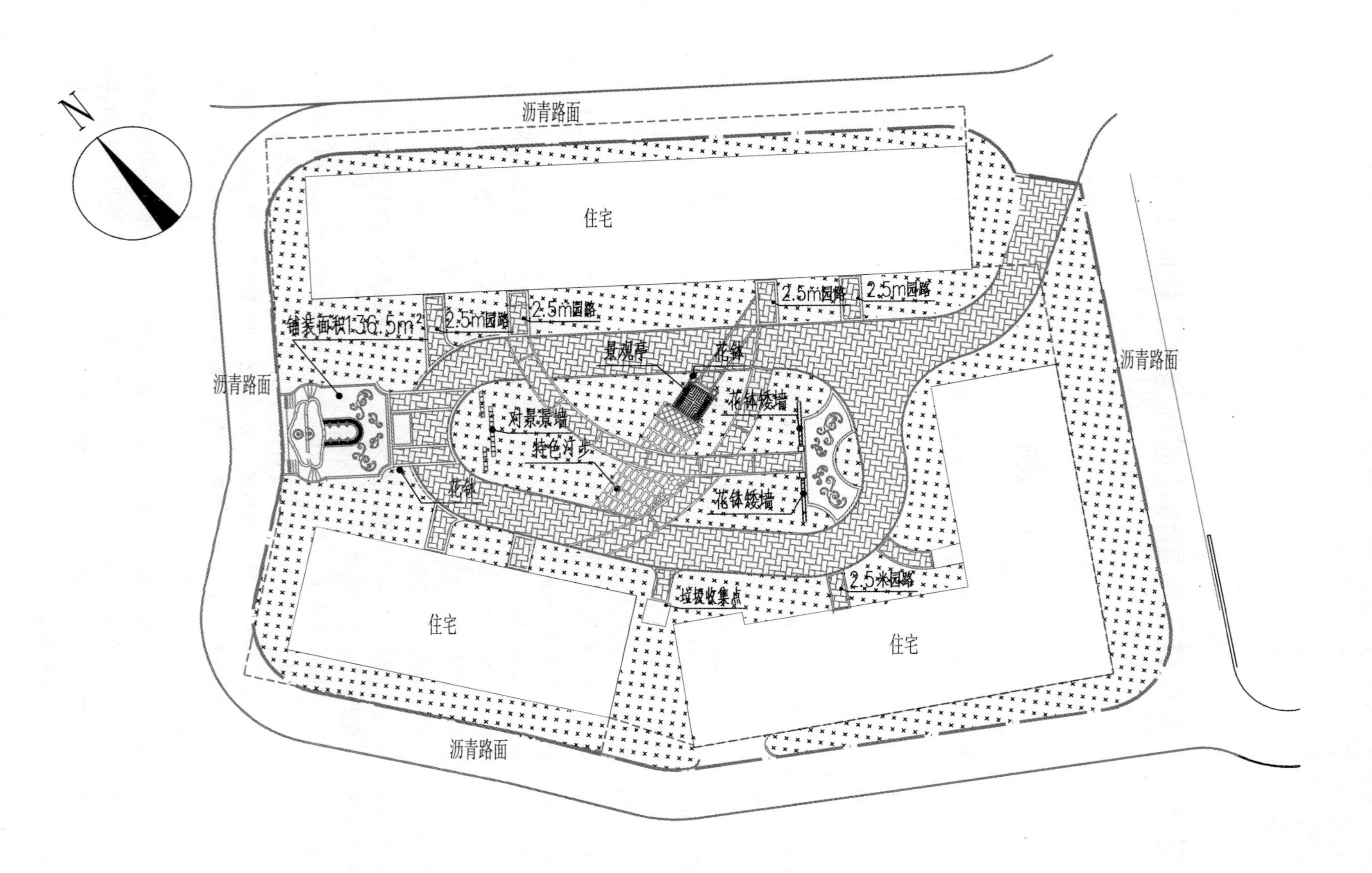
N
沥青路面
住宅
2.5m园路
2.5m园路
2.5m园路
2.5m园路
铺装面积136.5m²
景观亭
花钵
花钵矮墙
对景景墙
特色汀步
花钵
花钵矮墙
沥青路面
沥青路面
住宅
住宅
2.5米园路
垃圾收集点
沥青路面

图 F2-1　总平面图

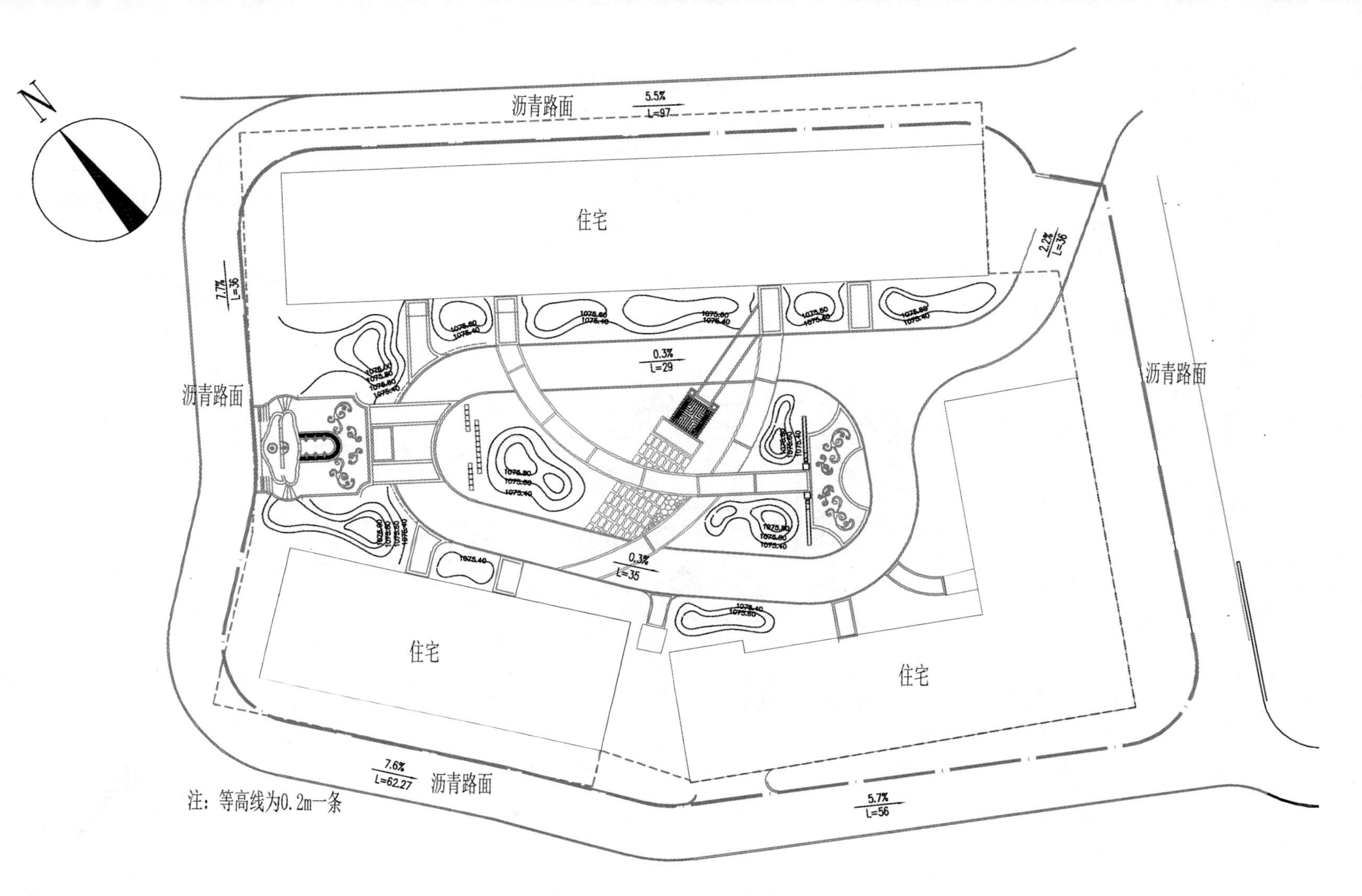

注：等高线为0.2m一条

图 F2-2 竖向图

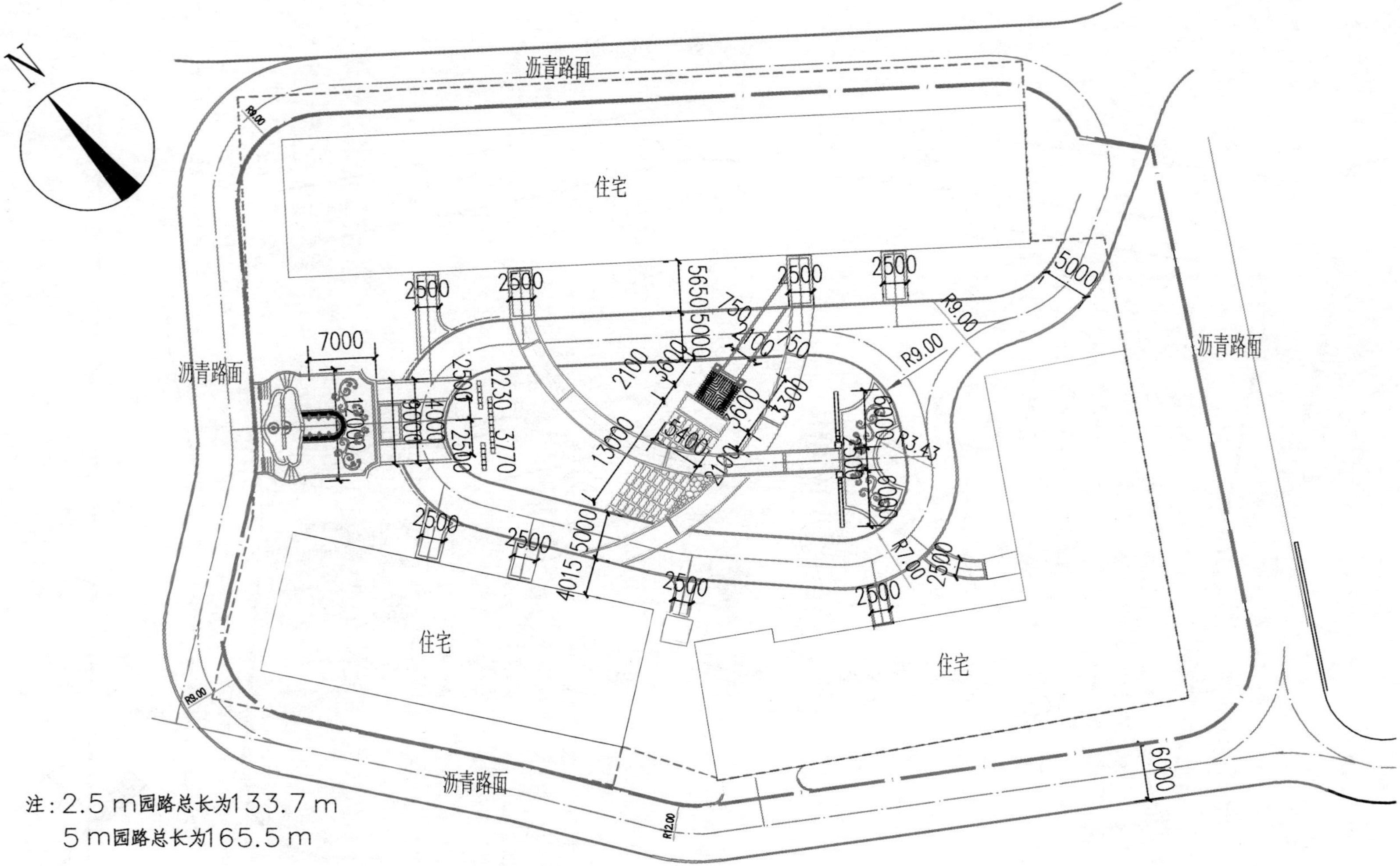

注：2.5 m园路总长为133.7 m
5 m园路总长为165.5 m

图 F2-3　定位尺寸图

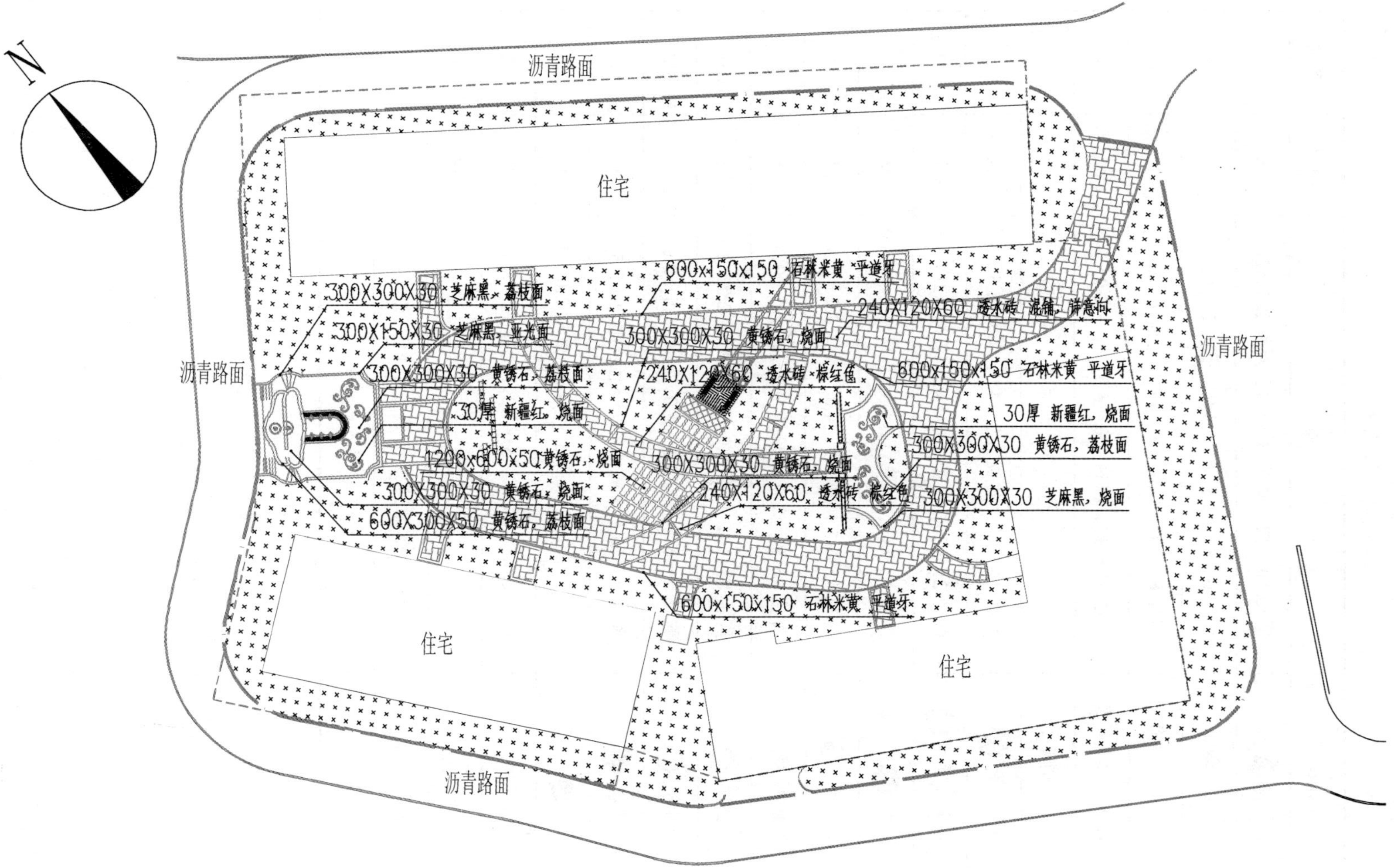

N
沥青路面
住宅
600x150x150 石林米黄 平道牙
300X300X30 芝麻黑，荔枝面
240X120X60 透水砖 混铺，详意向
300X150X30 芝麻黑，亚光面
300X300X30 黄锈石，烧面
沥青路面
沥青路面
300X300X30 黄锈石，荔枝面
240X120X60 透水砖 棕红色
600x150x150 石林米黄 平道牙
30厚 新疆红，烧面
30厚 新疆红，烧面
300X300X30 黄锈石，荔枝面
1200x600x50 黄锈石，烧面
300X300X30 黄锈石，烧面
300X300X30 黄锈石，烧面
240X120X60 透水砖 棕红色
300X300X30 芝麻黑，烧面
600X300X50 黄锈石，荔枝面
600x150x150 石林米黄 平道牙
住宅
住宅
沥青路面

图 F2-4　铺装总图

表 F2-1　乔木表

序号	名称/图例	规格	单位	数量
1	小叶榕	胸径 10～12，株高 3.5～4，冠幅 2.0～2.5	株	8
2	假槟榔	胸径 6～8，株高 2.5～3.0，冠幅 2～2.5	株	5
3	小叶榄仁	胸径 8～10，株高 3.5～4.0，冠幅 2～2.5	株	11
4	拟单性木兰	胸径 10～12，株高 3.0～3.5，冠幅 2.0～2.5	株	16
5	球花石楠	胸径 8～10，株高 3.0～3.5，冠幅 2.0～2.5	株	12
6	大树杨梅	胸径 15～17，株高 3.5～4.0，冠幅 2.5～3	株	2
7	头状四照花	胸径 25～30，株高 4.0～4.5，冠幅 3.0～3.5	株	12
8	枇杷	胸径 12～15，株高 3.0～3.5，冠幅 2.5～3.0	株	7
9	山玉兰	胸径 6～8，株高 3.5～4.0，冠幅 2.0～2.5	株	3
10	冬樱花	胸径 6～8，株高 3.0～3.5，冠幅 2.5～3.0	株	12
11	灯台树	胸径 8～10，株高 5.0～5.5，冠幅 2.0～2.5	株	61
12	紫叶李	胸径 5～6，株高 2.5～3.0，冠幅 1.5～2.0	株	22
13	蓝花楹	胸径 8～10，株高 5.0～5.5，冠幅 2～2.5	株	6
14	李树	胸径 12～15，株高 3.5～4.0，冠幅 2.0～2.5	株	2
15	垂丝海棠	胸径 6～8，株高 2.5～3.0，冠幅 1.5～2.0	株	22
16	小桂花	胸径 2～3，株高 1.5～2.0，冠幅 1.0～1.5	株	5
17	羊蹄甲	胸径 2～3，株高 2.0～2.5，冠幅 2.0～2.5	株	20
18	朱蕉	株高 3.0～3.5，冠幅 2.5～3.0	株	2

表 F2-2　灌木地被表

序号	名称/图例	规格	单位	数量	备注
1	黄金榕球	株高 1～1.2，冠幅 1	株	4	
2	黄金连翘球	株高 1～1.2，冠幅 1.2	株	10	
3	塔状黄金榕树	株高 1～1.2，冠幅 1	株	2	
4	尖叶木犀榄	株高 1～1.2，冠幅 1.2	株	2	
5	红叶石楠球	株高 1～1.2，冠幅 1	株	6	
6	红花檵木球	株高 1～1.2，冠幅 1.2	株	2	
7	叶子花球	株高 1～1.2，冠幅 1.2	株	4	
8	黄杨球	株高 1～1.2，冠幅 1.2	株	6	
9	八角金盘	株高 0.2～0.25，冠幅 0.2	m^2	158.2	36 株/m^2
10	皇冠菊	株高 0.2～0.25，冠幅 0.15	m^2	465.3	36 株/m^2
11	毛叶杜鹃	株高 0.2～0.25，冠幅 0.25	m^2	138.5	36 株/m^2
12	金边黄杨	株高 0.2～0.25，冠幅 0.15	m^2	133.7	36 株/m^2
13	黄连翘	株高 0.3～0.35，冠幅 0.25	m^2	205.4	36 株/m^2
14	比利时杜鹃	株高 0.2～0.25，冠幅 0.2	m^2	150	36 株/m^2
15	天竺葵	株高 0.2～0.25，冠幅 0.15	m^2	149.8	36 株/m^2
16	麦冬	株高 0.15～0.20，冠幅 0.15	m^2	150.7	36 株/m^2
17	红花继木	株高 0.3～0.35，冠幅 0.25	m^2	97.3	36 株/m^2
18	红叶石楠	株高 0.3～0.35，冠幅 0.25	m^2	221.1	36 株/m^2
19	美女樱	株高 0.3～0.35，冠幅 0.2	m^2	104	36 株/m^2
20	草坪（混播）		m^2	561.2	

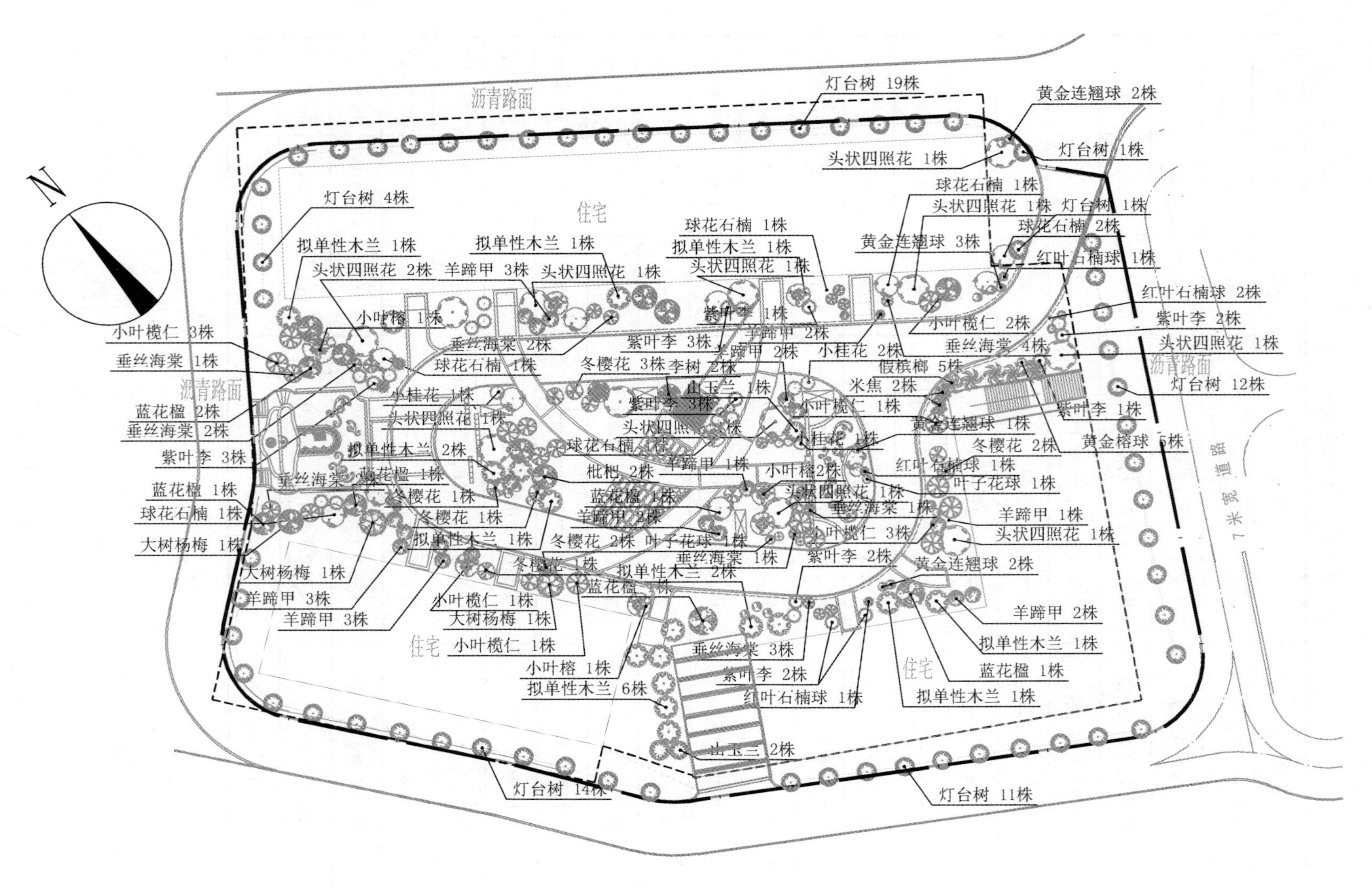
沥青路面
灯台树 19株
黄金连翘球 2株
灯台树 1株
头状四照花 1株
灯台树 4株
住宅
球花石楠 1株
头状四照花 1株
灯台树 1株
球花石楠 2株
黄金连翘球 3株
红叶石楠球 1株
红叶石楠球 2株
紫叶李 2株
头状四照花 1株
拟单性木兰 1株
头状四照花 2株
羊蹄甲 3株
小叶榕 1株
小叶橄仁 3株
垂丝海棠 1株
垂丝海棠 2株
球花石楠 1株
小叶橄仁 2株
垂丝海棠 4株
假槟榔 5株
米焦 2株
灯台树 12株
紫叶李 1株
黄金连翘球 1株
黄金榕球 5株
冬樱花 2株
蓝花楹 2株
垂丝海棠 2株
紫叶李 3株
蓝花楹 1株
球花石楠 1株
大树杨梅 1株
大树杨梅 1株
羊蹄甲 3株
羊蹄甲 3株
拟单性木兰 2株
冬樱花 1株
冬樱花 1株
拟单性木兰 1株
枇杷 2株
冬樱花 2株
叶子花球 1株
红叶石楠球 1株
叶子花球 1株
羊蹄甲 1株
头状四照花 1株
小叶橄仁 3株
垂丝海棠 1株
紫叶李 2株
黄金连翘球 2株
小叶橄仁 1株
大树杨梅 1株
小叶橄仁 1株
小叶榕 1株
拟单性木兰 6株
垂丝海棠 3株
紫叶李 2株
红叶石楠球 1株
羊蹄甲 2株
拟单性木兰 1株
蓝花楹 1株
拟单性木兰 1株
山玉兰 2株
灯台树 14株
灯台树 11株
7米宽道路
N

图 F2-5　乔木种植图

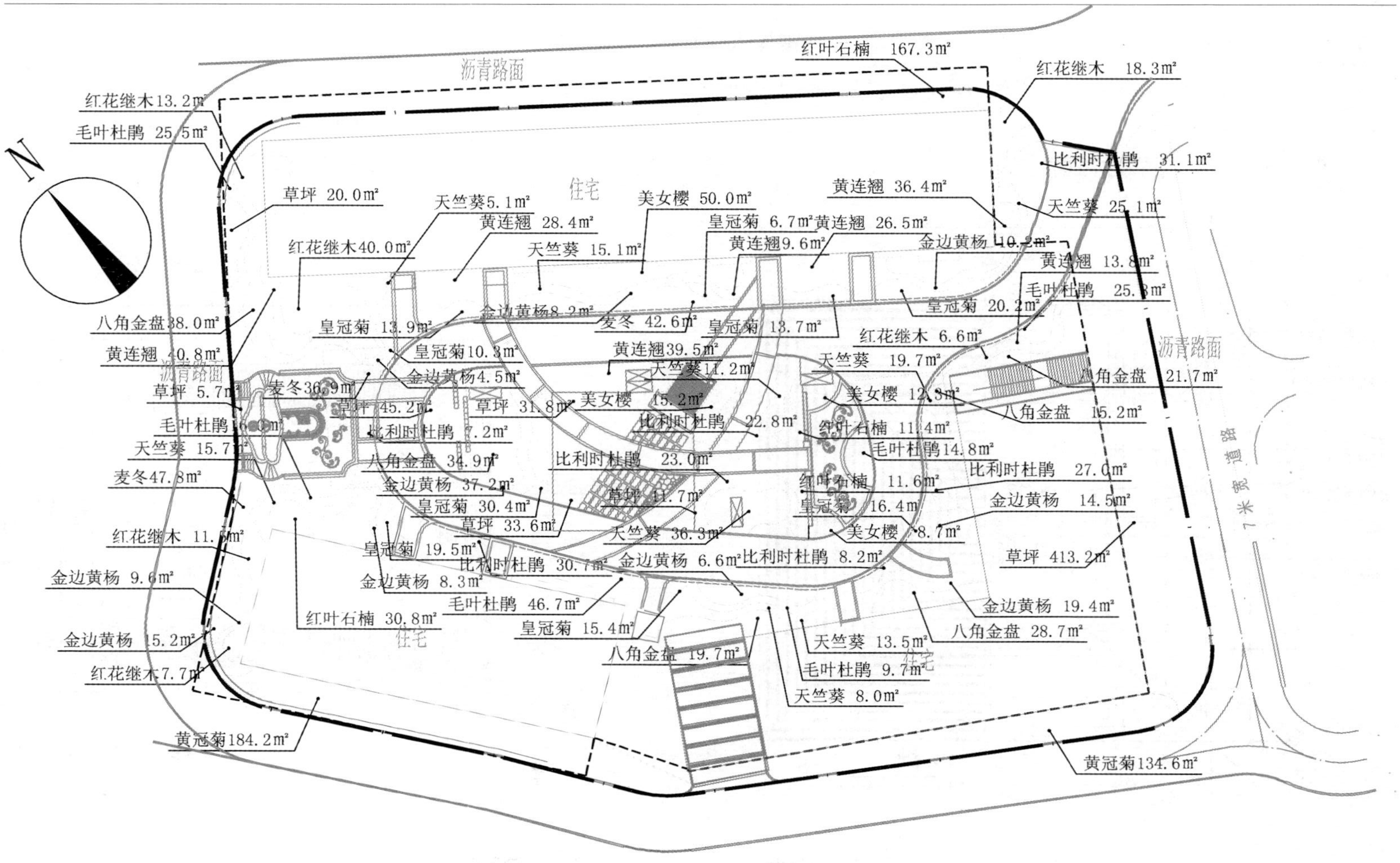

N
沥青路面
红叶石楠 167.3㎡
红花继木 18.3㎡
红花继木13.2㎡
毛叶杜鹃 25.5㎡
住宅
比利时杜鹃 31.1㎡
草坪 20.0㎡
美女樱 50.0㎡
黄连翘 36.4㎡
天竺葵5.1㎡
黄连翘 28.4㎡
皇冠菊 6.7㎡
黄连翘 26.5㎡
天竺葵 25.1㎡
红花继木40.0㎡
天竺葵 15.1㎡
黄连翘9.6㎡
金边黄杨 10.2㎡
黄连翘 13.8㎡
毛叶杜鹃 25.8㎡
皇冠菊 20.2㎡
金边黄杨8.2㎡
八角金盘38.0㎡
麦冬 42.6㎡
皇冠菊 13.9㎡
皇冠菊 13.7㎡
红花继木 6.6㎡
沥青路面
黄连翘 40.8㎡
皇冠菊10.3㎡
黄连翘39.5㎡
天竺葵 19.7㎡
天竺葵11.2㎡
金边黄杨4.5㎡
八角金盘 21.7㎡
草坪 5.7㎡
麦冬36.9㎡
美女樱 12.8㎡
草坪 45.2㎡
草坪 31.8㎡
美女樱 15.2㎡
八角金盘 15.2㎡
比利时杜鹃 22.8㎡
红叶石楠 11.4㎡
比利时杜鹃 7.2㎡
天竺葵 15.7㎡
毛叶杜鹃14.8㎡
八角金盘 34.9㎡
比利时杜鹃 23.0㎡
比利时杜鹃 27.0㎡
麦冬47.8㎡
红叶石楠 11.6㎡
金边黄杨 37.2㎡
草坪 11.7㎡
7米宽道路
金边黄杨 14.5㎡
皇冠菊 30.4㎡
皇冠菊 16.4㎡
草坪 33.6㎡
红花继木 11.5㎡
天竺葵 36.3㎡
美女樱 8.7㎡
皇冠菊 19.5㎡
草坪 413.2㎡
比利时杜鹃 30.7㎡
金边黄杨 6.6㎡
比利时杜鹃 8.2㎡
金边黄杨 9.6㎡
金边黄杨 8.3㎡
毛叶杜鹃 46.7㎡
金边黄杨 19.4㎡
红叶石楠 30.8㎡
八角金盘 28.7㎡
金边黄杨 15.2㎡
皇冠菊 15.4㎡
天竺葵 13.5㎡
住宅
八角金盘 19.7㎡
红花继木7.7㎡
毛叶杜鹃 9.7㎡
天竺葵 8.0㎡
黄冠菊184.2㎡
黄冠菊134.6㎡

图 F2-6 灌木种植图

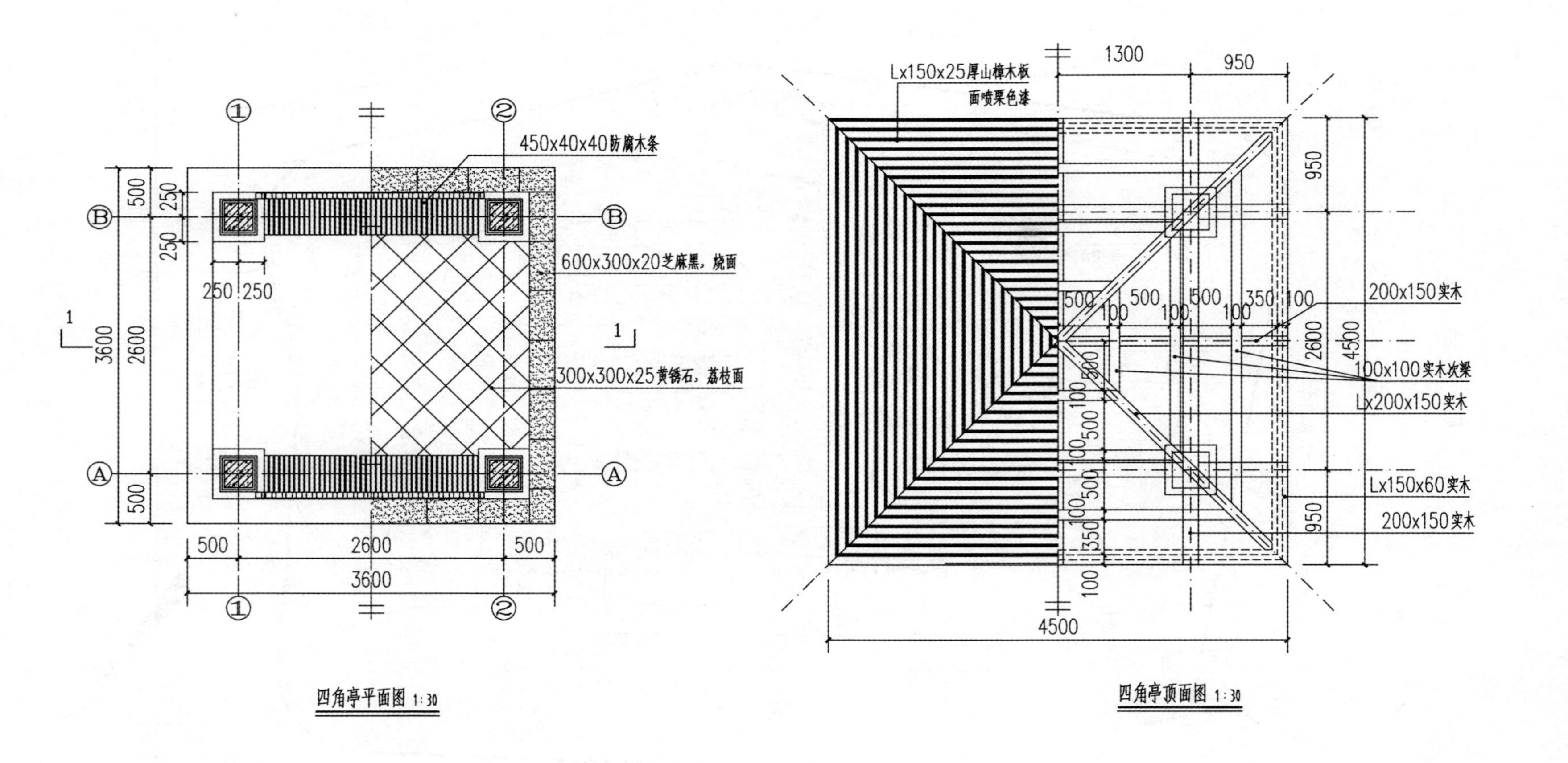
450x40x40防腐木条
600x300x20芝麻黑，烧面
300x300x25黄锈石，荔枝面
四角亭平面图 1:30
Lx150x25厚山樟木板
面喷栗色漆
200x150实木
100x100实木次梁
Lx200x150实木
Lx150x60实木
200x150实木
四角亭顶面图 1:30

图 F2-7　景观亭平面图

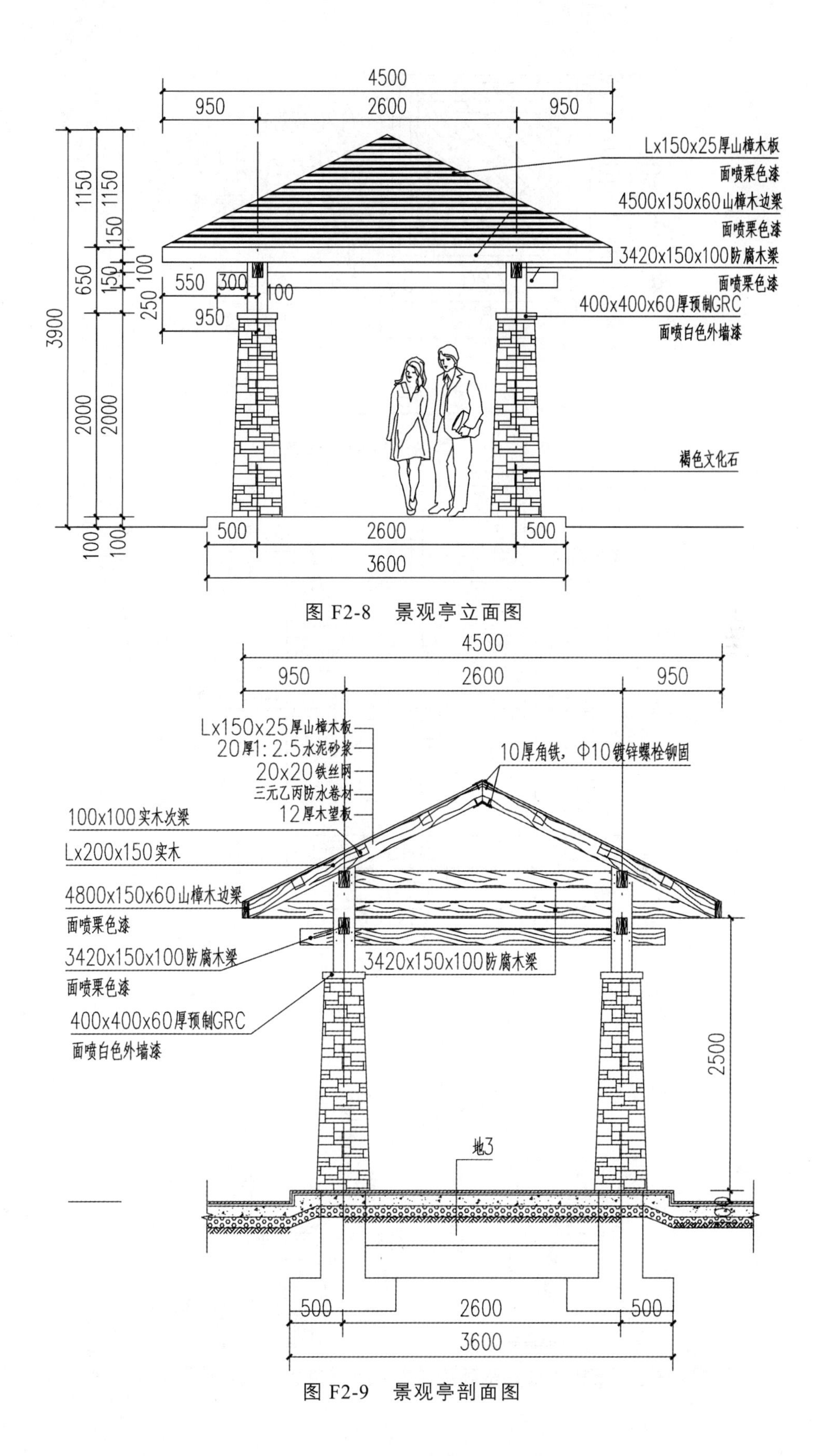

图 F2-8　景观亭立面图

图 F2-9　景观亭剖面图

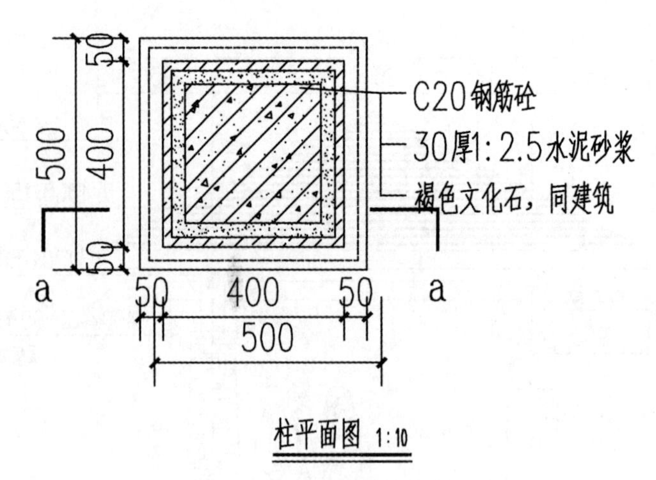

图 F2-10　景观亭柱子平面图

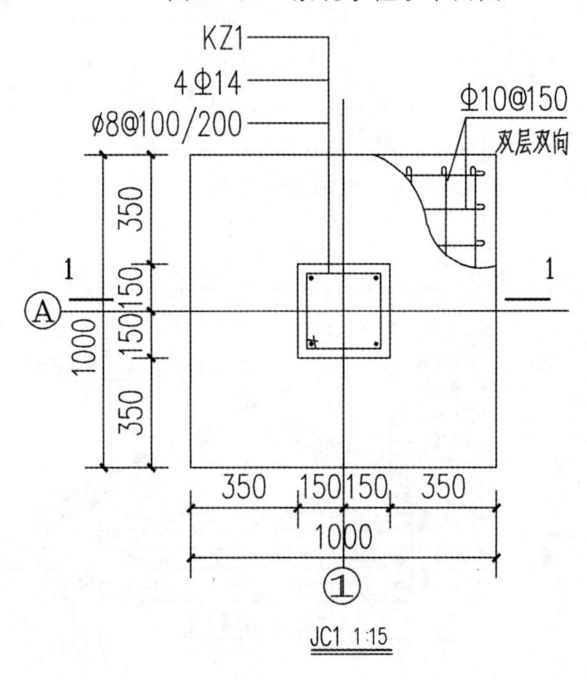

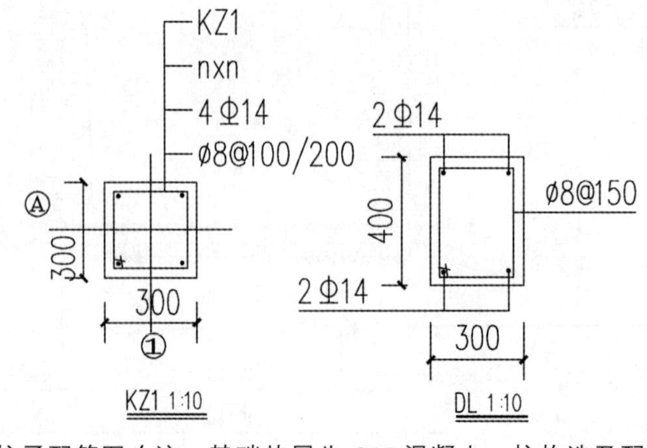

图 F2-11　景观亭柱子配筋图（注：基础垫层为 C15 混凝土，柱构造及配筋详见 03G101）

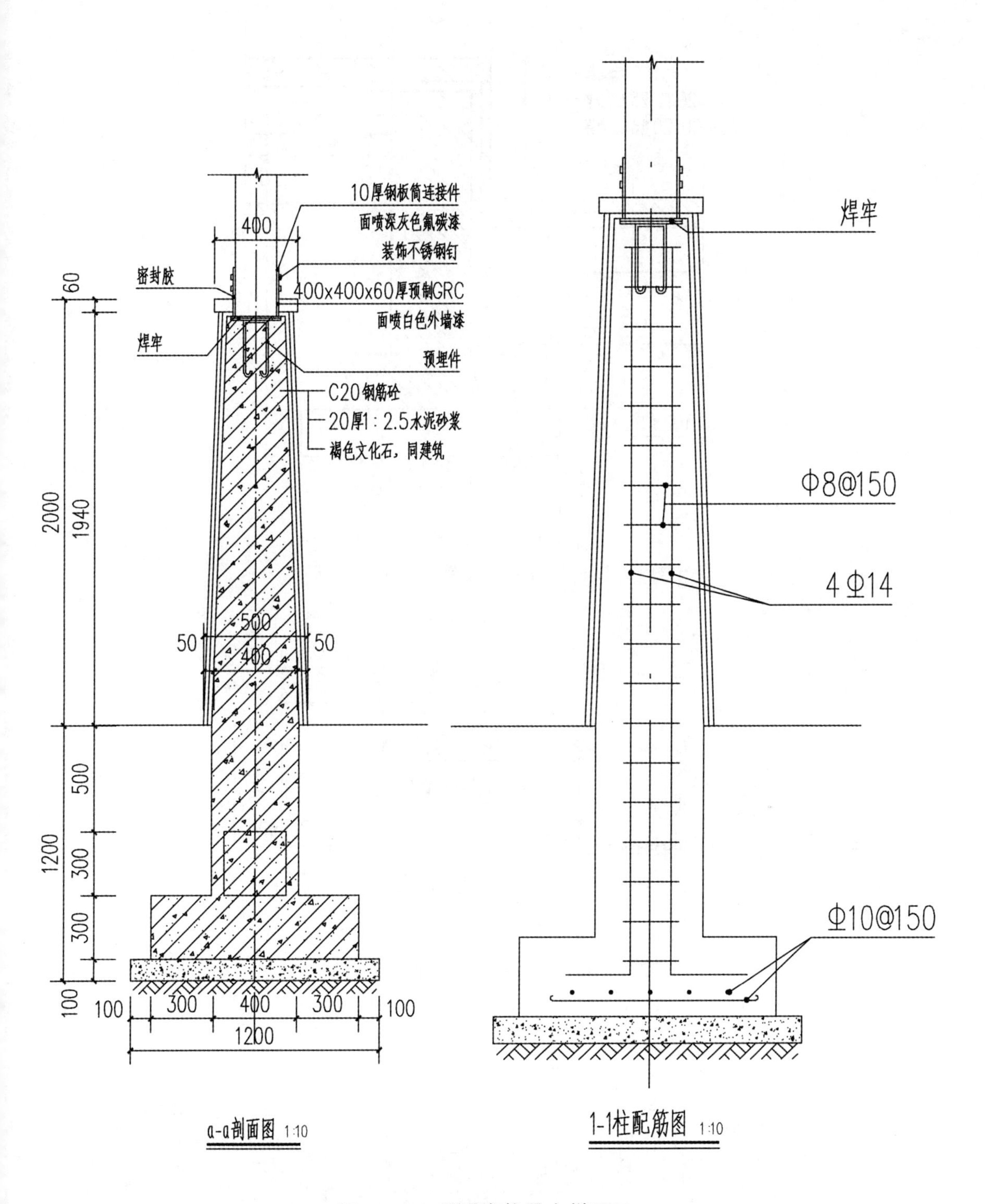
10厚钢板筒连接件
面喷深灰色氟碳漆
装饰不锈钢钉
密封胶
400x400x60厚预制GRC
面喷白色外墙漆
焊牢
预埋件
C20钢筋砼
20厚1:2.5水泥砂浆
褐色文化石，同建筑
400
60
2000
1940
500
50
50
400
1200
500
300
300
100
100
300
400
300
100
1200
a-a剖面图 1:10
焊牢
Φ8@150
4Φ14
Φ10@150
1-1柱配筋图 1:10

图 F2-12　景观亭柱子大样图二

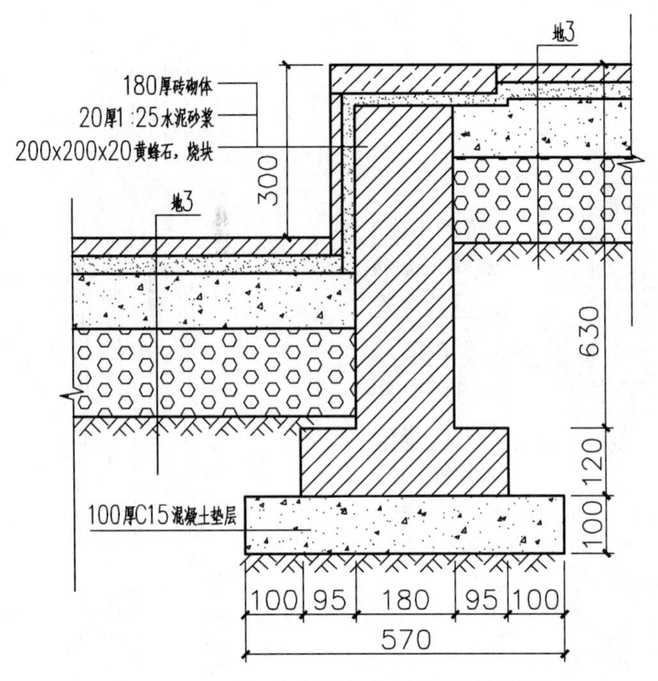

图 F2-13　景观亭平台与地面衔接做法

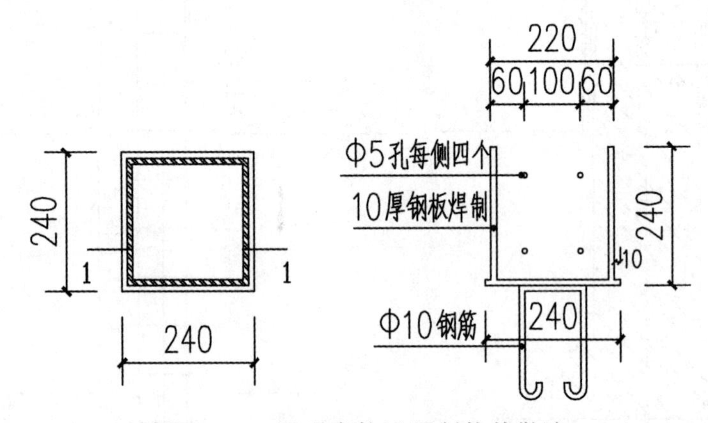

图 F2-14　景观亭柱子预制构件做法

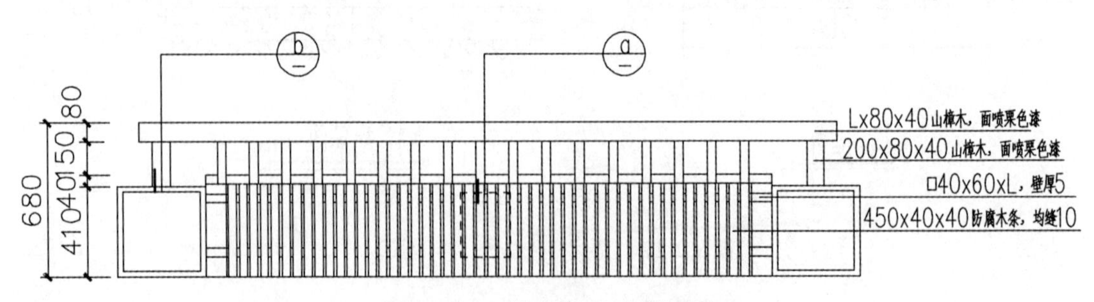

图 F2-15　景观亭坐凳平面图

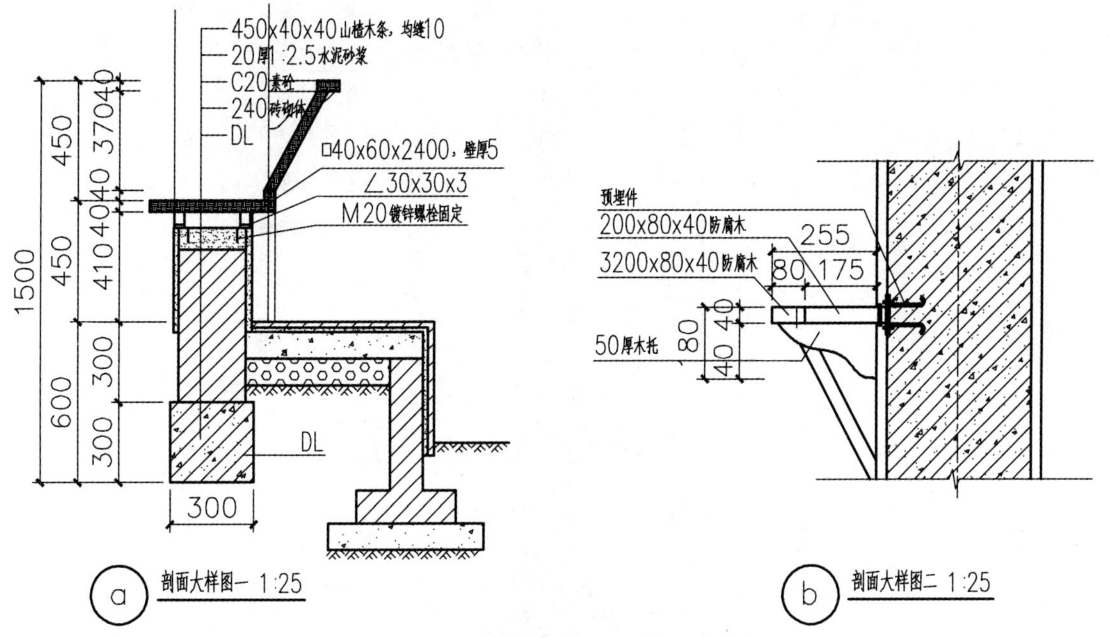

图 F2-16 景观亭坐凳详图

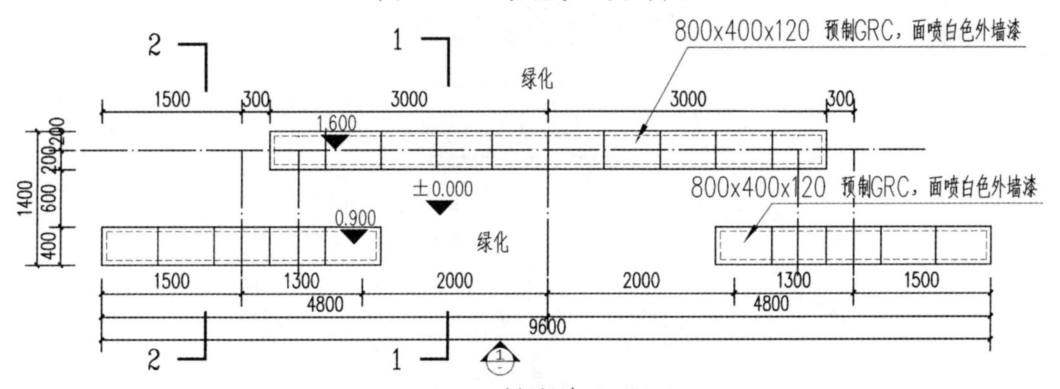

图 F2-17 北入口对景景墙平面图

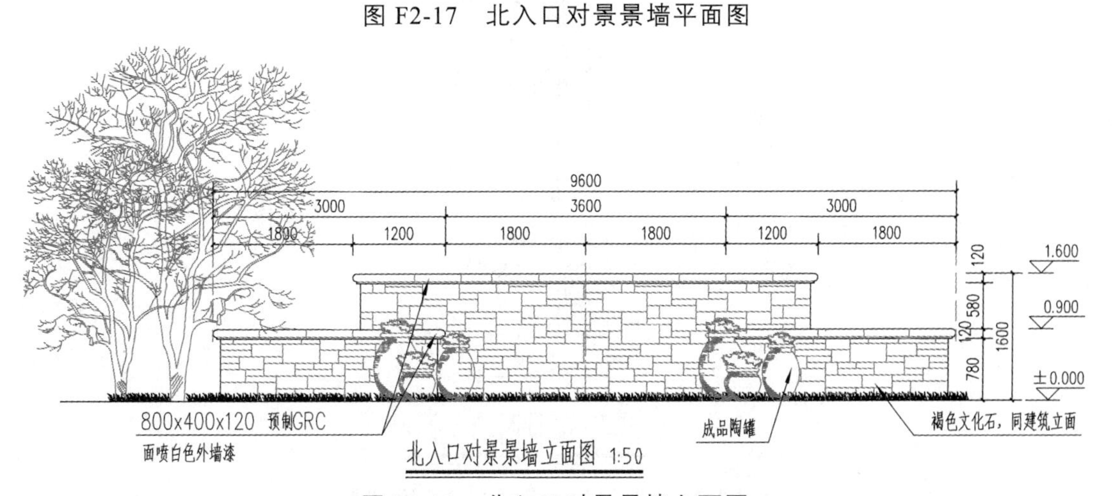

图 F2-18 北入口对景景墙立面图

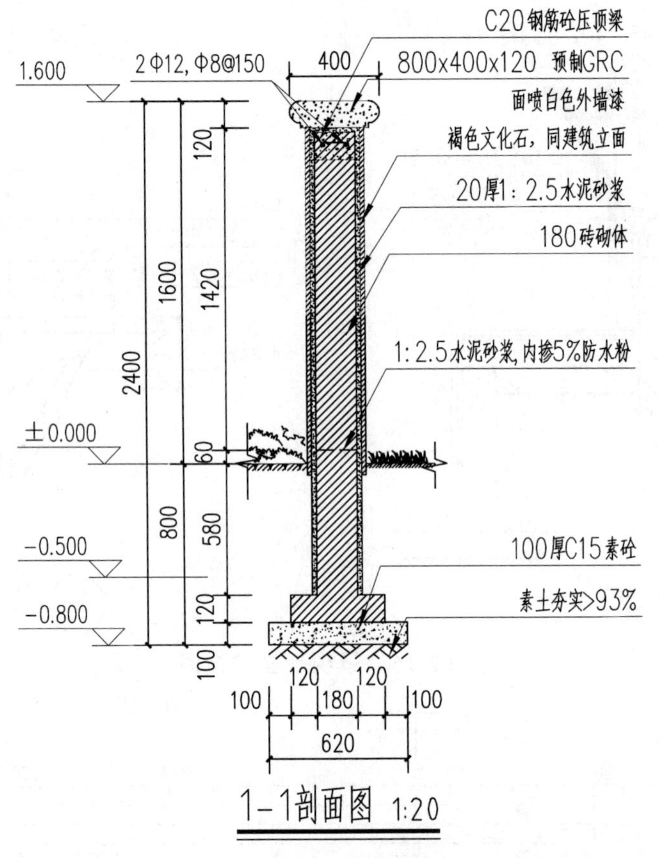

图 F2-19　北入口对景景墙 1-1 剖面图

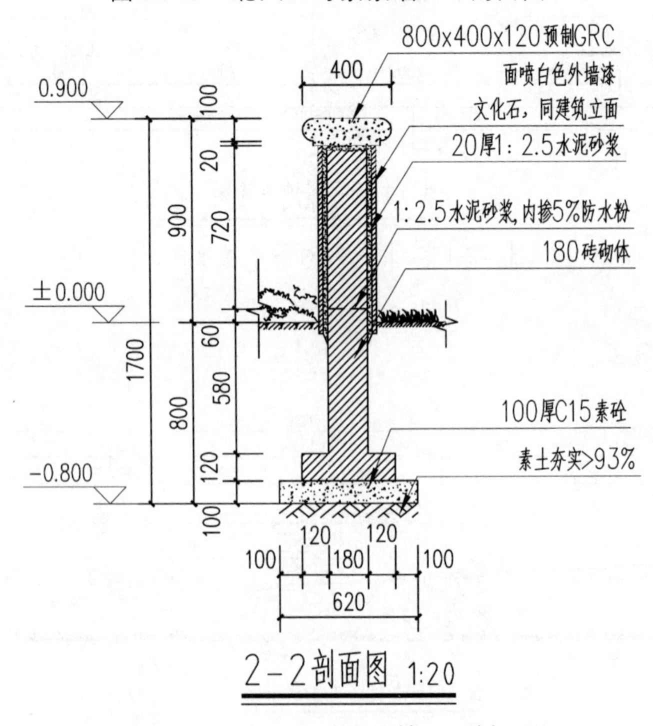

图 F2-20　北入口对景景墙 2-2 剖面图

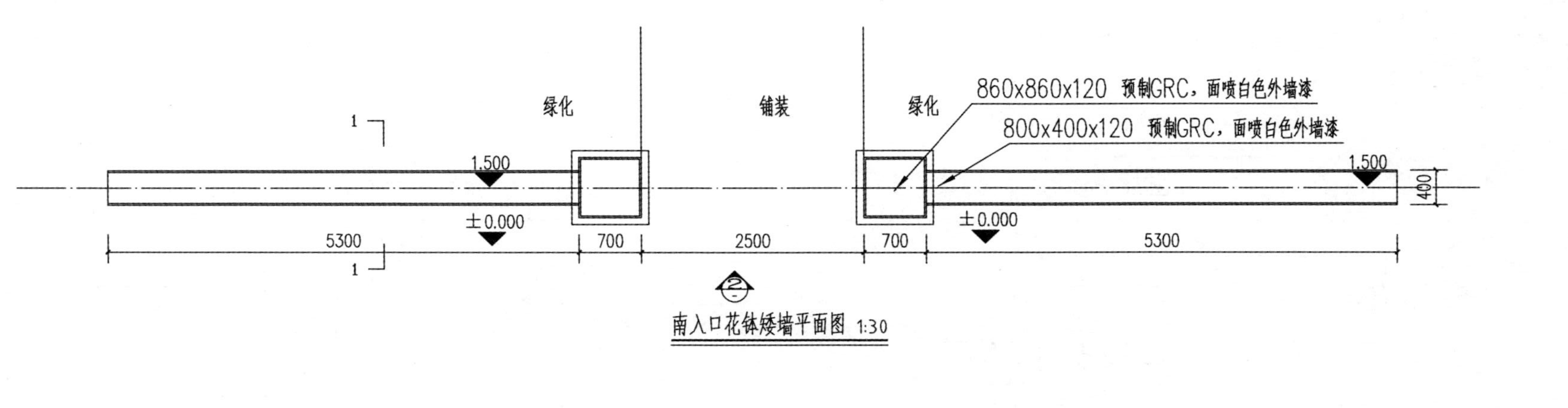

图 F2-21 南入口花钵矮墙平面图

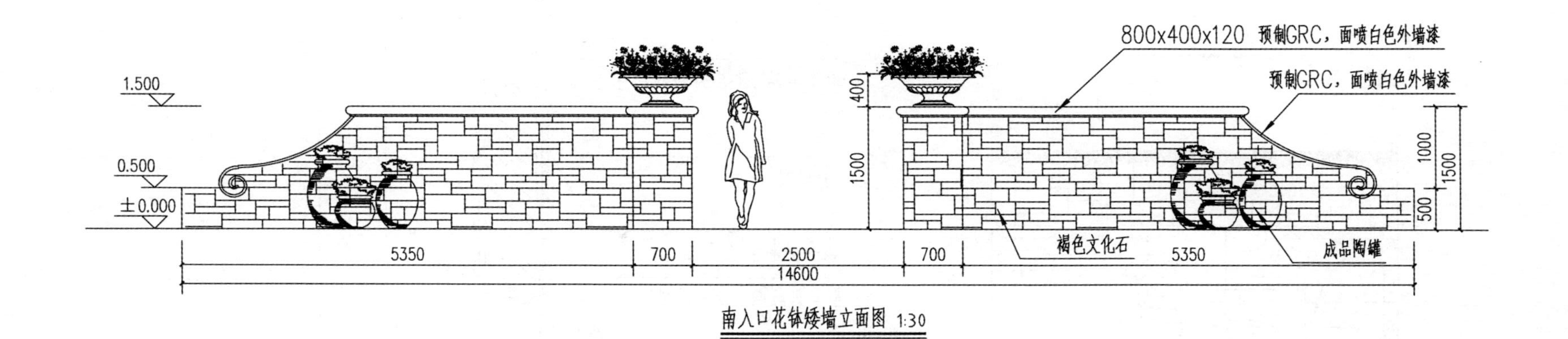

图 F2-22 南入口花钵矮墙立面图

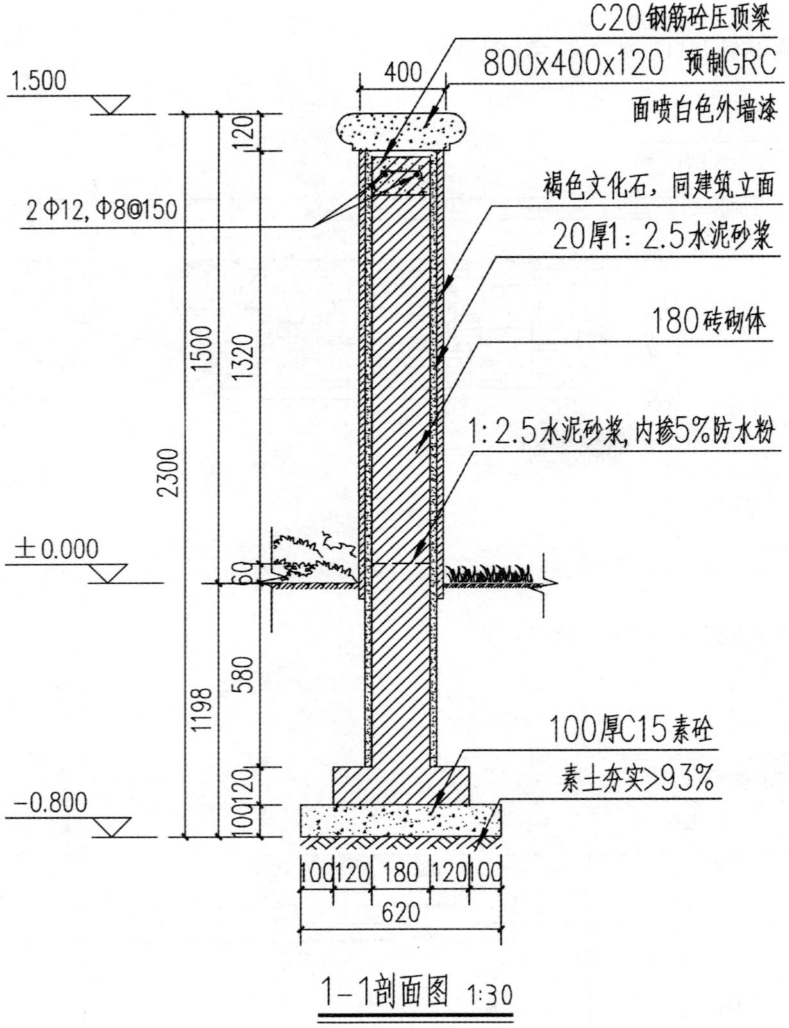

图 F2-23　南入口花钵矮墙 1-1 剖面图

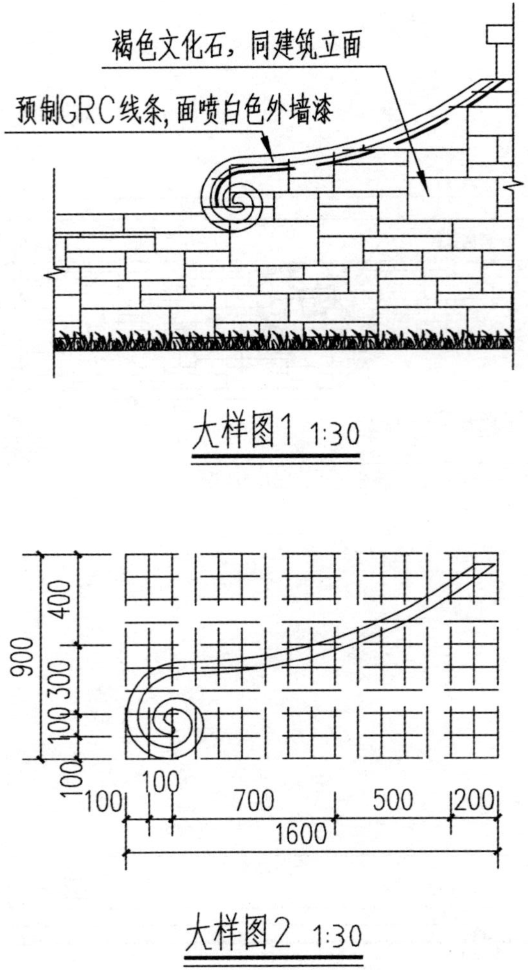

图 F2-24　南入口花钵矮墙大样图

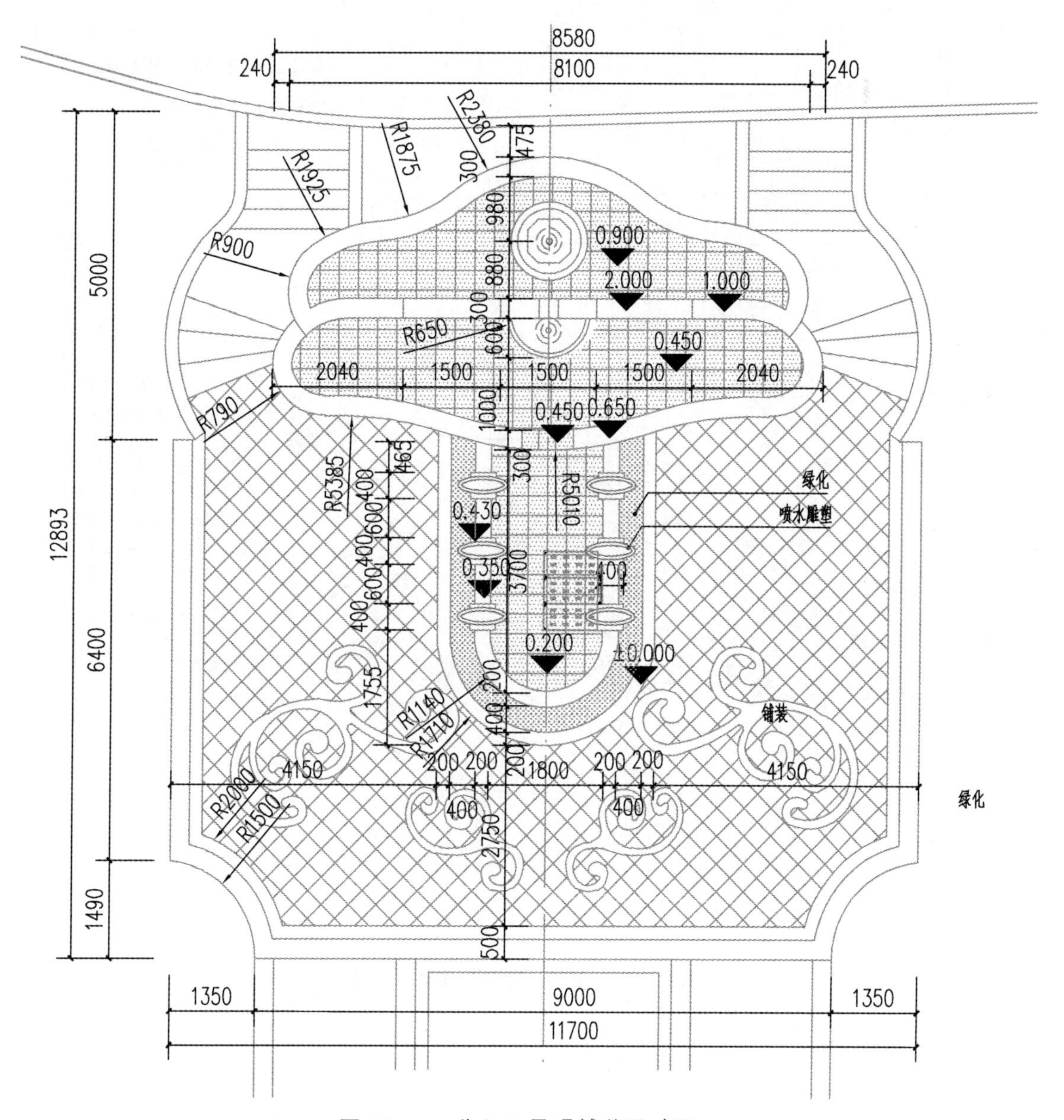

图 F2-25　北入口景观铺装尺寸图

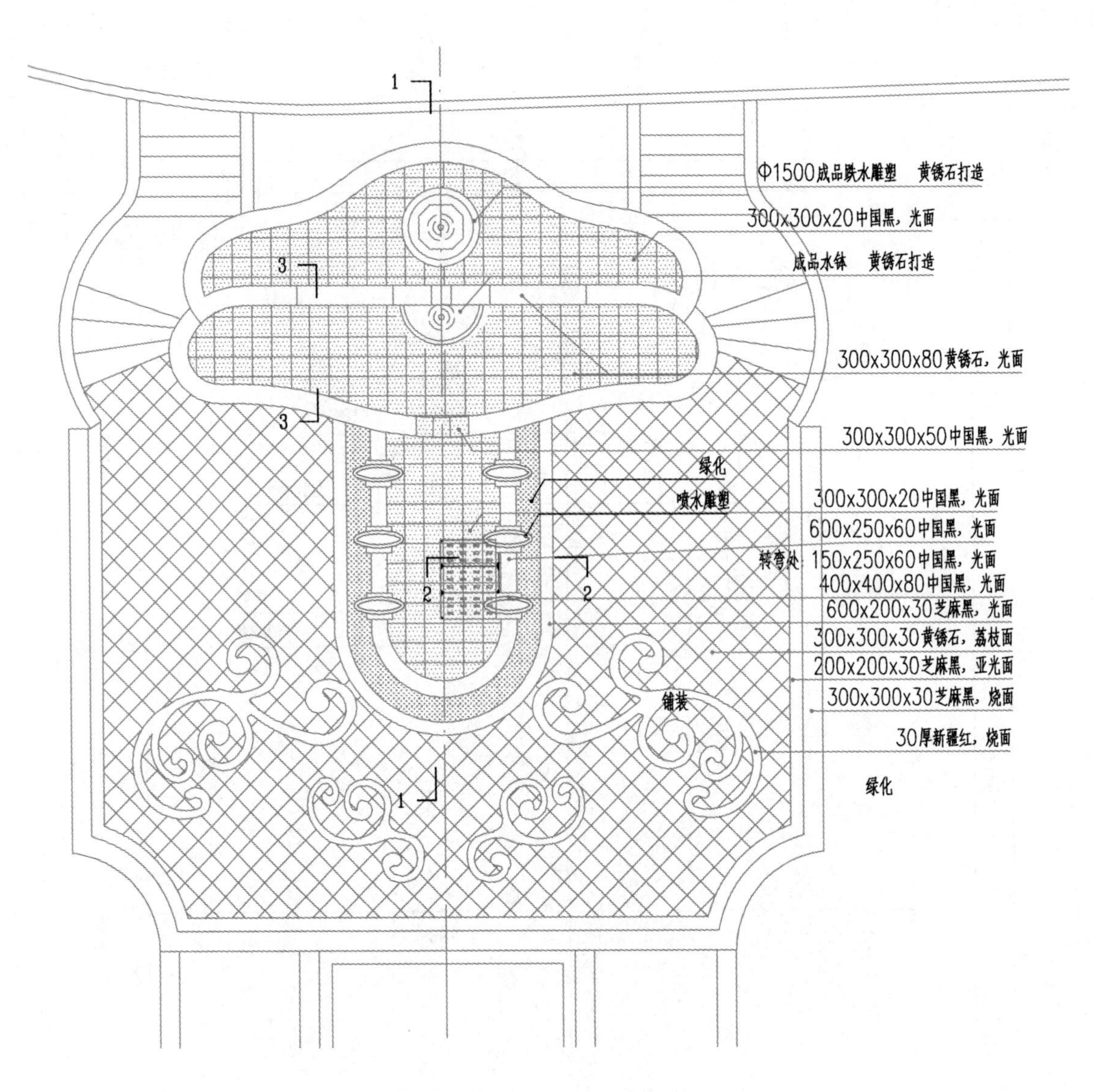
1
Φ1500成品跌水雕塑　黄锈石打造
300x300x20中国黑，光面
3
成品水体　黄锈石打造
300x300x80黄锈石，光面
3
300x300x50中国黑，光面
绿化
喷水雕塑
300x300x20中国黑，光面
600x250x60中国黑，光面
转弯处 150x250x60中国黑，光面
2
2
400x400x80中国黑，光面
600x200x30芝麻黑，光面
300x300x30黄锈石，荔枝面
200x200x30芝麻黑，亚光面
铺装
300x300x30芝麻黑，烧面
30厚新疆红，烧面
绿化
1

图 F2-26　北入口景观铺装材料图

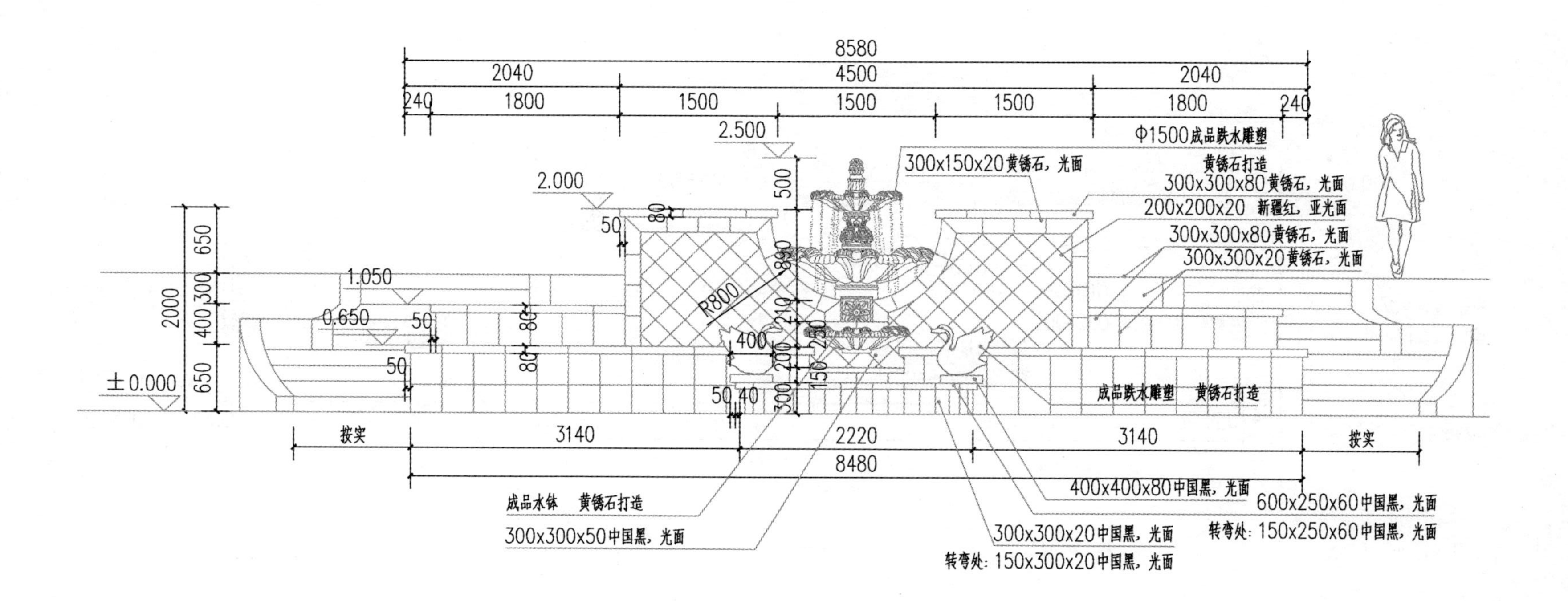
Φ1500成品跌水雕塑
黄锈石打造
300x150x20黄锈石，光面
300x300x80黄锈石，光面
200x200x20 新疆红，亚光面
300x300x80黄锈石，光面
300x300x20黄锈石，光面
成品跌水雕塑 黄锈石打造
按实
成品水钵 黄锈石打造
300x300x50中国黑，光面
400x400x80中国黑，光面
600x250x60中国黑，光面
转弯处：150x250x60中国黑，光面
300x300x20中国黑，光面
转弯处：150x300x20中国黑，光面
R800
2.500
2.000
1.050
0.650
±0.000
8580
4500
8480
3140
2220

图 F2-27 北入口景观铺地立面图

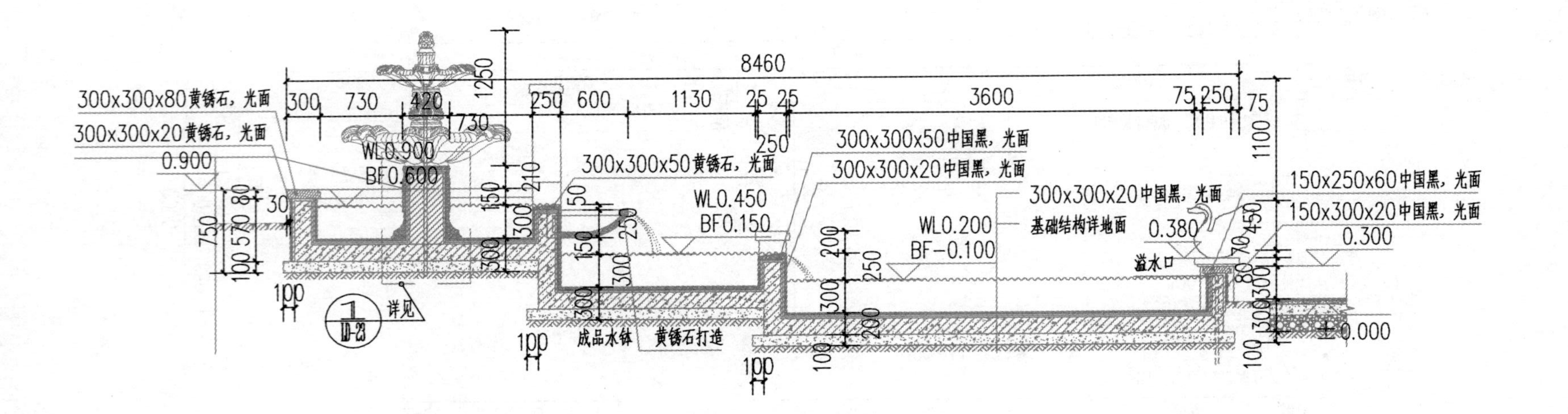

8460
300x300x80黄锈石，光面
300x300x20黄锈石，光面
0.900
WL0.900
BF0.600
300x300x50黄锈石，光面
300x300x50中国黑，光面
300x300x20中国黑，光面
WL0.450
BF0.150
300x300x20中国黑，光面
WL0.200
基础结构详地面
BF-0.100
0.380
溢水口
150x250x60中国黑，光面
150x300x20中国黑，光面
0.300
±0.000
成品水钵
黄锈石打造
详见

图 F2-28　北入口景观铺地 1-1 剖面图

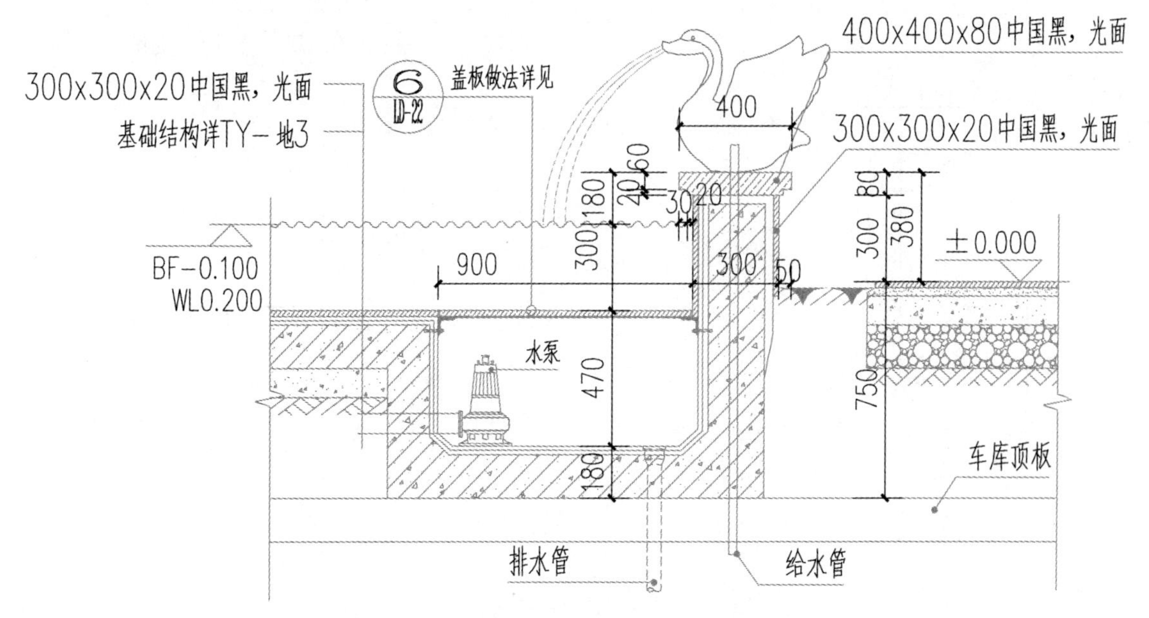

图 F2-29　北入口景观铺地 2-2 剖面图

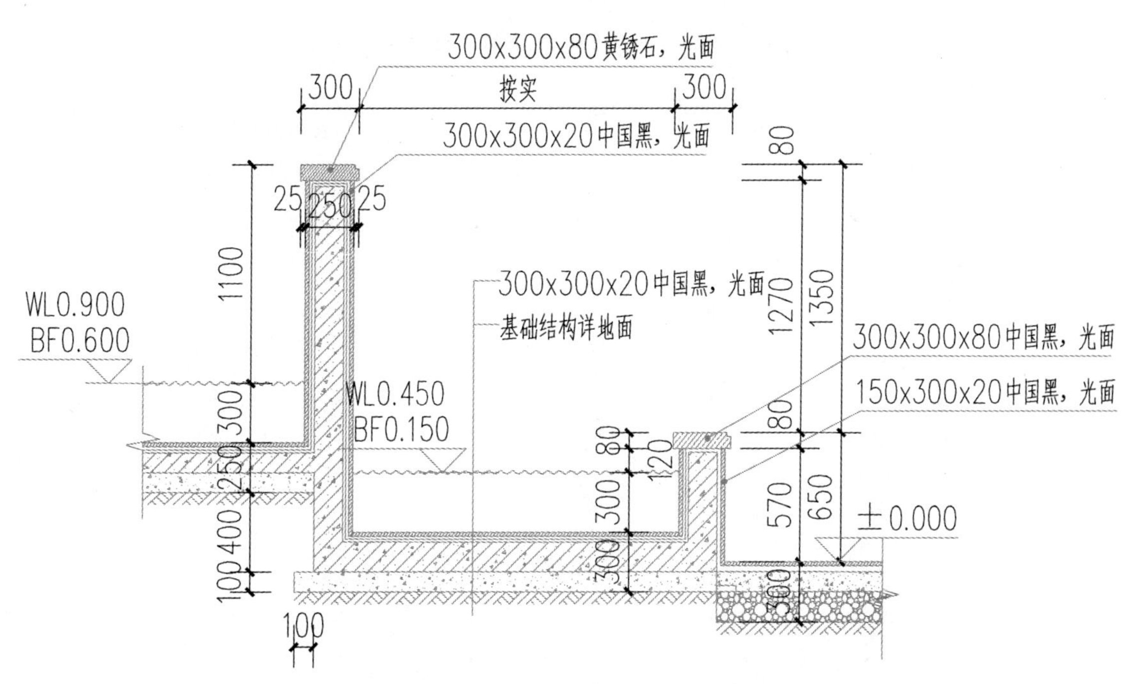

图 F2-30　北入口景观铺地 3-3 剖面图

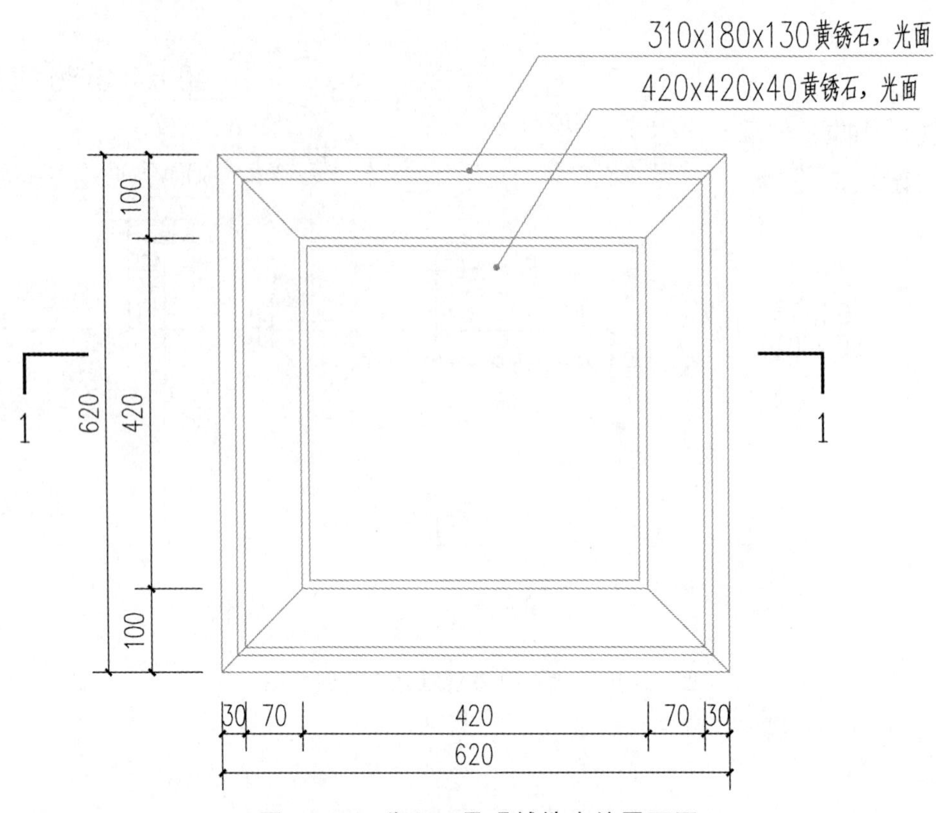

图 F2-31　北入口景观铺地水钵平面图

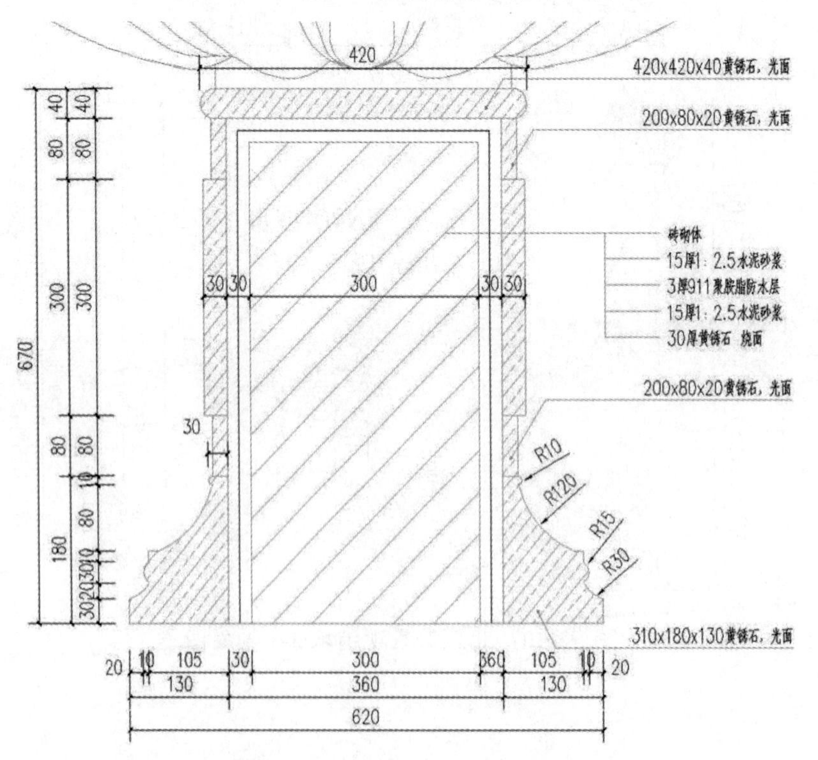

图 F2-32　北入口景观铺地水钵 1-1 剖面图

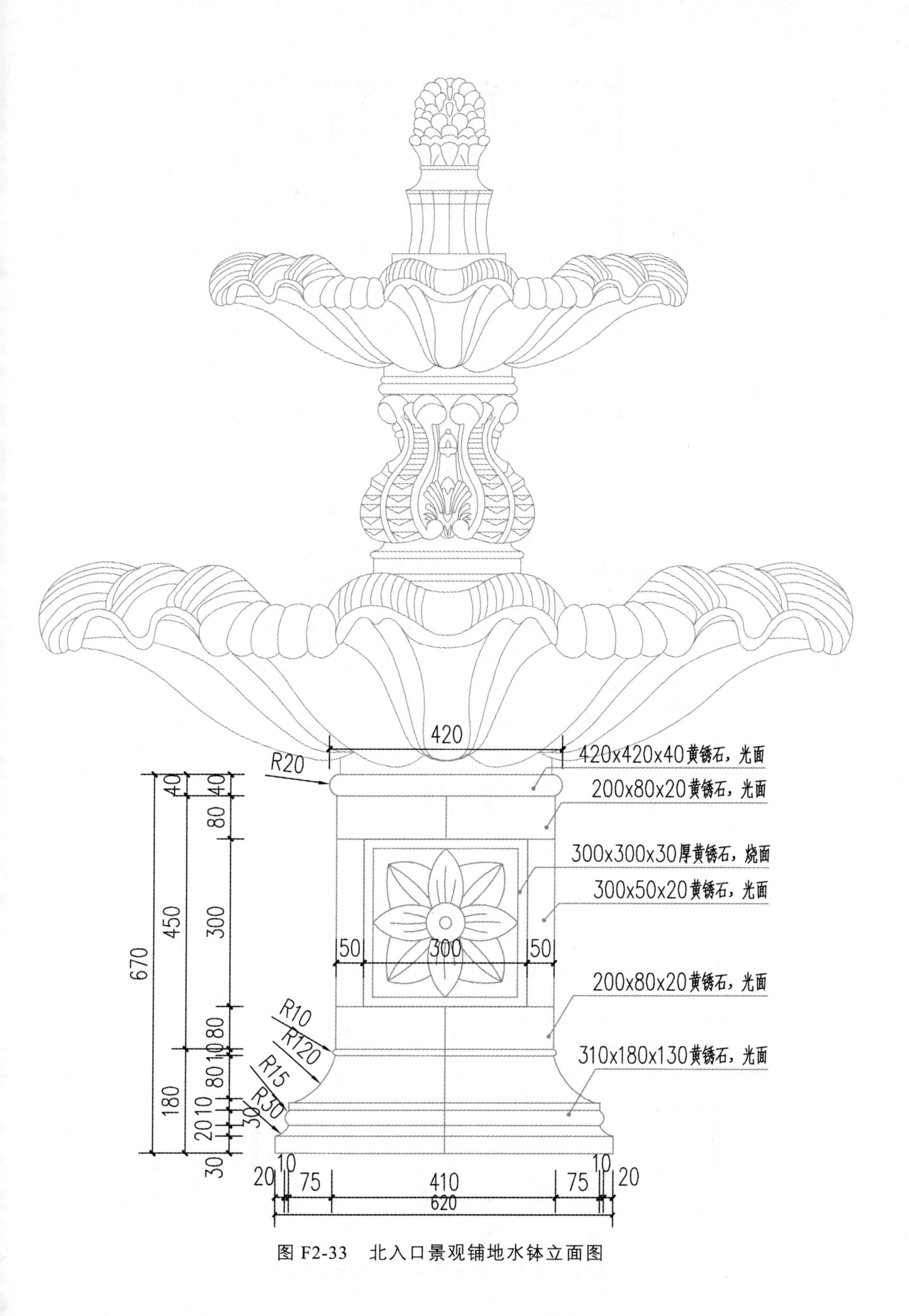
420
R20
420x420x40黄锈石，光面
200x80x20黄锈石，光面
300x300x30厚黄锈石，烧面
300x50x20黄锈石，光面
200x80x20黄锈石，光面
310x180x130黄锈石，光面
670
450
180
40
40
80
300
80
10
80
20
10
20
30
30
R10
R120
R15
R30
50
300
50
20
10
75
410
75
10
20
620

图 F2-33　北入口景观铺地水钵立面图

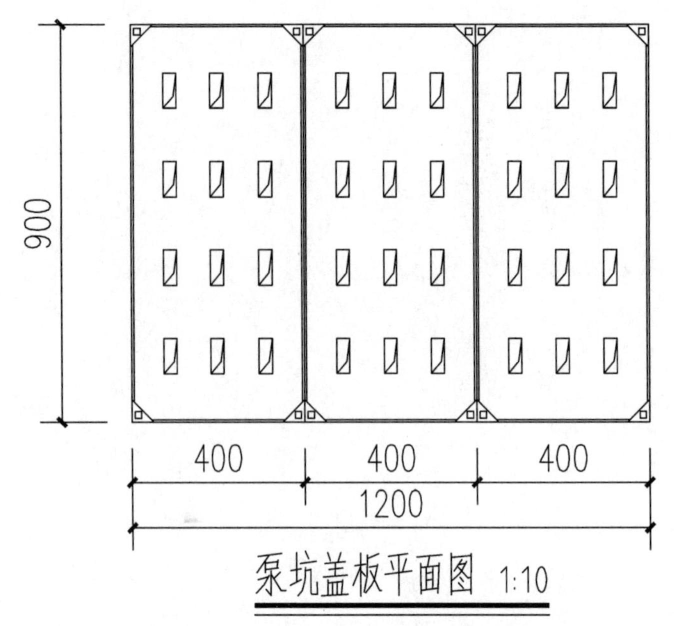

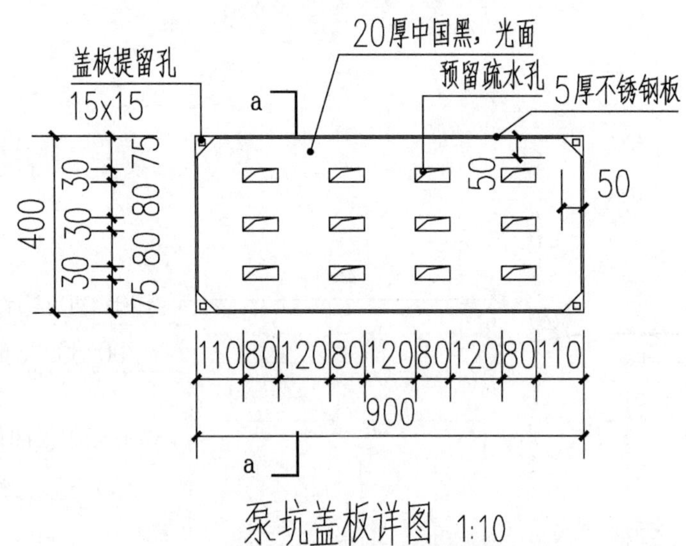

图 F2-34 北入口景观铺地泵坑盖板平面图

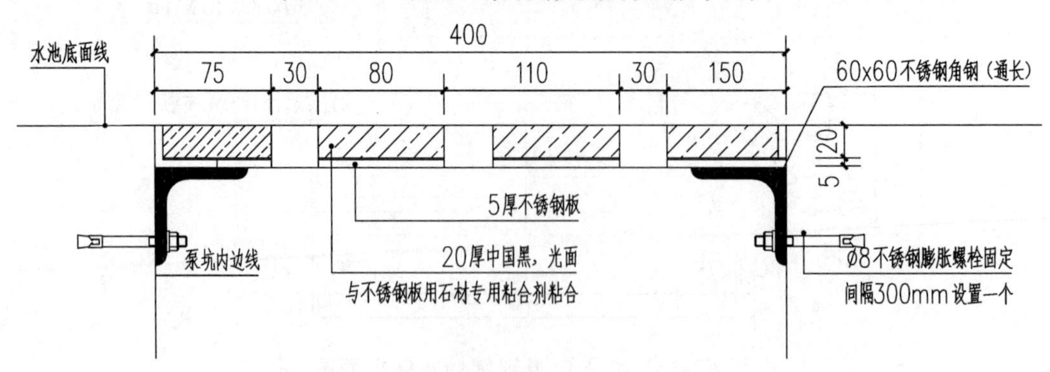

图 F2-35 北入口景观铺地泵坑盖板 a-a 平面图

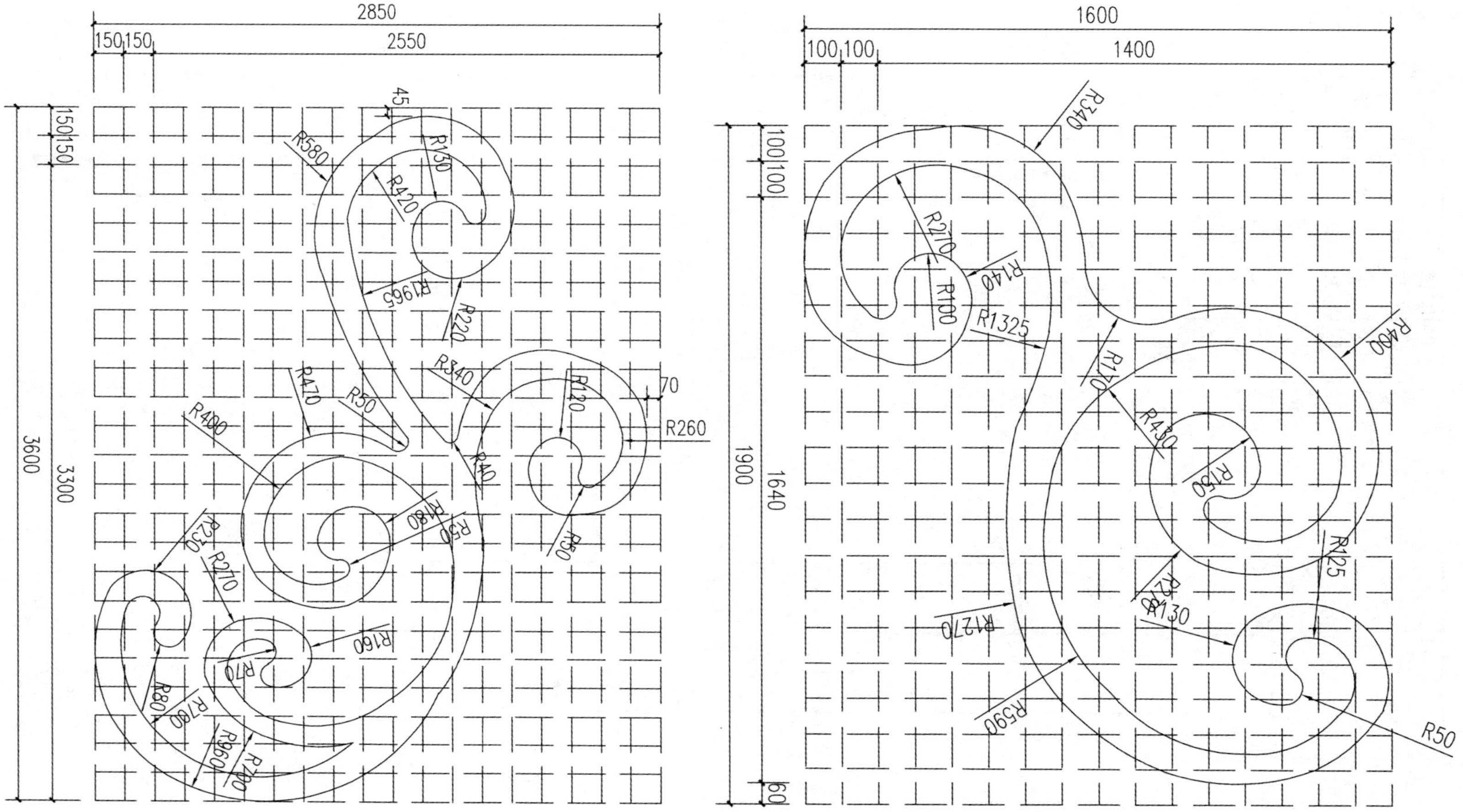

图 F2-36　北入口景观铺地花样放线图

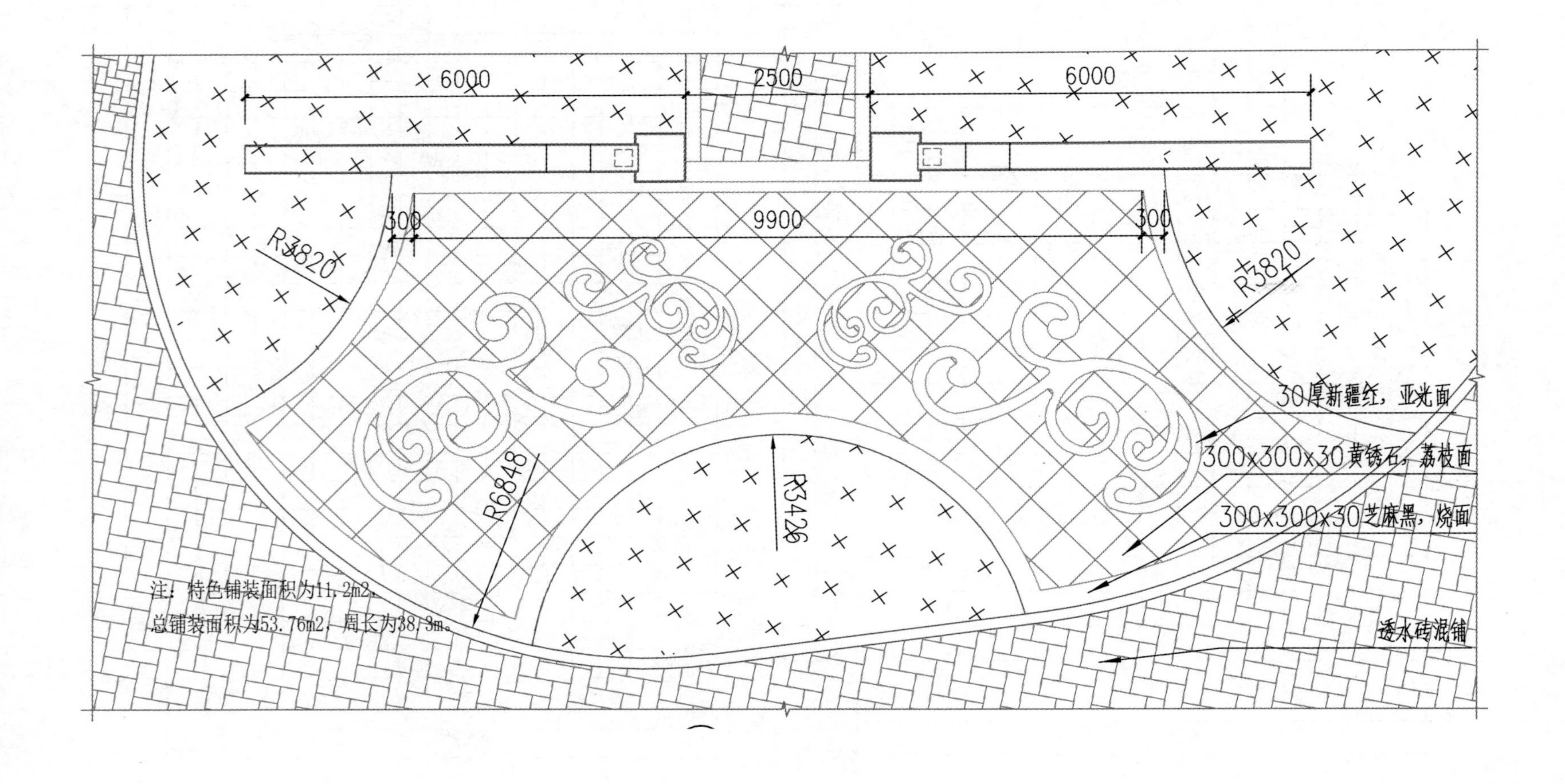

图 F2-37　南入口景观铺地大样图

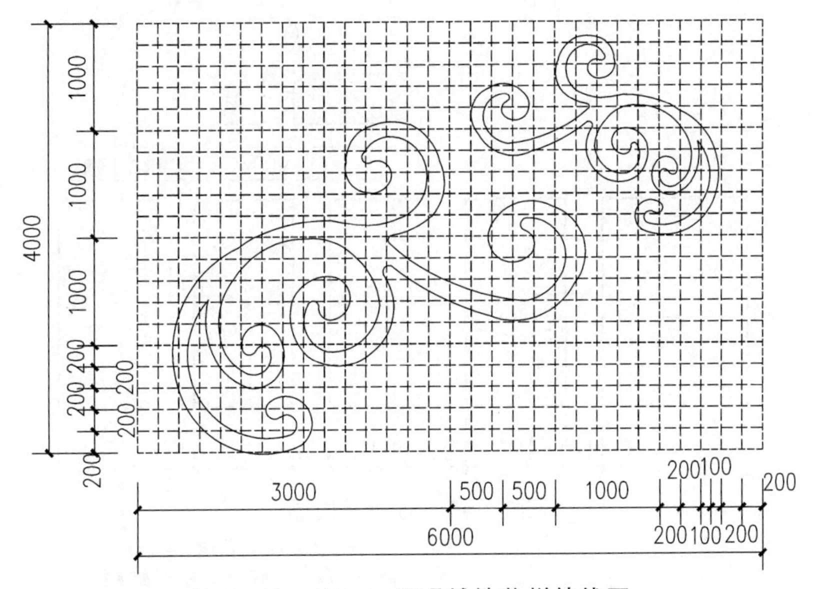

图 F2-38　南入口景观铺地花样放线图

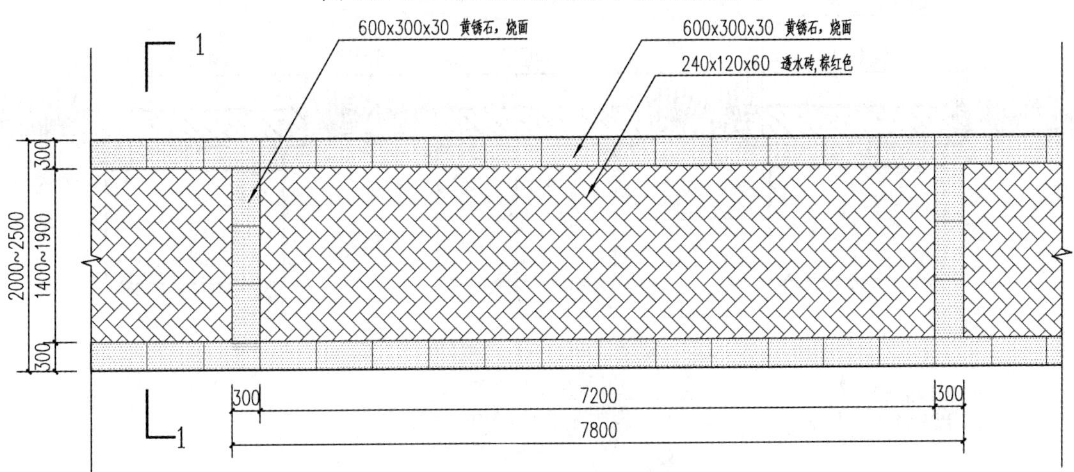

图 F2-39　2.5 米园路平面图

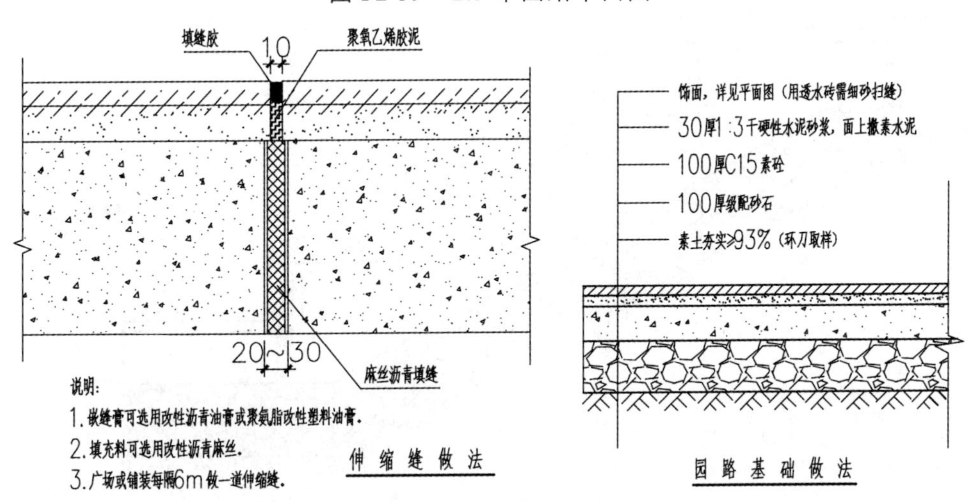

图 F2-40　2.5 米园路做法图

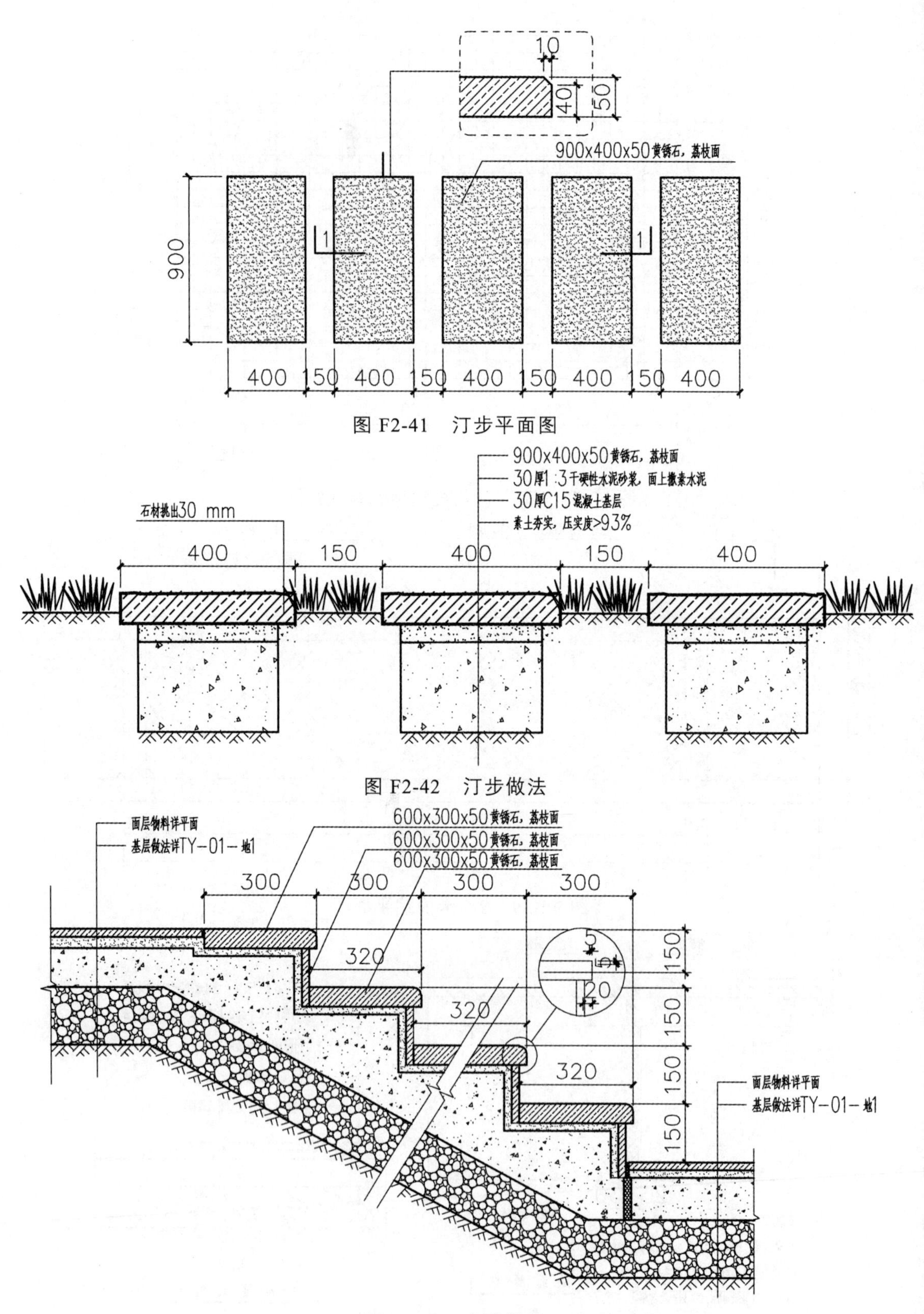

图 F2-41 汀步平面图

图 F2-42 汀步做法

图 F2-43 台阶做法

附录三　某居住区组团水景园林绿化工程施工图图纸

设计说明

（1）基本概况：本工程为某市一居住区绿地景观中的一组团水景景观，总用地面积为682.65 m^2，其中水体面积为156.67 m^2。

（2）水体景观说明：景观中主要以水景为主，水系驳岸主要以自然石堆砌而成，搭配水生植物形成自然溪流景观，图纸中溪流宽度未定，以平面图图纸的水体大小宽度为准。水体景观驳岸线长度为90.5 m，有四处跌水景观，总长度为15.67 m。

（3）园路园桥说明：园路总长为85.96 m，包括台阶；总面积为67.18 m^2，不包括台阶、广场以及园桥面积。汀步总长为12.9 m，宽为0.95 m。园桥木材为松木，需作防腐处理。台阶及园路基础做法相同。

（4）小品说明：景观垃圾桶、成人健身器材、陶罐以及花钵等设施，均采用定制成品安装。

（5）植物种植说明：本工程中植物种植土的要求为良好的红土，不含建筑垃圾，应施足肥，并注意组织排水至园路两边或者相应的排水沟内，避免积水造成植物的伤害。对于种植地的地形需按要求进行构筑，总体形态基本达到要求即可。植物选择健康无病虫害、枝叶茂盛、具有良好的树冠结构的苗木，全部采用带土球种植，乔木种植之后，采用1.2 m长树棍四角支撑；由于本工程在冬季进行，故所有乔木均需进行保暖。所有的植物种植完成需养护半年，标准为一级养护。

（6）其他说明：金属部件的圆钢、方钢、钢管、型钢、钢板采用Q235-A.F钢，钢筋采用Ⅰ级钢；不锈钢材一律为304号不锈钢，钢和不锈钢之间的焊接采用不锈钢焊条。表面油漆工艺：金属表面除锈，清理，打磨；刷丙苯乳胶金属底漆两遍厚25～35 μm；局部刮丙苯乳胶腻子，打磨，满刮丙苯乳胶腻子，打磨，刷第一遍醇酸磁漆；复补丙苯乳胶腻子，磨光，刷第二遍醇酸磁漆磨光；湿布擦净，刷第三遍醇酸磁漆。

木制构件需作防腐处理，采用E-51双酚A环氧树脂刷2次。木材配件金属必须做防锈处理，采用镀锌或不锈钢。木结构表面油漆工艺：木材表面清扫，除污，砂纸打磨；润粉，打磨，满刮腻子，打磨，刷油色，刷首遍醇酸清漆；拼色，复补腻子，磨光，刷第二遍醇酸清漆；磨光，刷第三遍酚醛清漆。

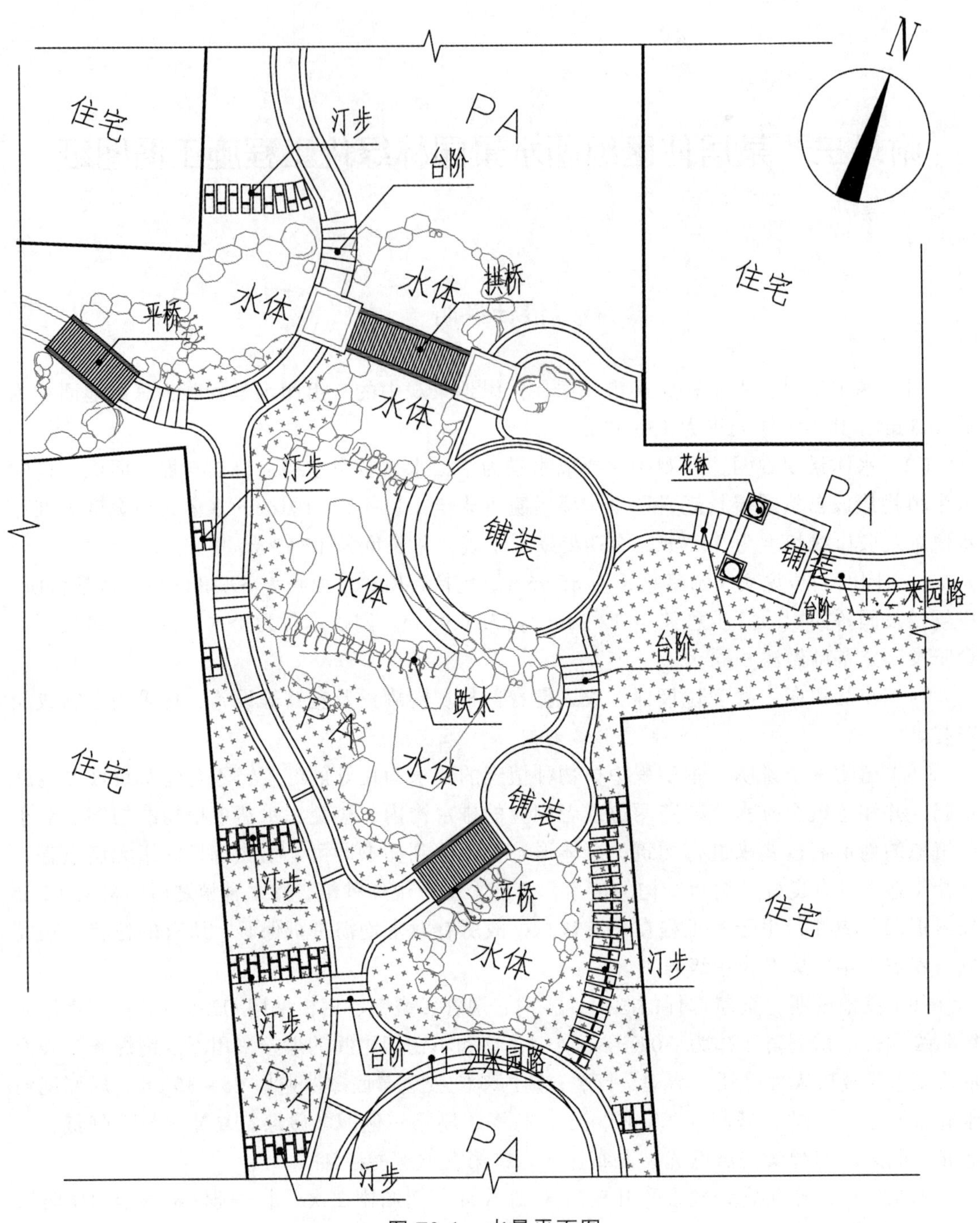
N
住宅
汀步
PA
台阶
水体
拱桥
水体
住宅
平桥
水体
汀步
花钵
PA
铺装
铺装
1.2米园路
水体
台阶
台阶
跌水
PA
水体
住宅
铺装
汀步
平桥
住宅
水体
汀步
汀步
台阶
1.2米园路
PA
PA
汀步

图 F3-1　水景平面图

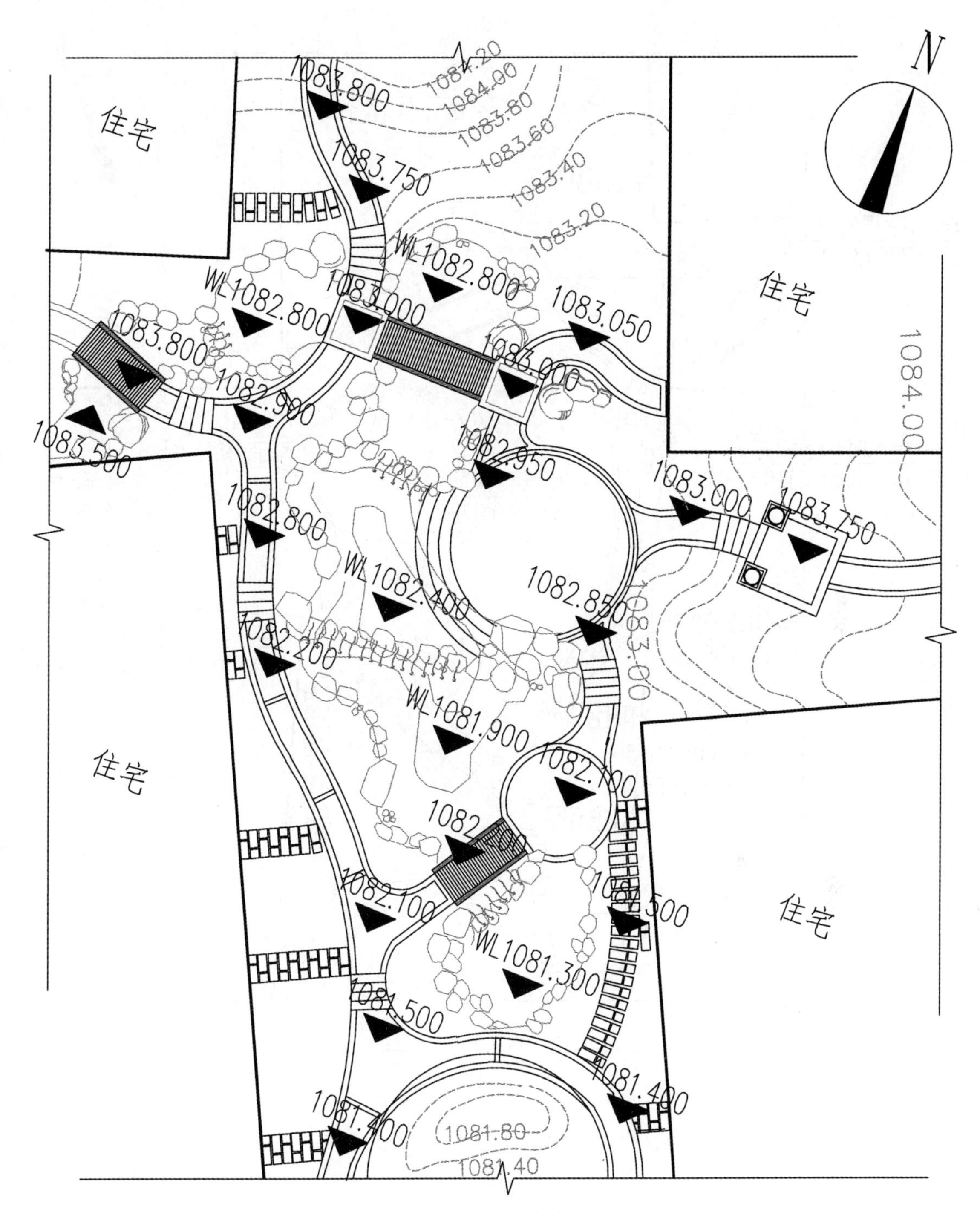
住宅
住宅
住宅
住宅
住宅
住宅
N
1083.800
1083.750
WL1082.800
WL1082.800
1083.000
1083.050
1083.800
1083.000
1082.900
1083.500
1082.950
1083.000
1083.750
1082.800
WL1082.400
1082.850
1082.200
WL1081.900
1082.100
1082.100
1081.500
WL1081.300
1081.500
1081.400
1081.400
1084.20
1084.00
1083.80
1083.60
1083.40
1083.20
1084.00
1083.00
1081.80
1081.40

图 F3-2　水景竖向图

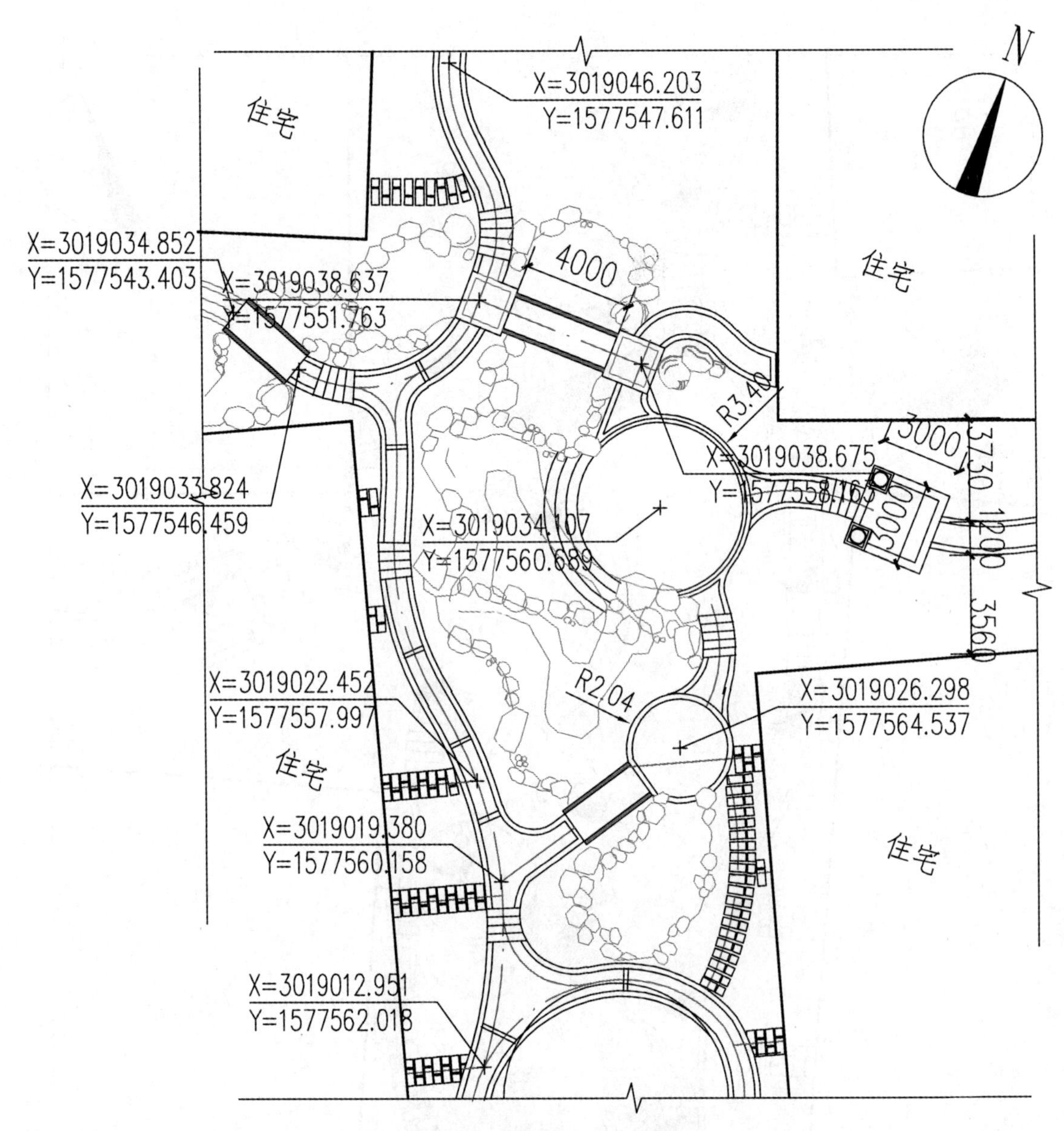

图 F3-3　水景尺寸定位图

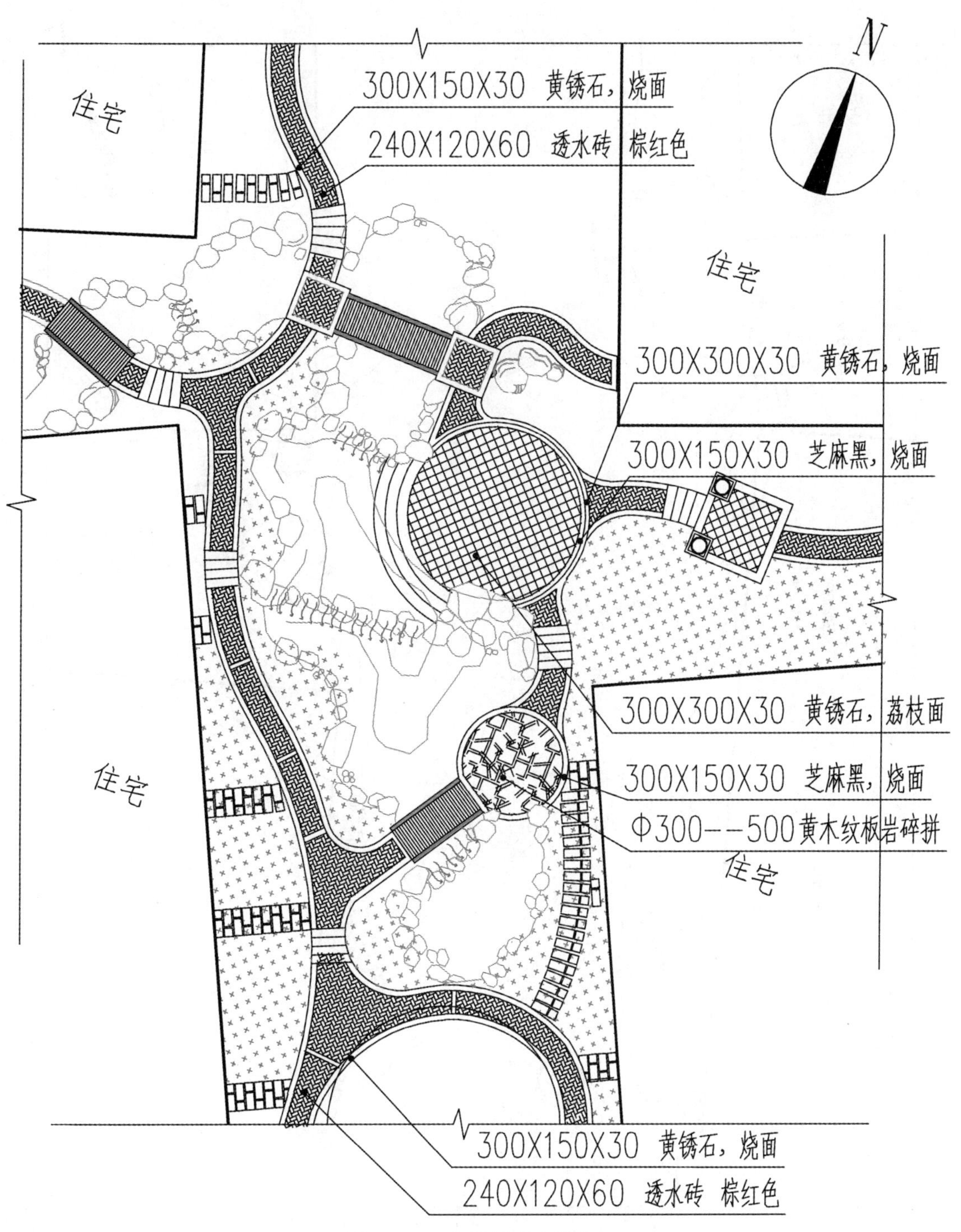

图 F3-4　水景铺装材料图

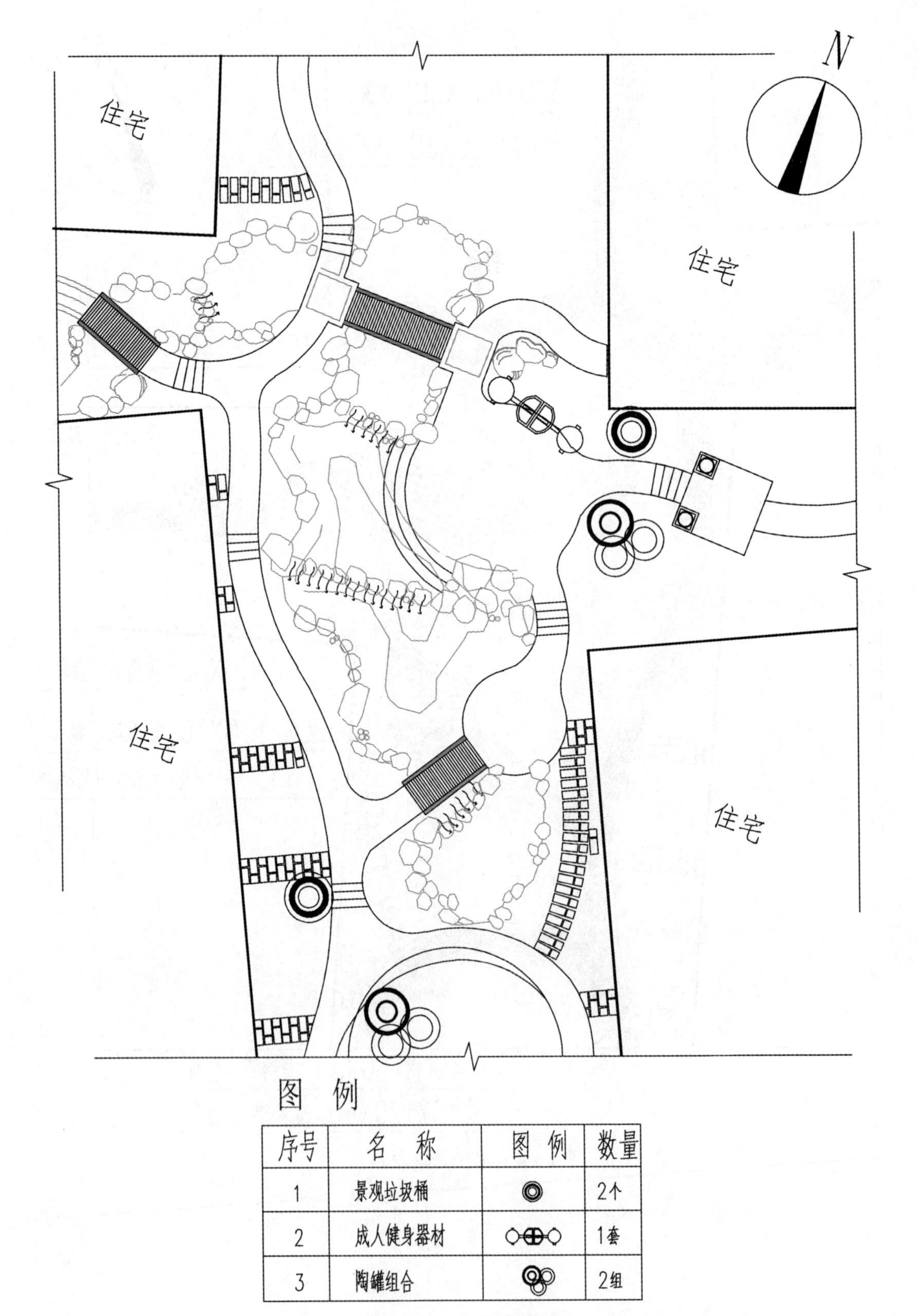

图 例

序号	名 称	图 例	数量
1	景观垃圾桶		2个
2	成人健身器材		1套
3	陶罐组合		2组

图 F3-5　小品位置图

表 F3-1　植物规格表

序号	名称/图例	规格	单位	数量	备注
1	加拿利海枣	胸径 20～25，株高 2.5～3.0，冠幅 2.5～3.0	株	5	
2	假槟榔	胸径 6～8，株高 2.5～3.0，冠幅 2～2.5	株	3	
3	小叶榄仁	胸径 8～10，株高 3.5～4.0，冠幅 2～2.5	株	5	
4	拟单性木兰	胸径 10～12，株高 3.0～3.5，冠幅 2.0～2.5	株	4	
5	球花石楠	胸径 8～10，株高 3.0～3.5，冠幅 2.0～2.5	株	3	
6	大树杨梅	胸径 15～17，株高 3.5～4.0，冠幅 2.5～3	株	2	
7	山玉兰	胸径 6～8，株高 3.5～4.0，冠幅 2.0～2.5	株	3	
8	桃树	胸径 12～15，株高 3.5～4.0，冠幅 2.0～2.5	株	2	
9	蓝花楹	胸径 8～10，株高 5.0～5.5，冠幅 2～2.5	株	3	
10	李树	胸径 12～15，株高 3.5～4.0，冠幅 2.0～2.5	株	2	
11	美丽针葵	株高 1.5～2.5，冠幅 2.5～3.0	株	11	
12	五色梅	株高 0.5～1.5，冠幅 1.0～1.5	株	21	
13	羊蹄甲	株高 2.0～2.5，冠幅 2.0～2.5	株	7	
14	小桂花	株高 1.5～2.0，冠幅 1.0～1.5	株	5	
15	朱蕉	株高 3.0～3.5，冠幅 2.5～3.0	株	11	
16	海芋	株高 3.0～3.5，冠幅 2.5～3.0	株	20	
17	黄金连翘球	株高 1～1.2，冠幅 1.2	株	10	
18	黄杨球	株高 1～1.2，冠幅 1.2	株	6	
19	八角金盘	株高 0.2～0.25，冠幅 0.15～0.25	m^2	38.4	36 株/m^2
20	皇冠菊	株高 0.2～0.25，冠幅 0.1～0.15	m^2	20	36 株/m^2
21	毛叶杜鹃	株高 0.2～0.25，冠幅 0.2～0.3	m^2	36.4	36 株/m^2
22	金边黄杨	株高 0.2～0.25，冠幅 0.25～0.3	m^2	61	36 株/m^2
23	黄连翘	株高 0.3～0.35，冠幅 0.2～0.25	m^2	18.2	36 株/m^2
24	比利时杜鹃	株高 0.2～0.25，冠幅 0.25～0.35	m^2	27.1	36 株/m^2
25	天竺葵	株高 0.2～0.25，冠幅 0.15～0.2	m^2	29.1	36 株/m^2
26	红花继木	株高 0.3～0.35，冠幅 0.3～0.4	m^2	16.2	36 株/m^2
27	红叶石楠	株高 0.3～0.35，冠幅 0.25～0.35	m^2	39.6	36 株/m^2
28	美女樱	株高 0.3～0.35，冠幅 0.2～0.25	m^2	16.9	36 株/m^2
29	草坪（混播）		m^2	70.2	

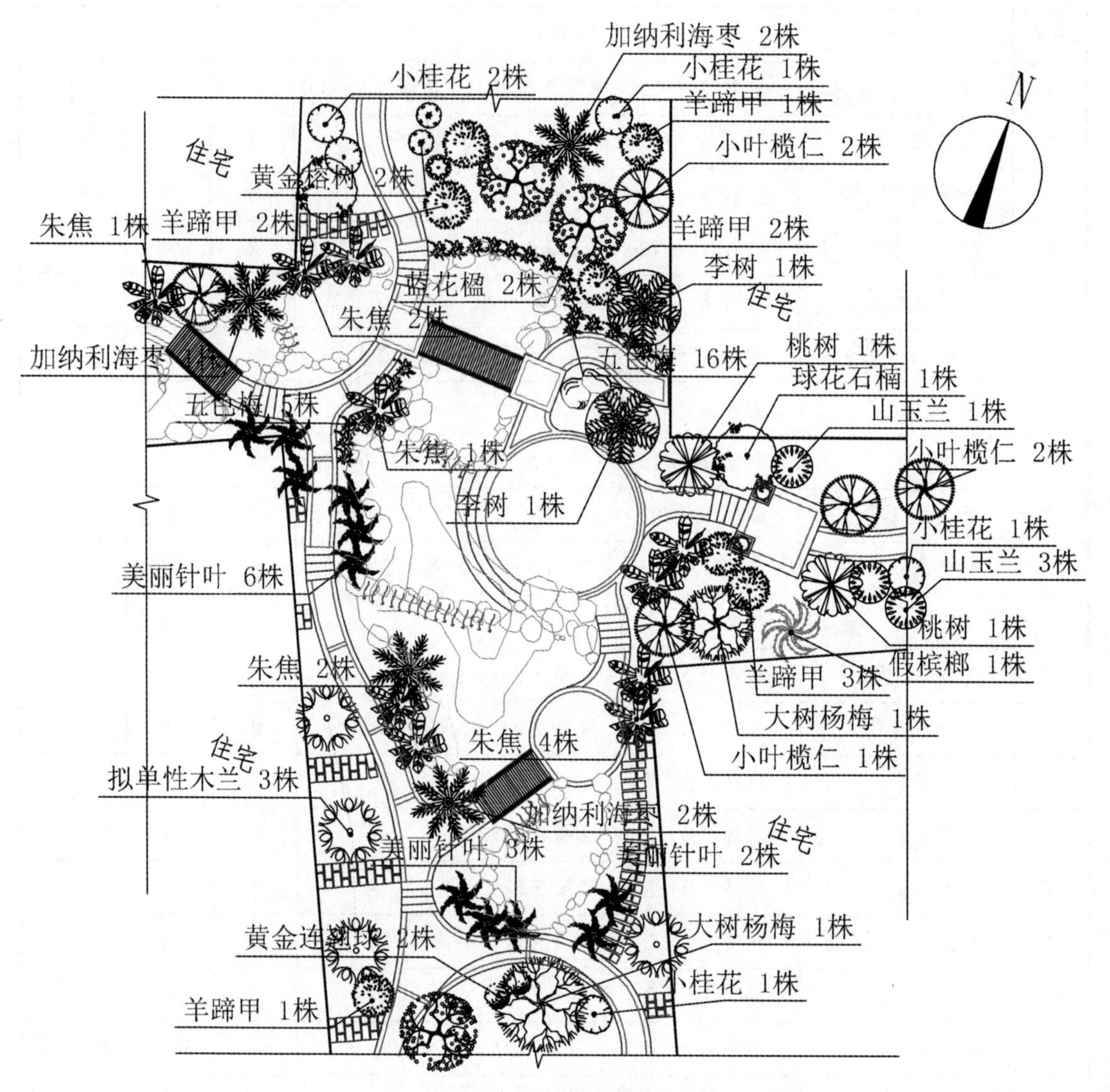

N
加纳利海枣 2株
小桂花 2株
小桂花 1株
羊蹄甲 1株
小叶榄仁 2株
住宅
黄金榕树 2株
朱焦 1株
羊蹄甲 2株
羊蹄甲 2株
李树 1株
蓝花楹 2株
住宅
朱焦 2株
五色梅 16株
加纳利海枣 1株
桃树 1株
球花石楠 1株
五色梅 5株
山玉兰 1株
小叶榄仁 2株
朱焦 1株
李树 1株
小桂花 1株
山玉兰 3株
美丽针叶 6株
桃树 1株
假槟榔 1株
朱焦 2株
羊蹄甲 3株
大树杨梅 1株
住宅
朱焦 4株
小叶榄仁 1株
拟单性木兰 3株
加纳利海枣 2株
住宅
美丽针叶 3株
美丽针叶 2株
大树杨梅 1株
黄金连翘球 2株
小桂花 1株
羊蹄甲 1株

图 F3-6 乔灌植物图

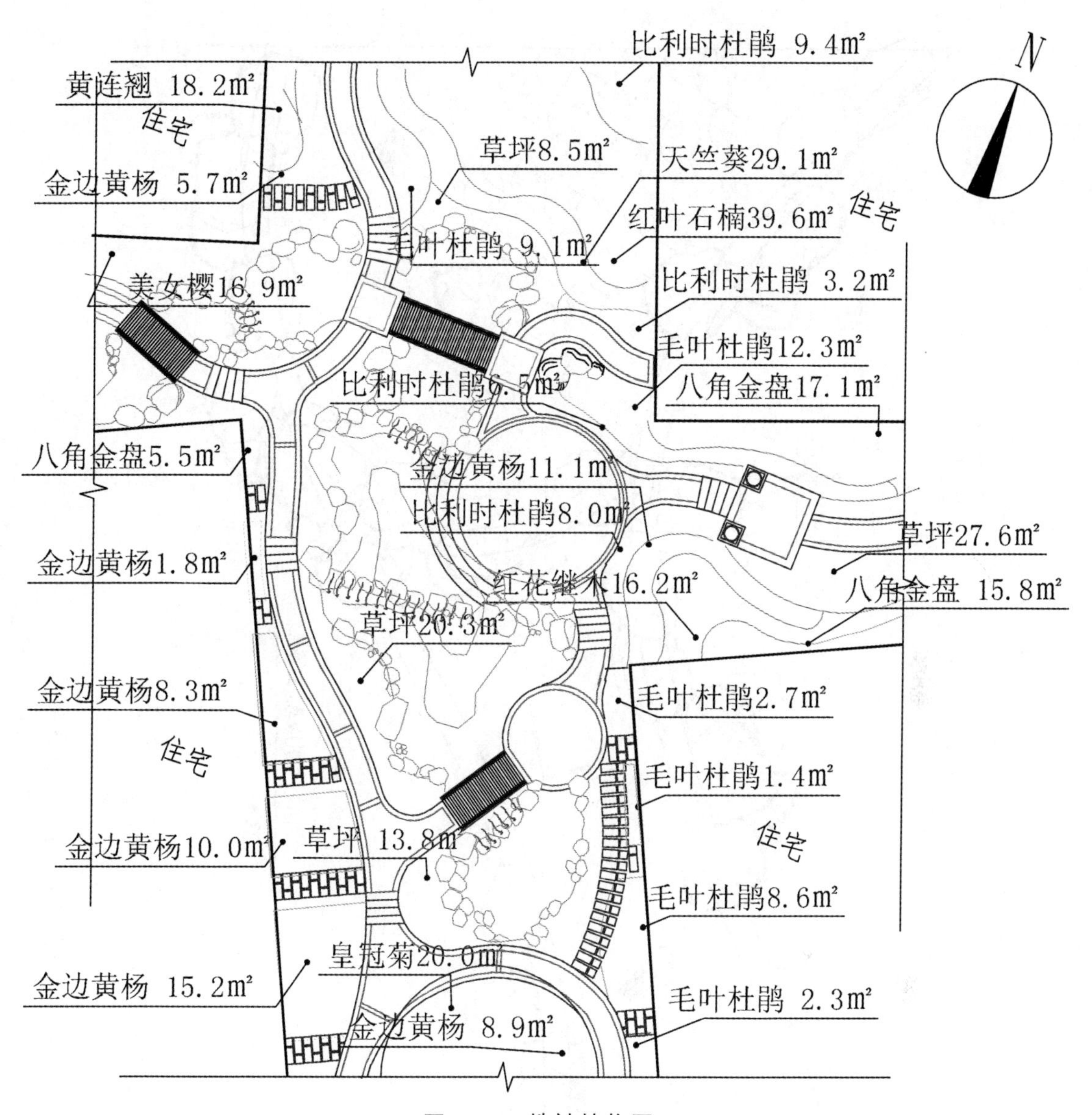

比利时杜鹃 9.4㎡
N
黄连翘 18.2㎡
住宅
草坪8.5㎡
天竺葵29.1㎡
金边黄杨 5.7㎡
红叶石楠39.6㎡
住宅
毛叶杜鹃 9.1㎡
美女樱16.9㎡
比利时杜鹃 3.2㎡
毛叶杜鹃12.3㎡
比利时杜鹃6.5㎡
八角金盘17.1㎡
八角金盘5.5㎡
金边黄杨11.1㎡
比利时杜鹃8.0㎡
草坪27.6㎡
金边黄杨1.8㎡
红花继木16.2㎡
八角金盘 15.8㎡
草坪20.3㎡
金边黄杨8.3㎡
毛叶杜鹃2.7㎡
住宅
毛叶杜鹃1.4㎡
住宅
金边黄杨10.0㎡
草坪 13.8㎡
毛叶杜鹃8.6㎡
皇冠菊20.0㎡
金边黄杨 15.2㎡
毛叶杜鹃 2.3㎡
金边黄杨 8.9㎡

图 F3-7 地被植物图

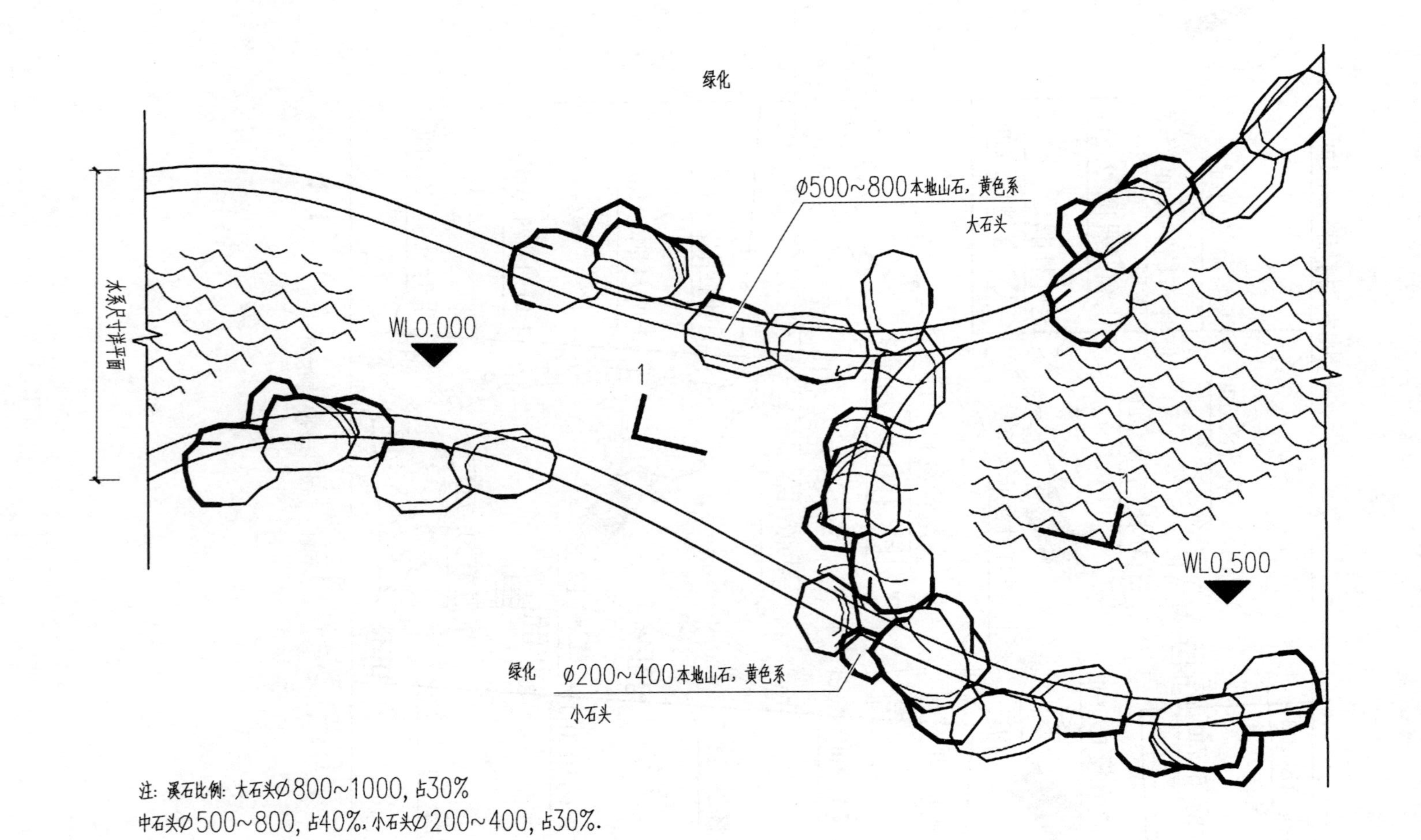
绿化
Ø500~800本地山石，黄色系
大石头
WL0.000
1
1
WL0.500
水系尺寸详平面
绿化
Ø200~400本地山石，黄色系
小石头
注：溪石比例：大石头Ø800~1000，占30%
中石头Ø500~800，占40%，小石头Ø200~400，占30%.

图 F3-8　水系平面详图

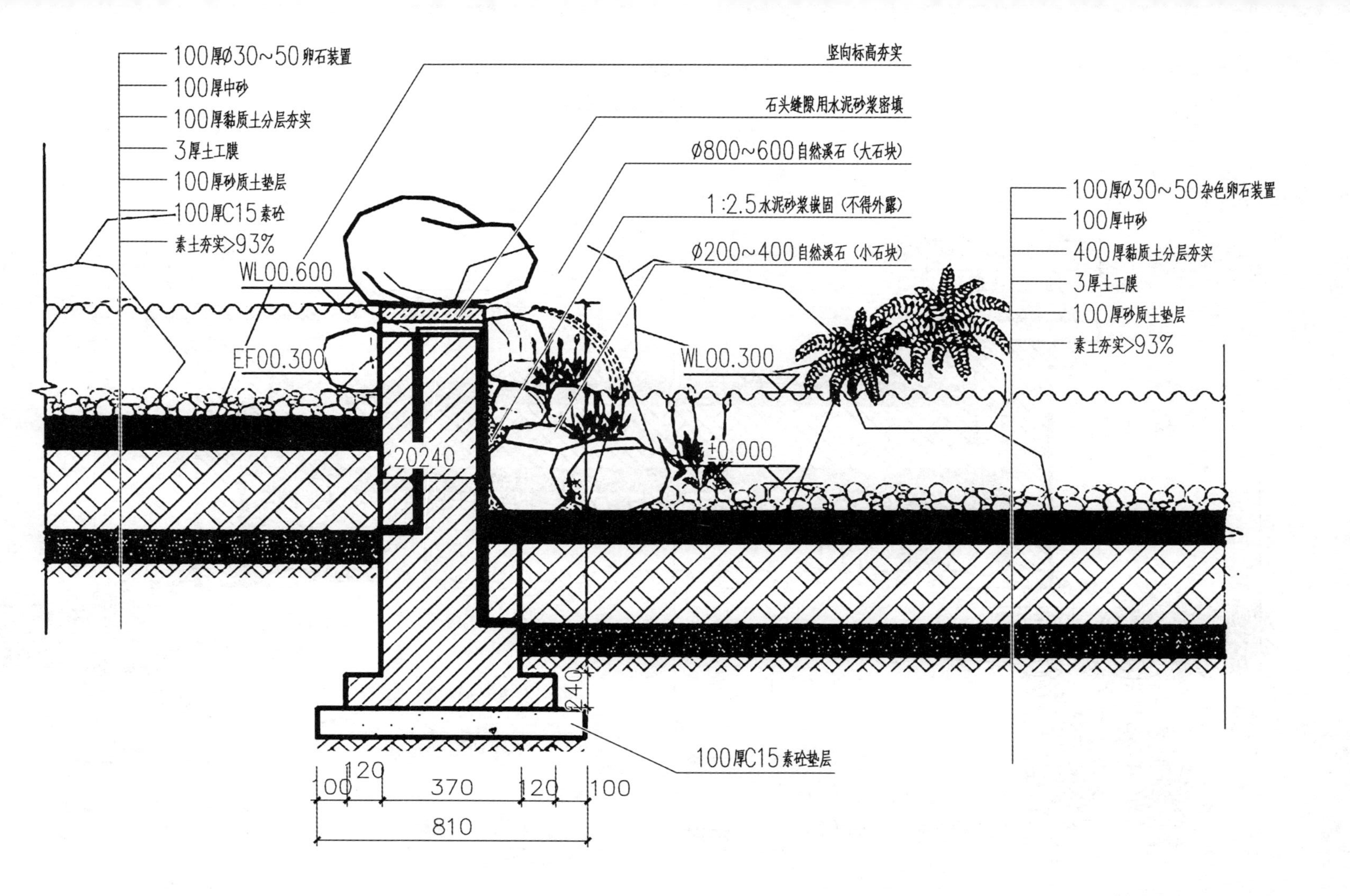
100厚φ30~50卵石装置
100厚中砂
100厚黏质土分层夯实
3厚土工膜
100厚砂质土垫层
100厚C15素砼
素土夯实>93%
WL00.600
EF00.300
竖向标高夯实
石头缝隙用水泥砂浆密填
φ800~600自然溪石（大石块）
1:2.5水泥砂浆嵌固（不得外露）
φ200~400自然溪石（小石块）
WL00.300
±0.000
20240
240
100厚φ30~50杂色卵石装置
100厚中砂
400厚黏质土分层夯实
3厚土工膜
100厚砂质土垫层
素土夯实>93%
100厚C15素砼垫层
100
120
370
120
100
810

图 F3-9　水系 1-1 剖面图

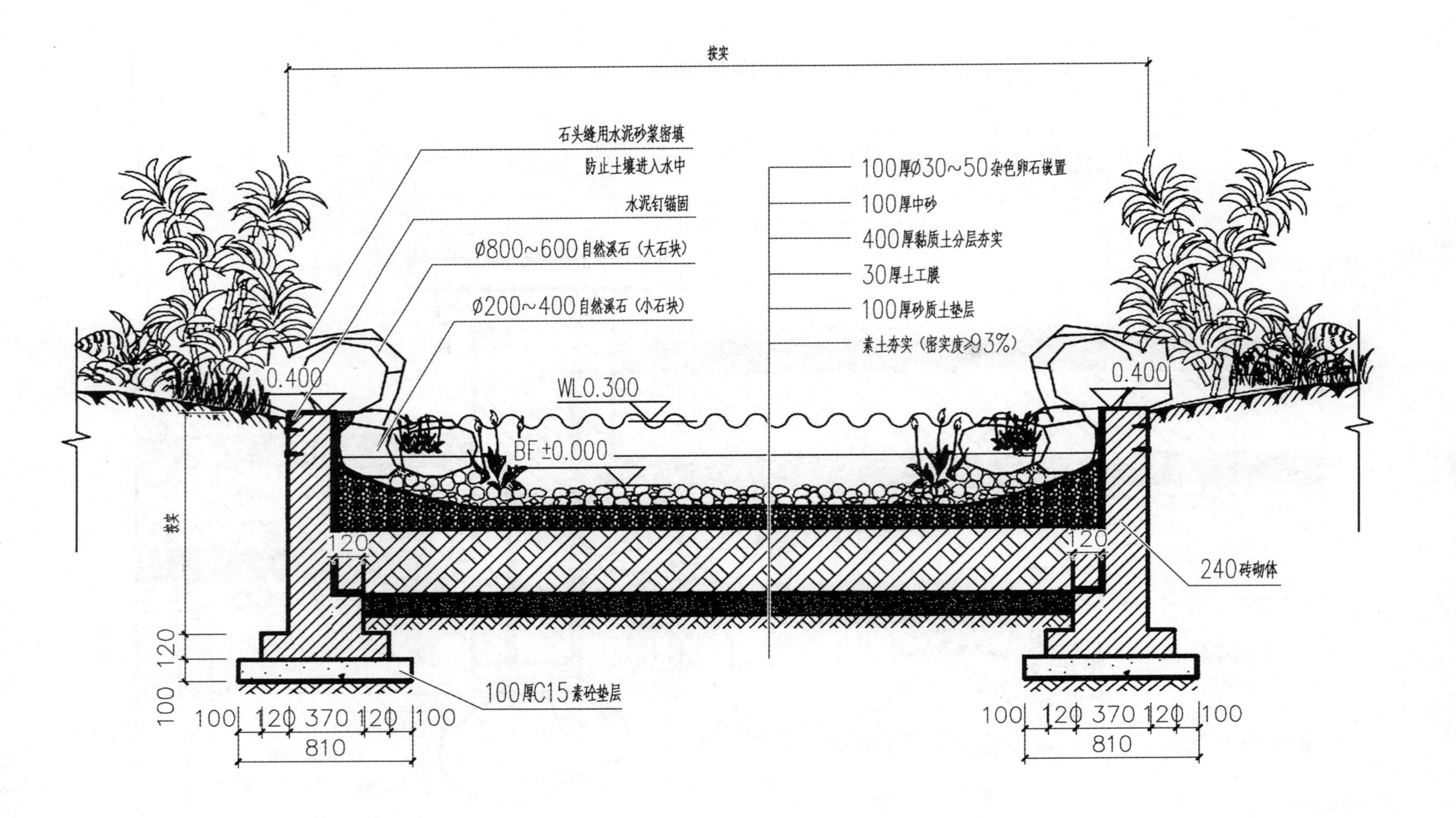
按实
石头缝用水泥砂浆密填
防止土壤进入水中
水泥钉锚固
ø800~600自然溪石（大石块）
ø200~400自然溪石（小石块）
100厚ø30~50杂色卵石嵌置
100厚中砂
400厚黏质土分层夯实
30厚土工膜
100厚砂质土垫层
素土夯实（密实度≥93%）
0.400
WL0.300
BF ±0.000
0.400
120
120
240砖砌体
按实
120
120
100
100厚C15素砼垫层
100 120 370 120 100
810
100 120 370 120 100
810

图 F3-10　水系驳岸做法图

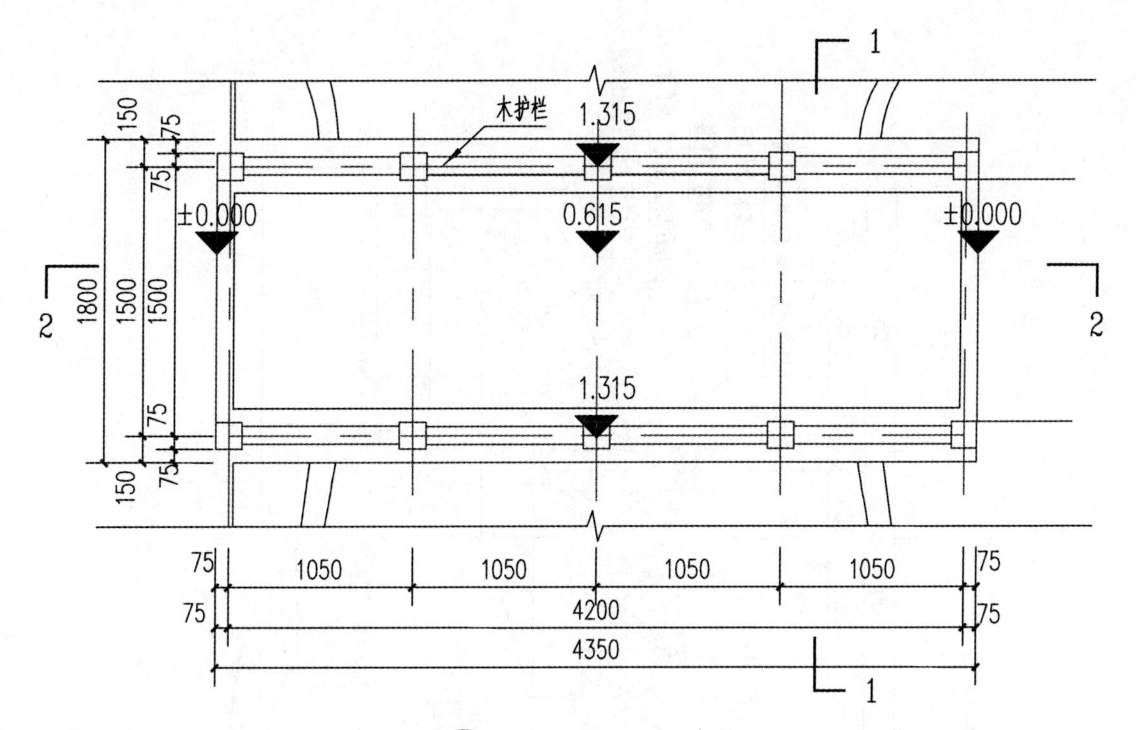

图 F3-11　拱桥平面图

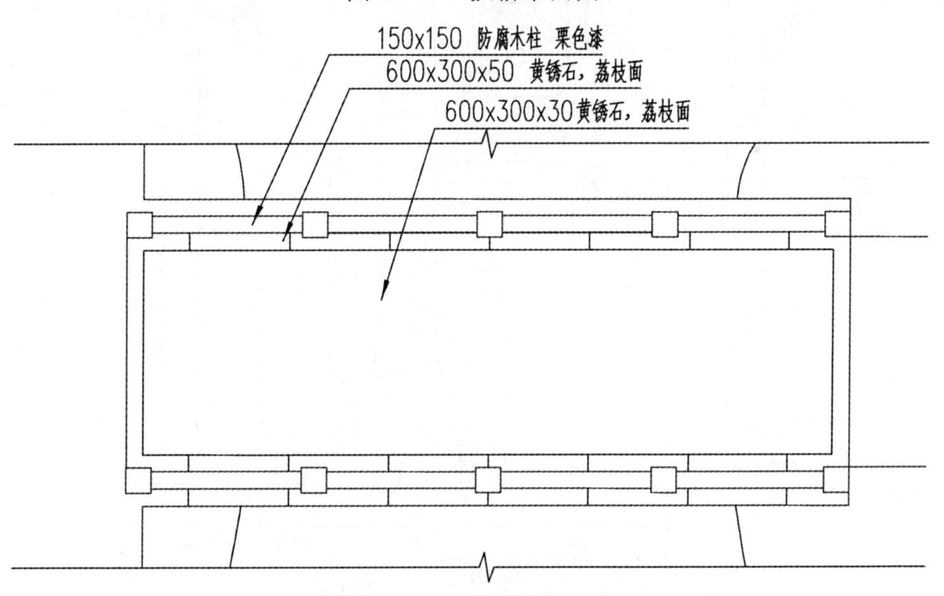

图 F3-12　拱桥桥面铺装材料图

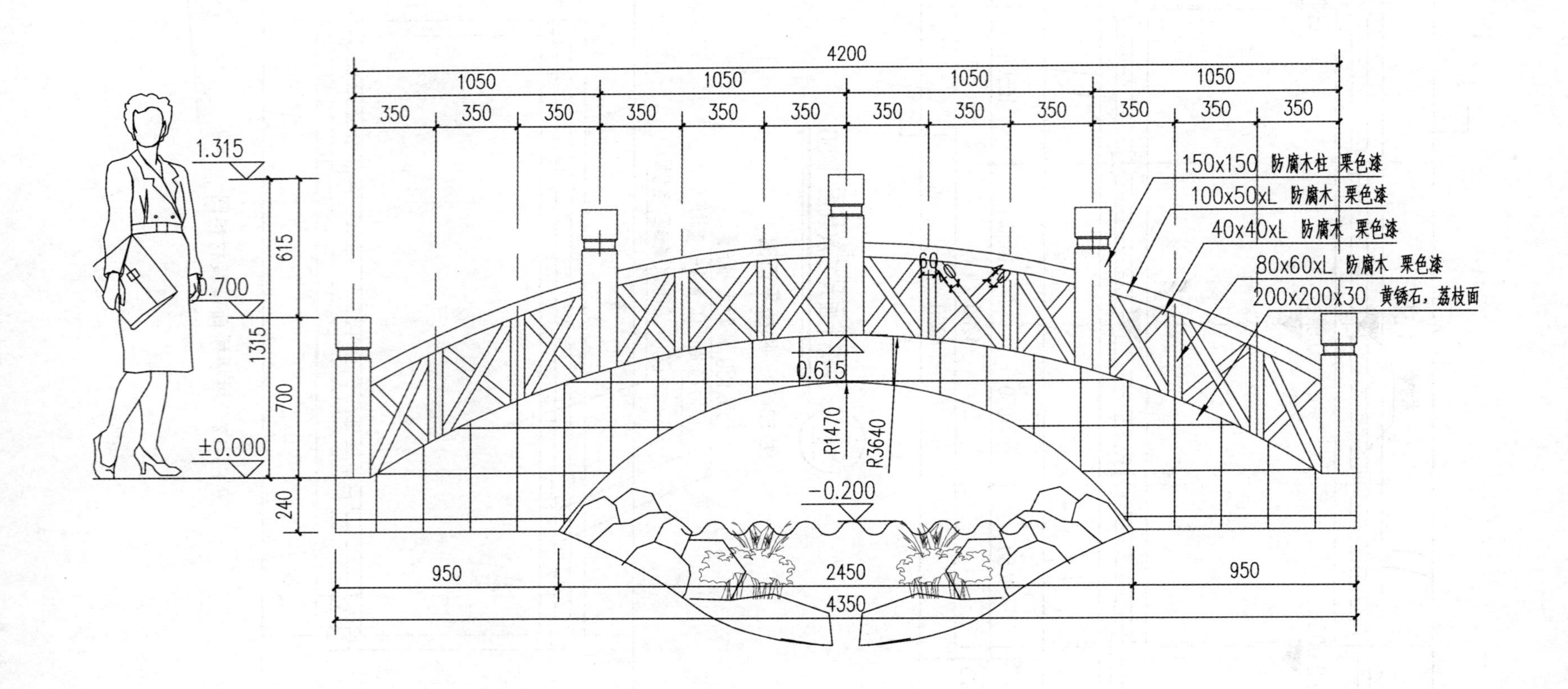
4200
1050
1050
1050
1050
350
350
350
350
350
350
350
350
350
350
350
350
150x150 防腐木柱 栗色漆
100x50xL 防腐木 栗色漆
40x40xL 防腐木 栗色漆
80x60xL 防腐木 栗色漆
200x200x30 黄锈石，荔枝面
1.315
0.700
±0.000
615
1315
700
240
0.615
R1470
R3640
−0.200
60
40
950
2450
950
4350

图 F3-13 拱桥立面图

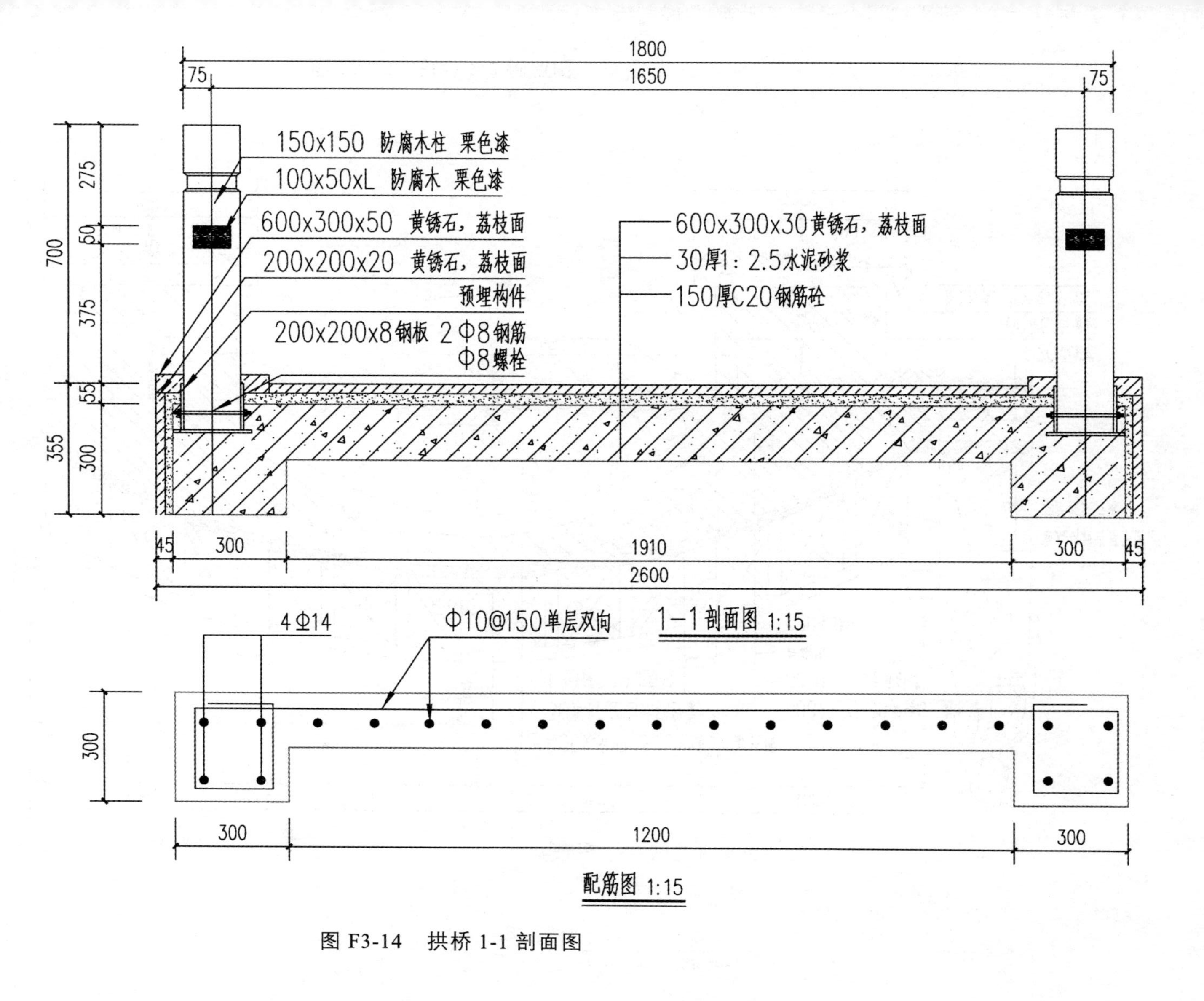
1800
75
1650
75
150x150 防腐木柱 栗色漆
100x50xL 防腐木 栗色漆
600x300x50 黄锈石，荔枝面
200x200x20 黄锈石，荔枝面
预埋构件
200x200x8钢板 2Φ8钢筋
Φ8螺栓
600x300x30黄锈石，荔枝面
30厚1：2.5水泥砂浆
150厚C20钢筋砼
275
50
700
375
55
355
300
45
300
1910
300
45
2600
4Φ14
Φ10@150单层双向
1—1 剖面图 1:15
300
300
1200
300
配筋图 1:15

图 F3-14 拱桥 1-1 剖面图

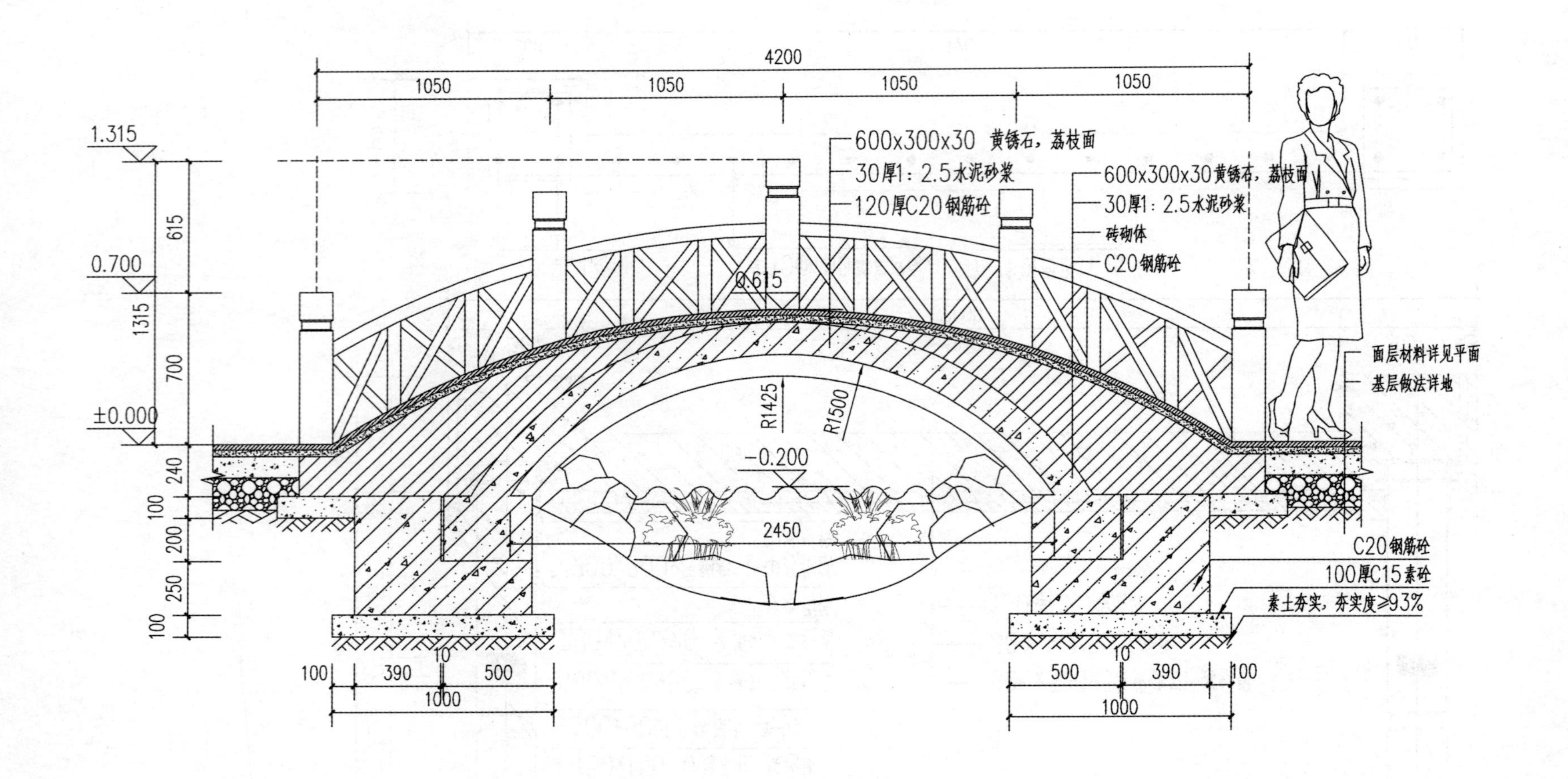
4200
1050
1050
1050
1050
1.315
0.700
±0.000
615
1315
700
0.615
600x300x30 黄锈石，荔枝面
30厚1：2.5水泥砂浆
120厚C20钢筋砼
600x300x30黄锈石，荔枝面
30厚1：2.5水泥砂浆
砖砌体
C20钢筋砼
面层材料详见平面
基层做法详地
R1425
R1500
-0.200
2450
240
100
200
250
100
C20钢筋砼
100厚C15素砼
素土夯实，夯实度≥93%
100
390
10
500
1000

图 F3-15　拱桥 2-2 剖面图

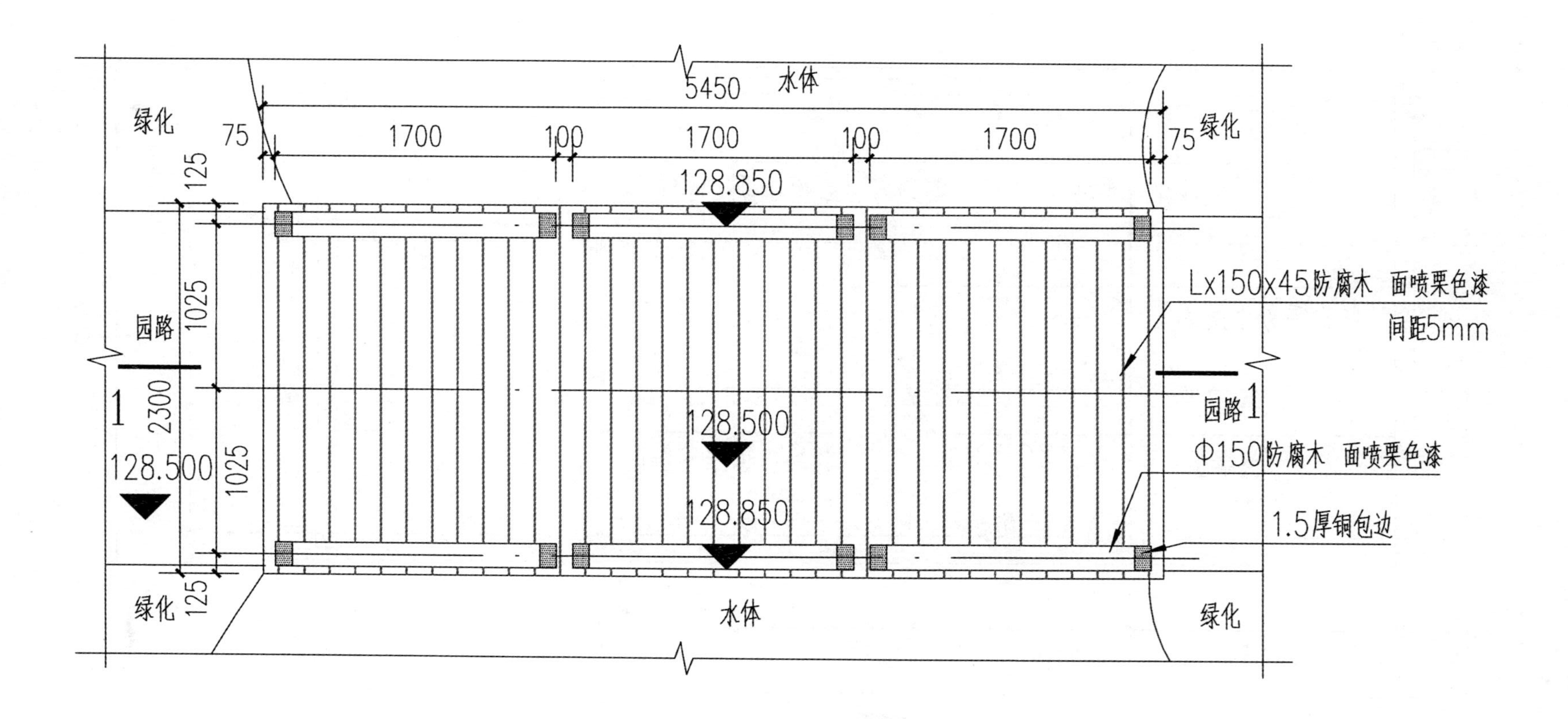
5450
水体
绿化
75
1700
100
1700
100
1700
75
绿化
125
128.850
1025
园路
Lx150x45防腐木 面喷栗色漆
间距5mm
1
2300
园路1
128.500
128.500
Φ150防腐木 面喷栗色漆
1025
128.850
1.5厚铜包边
125
绿化
水体
绿化

图 F3-16 平桥平面图

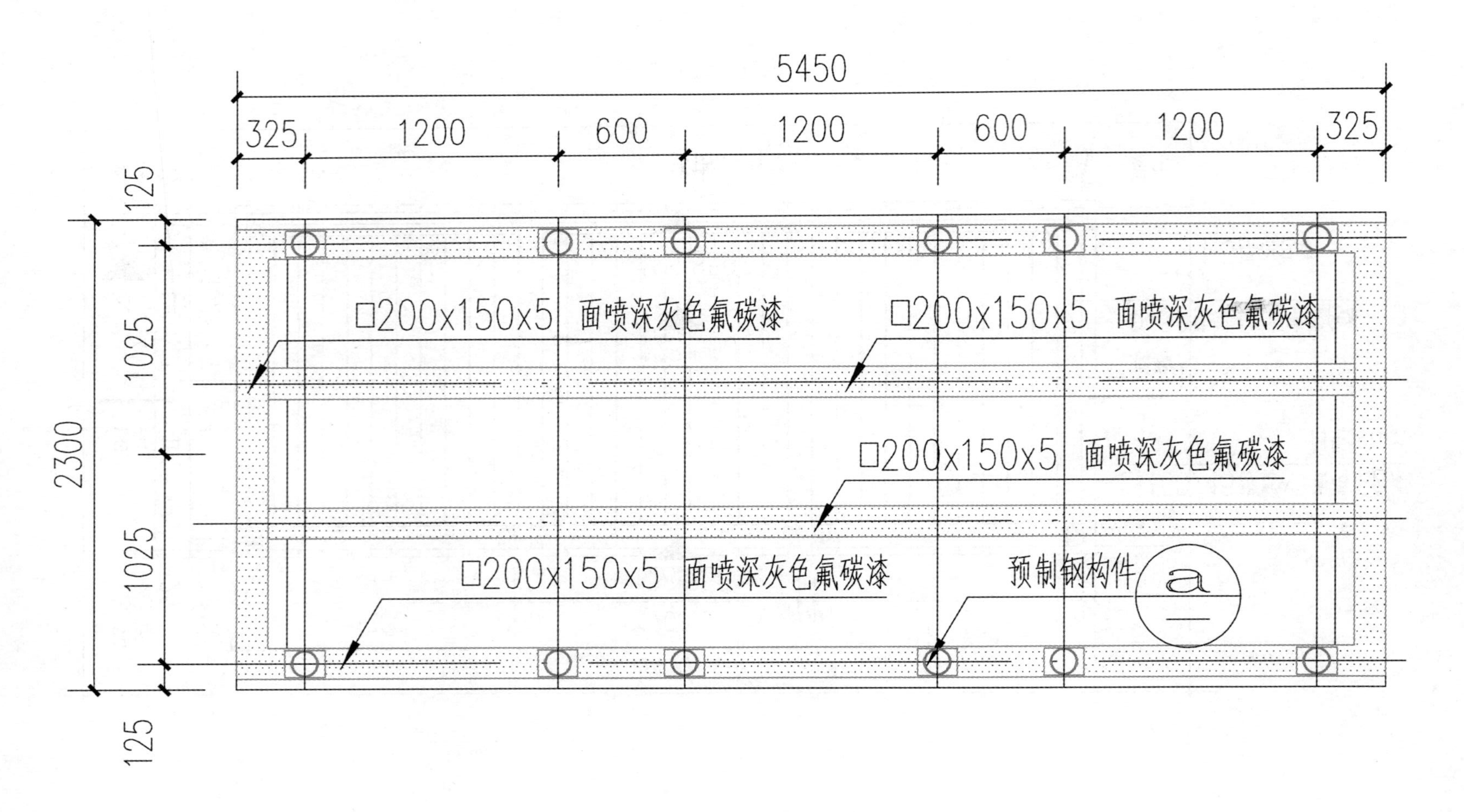

图 F3-17 平桥桥面骨架图

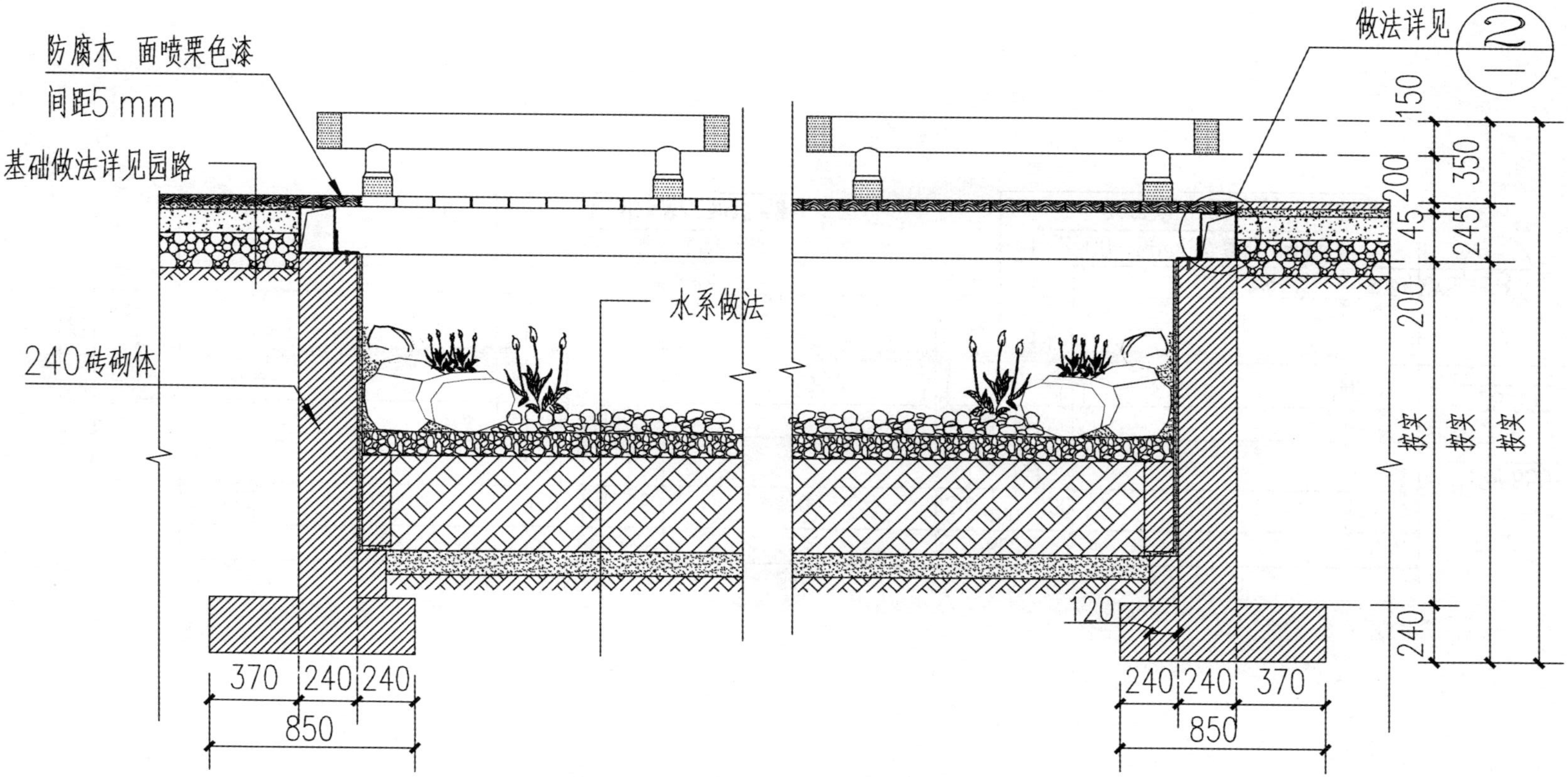

防腐木 面喷栗色漆
间距5 mm
基础做法详见园路
240砖砌体
水系做法
做法详见 2/—
150
350
200
45
245
200
240
按实
按实
按实
120
370 240 240
850
240 240 370
850

图 F3-18 平桥 1-1 剖面图

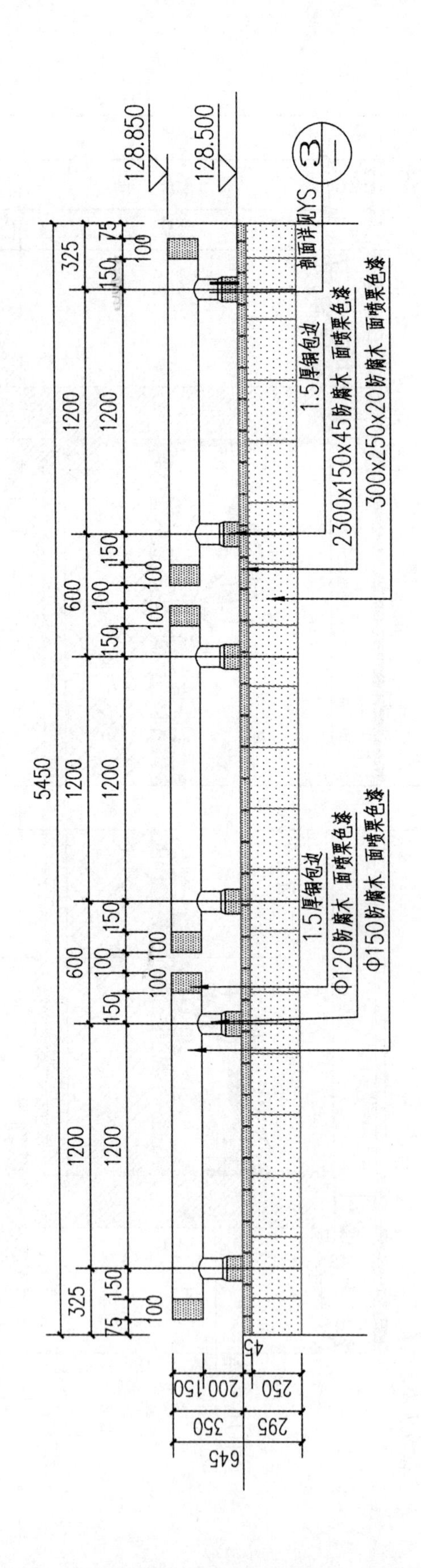
128.850
128.500
剖面详见YS
3
—
1.5厚钢包边
2300x150x45防腐木 面喷栗色漆
300x250x20防腐木 面喷栗色漆
1.5厚钢包边
Φ120防腐木 面喷栗色漆
Φ150防腐木 面喷栗色漆
5450
325
1200
600
150
100
75
645
350
295
200
250
45

图 F3-19 平桥立面图

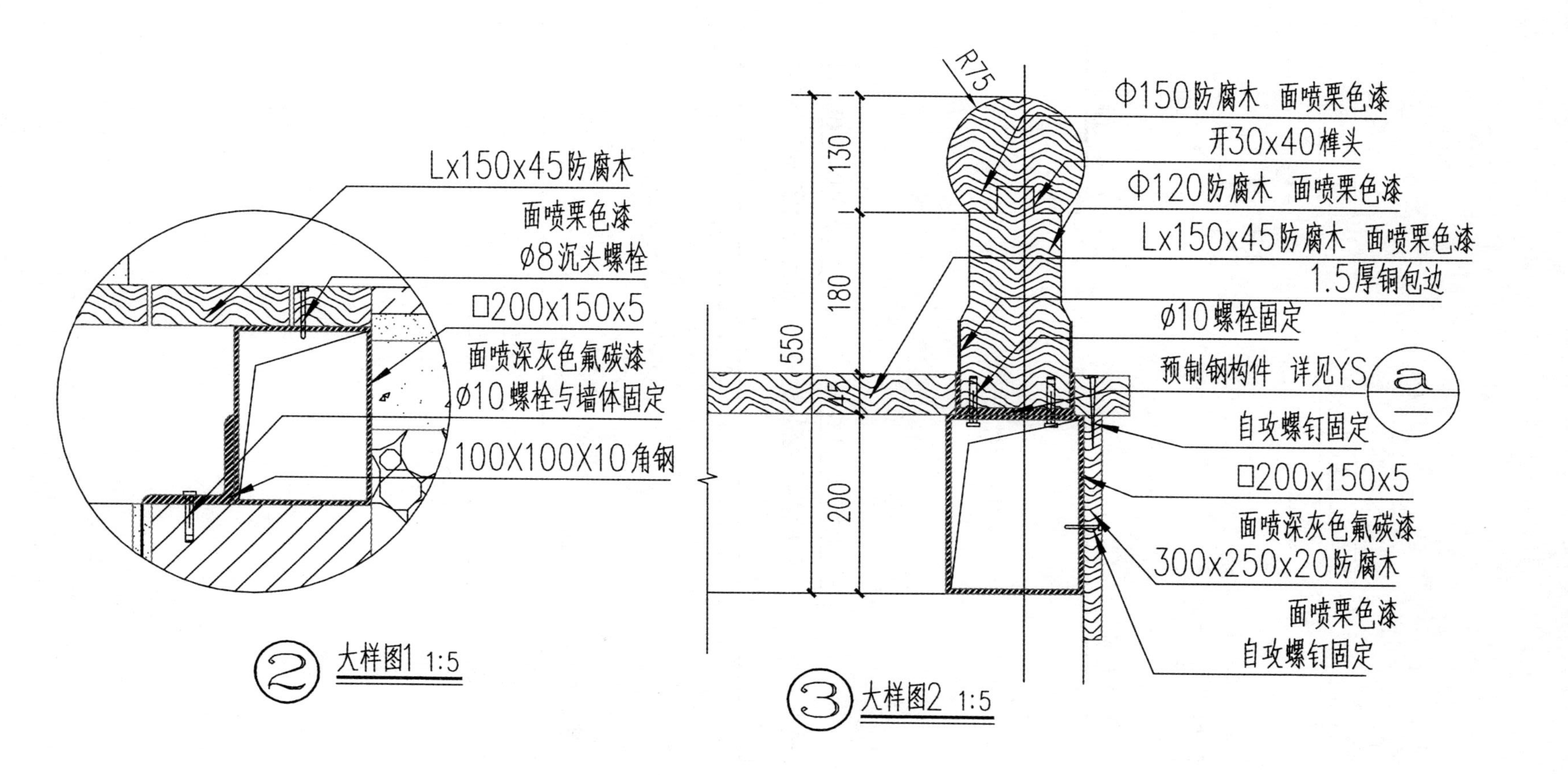

图 F3-20 平桥大样图一

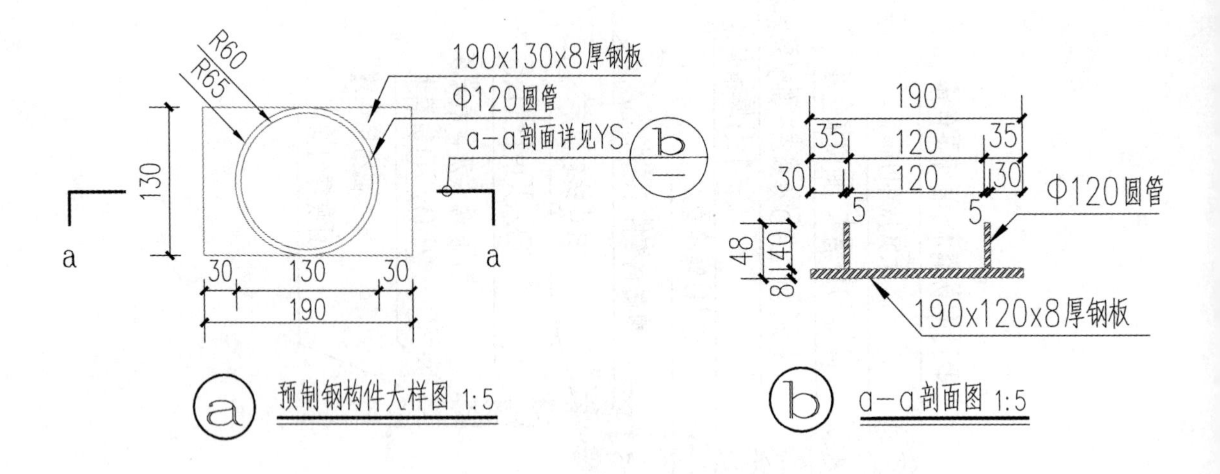

图 F3-21 平桥大样图二

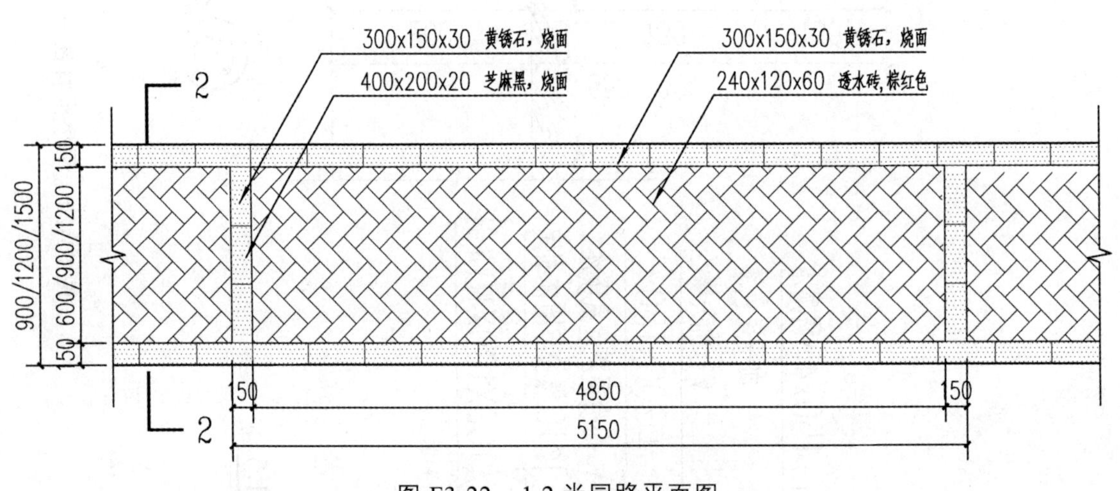

图 F3-22 1.2 米园路平面图

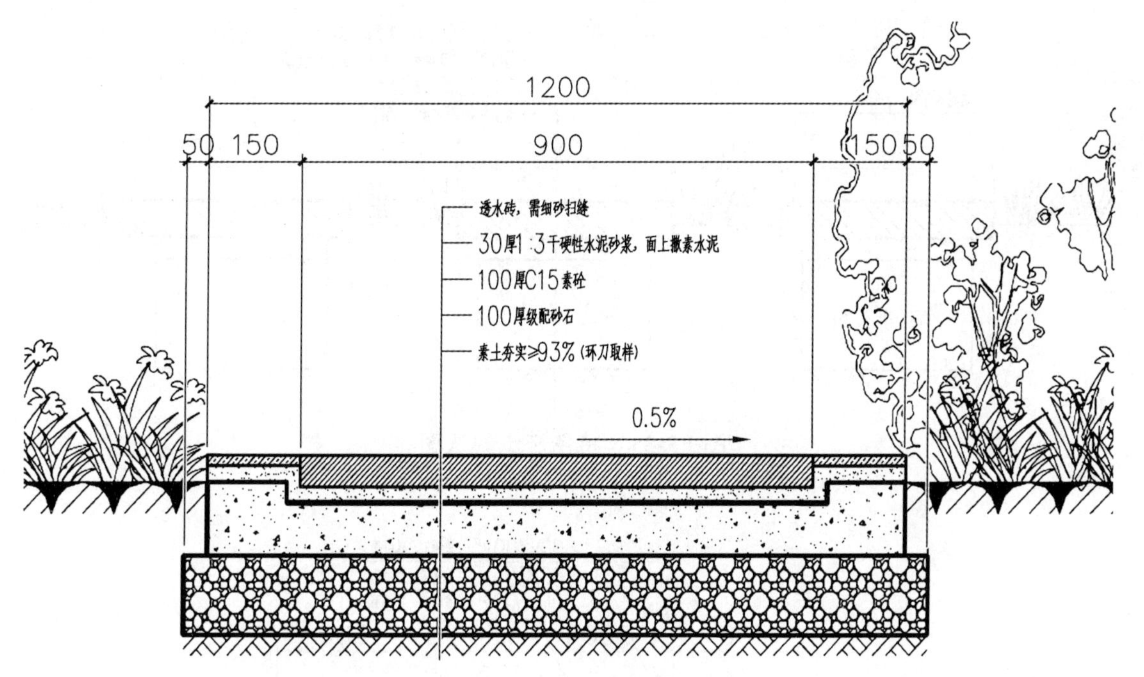

图 F3-23　1.2 米园路剖面图

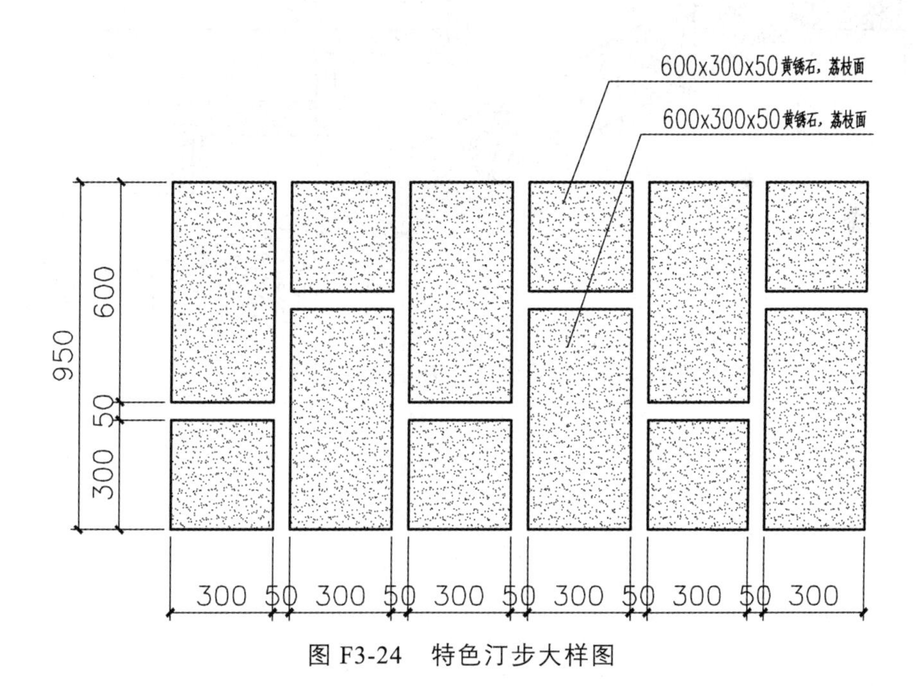

图 F3-24　特色汀步大样图

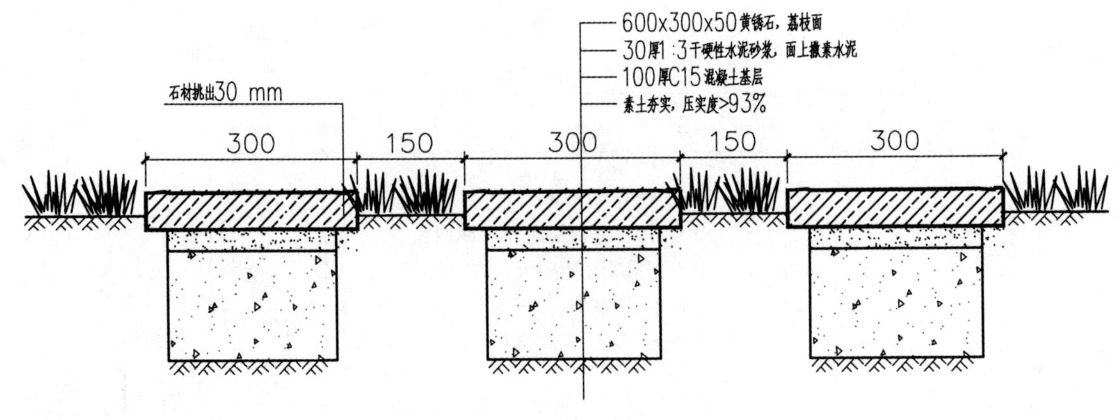

图 F3-25 特色汀步做法图

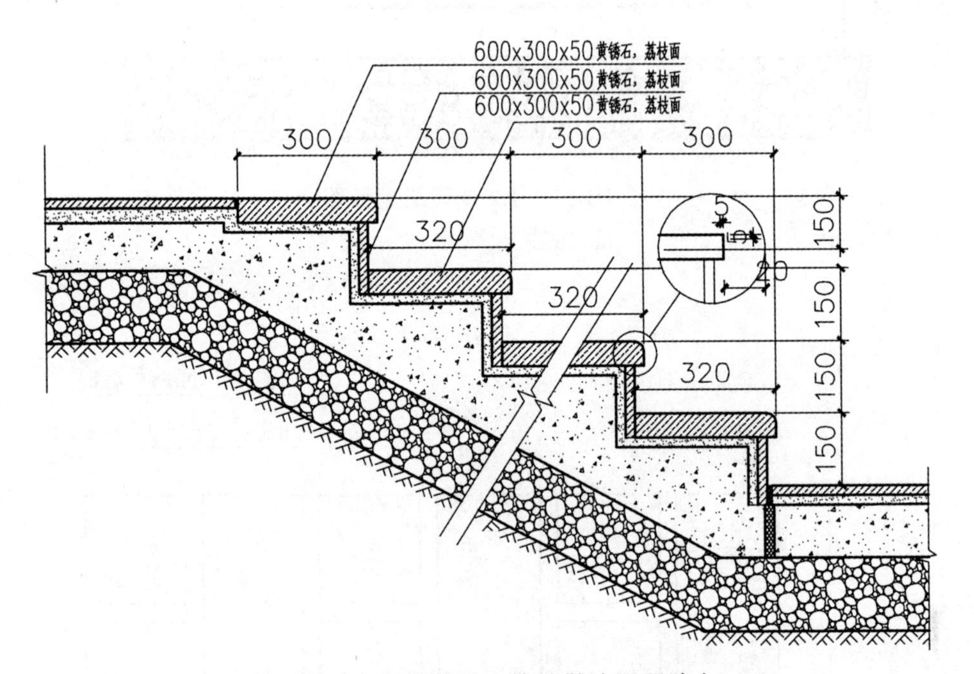

图 F3-26 台阶做法（基础做法同园路）

附录四　园林绿化工程预算课程设计指导书

《园林绿化工程预算》课程设计

某园林绿化工程工程量清单、

招标控制价文件编制

指导书

（专业年级）

×××大学

年　　月　　日

目录

1 设计目的

（1）培养学生树立正确的课程设计思想，理论联系实际的工作作风，实事求是的科学态度和勇于探索的创新精神。

（2）培养学生综合应用所学知识解决工程技术问题的能力。

（3）通过课程设计的综合训练，提高学生理论学习、查阅资料、运用规范、操作软件、综合分析的实际动手能力。

2 设计内容

2.1 设计题目

某景观工程工程量清单、招标控制价文件编制。

2.2 编制范围

某景观工程施工图内所包括内容，或教师指定完成内容。

2.3 计量和计价依据

（1）某景观工程施工图。

（2）国家标准《建筑工程工程量清单计价规范》（GB 50500—2013）。

（3）国家标准《园林绿化工程工程量计算规范》（GB 50858—2013）。

（4）国家标准《房屋建筑与装饰工程工程量计算规范》（GB 50854—2013）。

（5）当地的消耗量定额规范及标准。

（6）当地的人、机单价执行标准。

（7）当地的材料价格执行标准。

3 设计要求

3.1 掌握知识点的要求

（1）掌握《招标工程量清单》文件的组成内容、编制依据、编制步骤和编制方法。

（2）掌握《招标控制价》文件的费用组成、编制依据、编制步骤和编制方法。

（3）掌握《广联达计价软件》的应用方法（导出 Excel 表格并且规范美观）。

（4）熟悉《工程量清单》和《招标控制价》文件的审查方法。

（5）掌握 Excel 表格的编辑、计算等方法。

3.2 学习态度的要求

（1）要有勤于思考、刻苦钻研的精神和严肃认真、一丝不苟、有错必改、精益求精的工作态度，必须自行完成“某景观工程”的工程量清单以及招标控制价。对“抄袭他人成果”或“找他人代做”等弄虚作假的行为，成果得分一律按零分计，并根据学校有关规定处理。

（2）掌握本课程的基本理论和基本方法，概念表达清楚，计算正确，软件运行良好，说明书撰写规范，合乎逻辑。

3.3 学习纪律的要求

严格遵守作息时间（每天上午 8—12 时，下午 14—18 时），不迟到、早退和旷课，每天的出勤不少于 6 小时。如因事、因病不能到课，则需请假，凡未请假擅自不到课者，均按旷课论处。

3.4 公共道德的要求

要爱护公物，搞好环境卫生，保证计算机机房的整洁、卫生，并安静、文明的使用机房设施；严禁在计算机房内打鬧，嬉戏、吸烟和在电脑上玩游戏；严禁将易腐烂水果及有色饮料带入计算机房内；自己所产生的纸屑和垃圾，在每天结束时间带出机房丢入垃圾箱。

4　说明书撰写

4.1　撰写内容

课程设计说明书主要是写本人对课程设计综合训练目的、意义的理解，所学知识的运用，关键技术问题的解决方法，本次课程设计的收获与体会，对本人提交成果的客观评价，存在的问题及今后改进的设想等。总之，要反映出这一周的课程设计综合训练做了什么和怎样做的，让查阅者一看就明白我们所做的工作成绩。

4.2　撰写格式

4.2.1　用纸规格和页面设置

在 Word 软件中，[文件]菜单下拉列表中选择[页面设置]，在[页面设置]浮窗[纸张]选项卡中选择纸张大小为 A4。

在[页面设置]浮窗[页边距]选项卡中选择设置：上边距——2.5 厘米，下边距——2 厘米，左边距——2.5 厘米，右边距——2 厘米，同时选择[纵向]。

4.2.2　正文字体字号和行距设置

正文一般采用五号宋体，单倍行距。

字体字号可在 Word 文档格式工具命令中选择设置。

行距设置在 Word 文档[格式]菜单下拉列表中选择[段落]，在[段落]浮窗[缩进与间距]选项卡中选择设置：对齐方式——两端对齐；大纲级别——正文文本；左缩进——0 字符；右缩进——0 字符；特殊格式——首行缩进，度量值 2 字符；段前间距——0 行；段后间距——0 行；行距—单倍行距。

4.2.3　标题层次及字号设置

撰写课程设计说明书犹如撰写论文，应通过多级标题表现结构和层次，一般理工科大学的学报均采用技术规范的层次表达方式（样式可参考以下）。

例如：

第一层次标题前用 1、2……，数字后面不带任何标点符号，与标题文字空半个字符，设置为标题 1 格式，小四号黑体加粗，左边顶格不留空，段前段后 6 磅。

第二层次标题前用 1.1、1.2……，数字间是英文输入状态下的点“.” 数字后面不带任何标点符号，与标题文字空半个字符，设置为标题 2 格式，五号楷体加粗，左边顶格不留空，段前段后 6 磅。

第三层次标题前用 1.1.1、1.1.2……，数字间是英文输入状态下的点“.” 数字后面不带任何标点符号，与标题文字空半个字符，设置为标题 3 格式，五号黑体加粗，左边顶格不留空，段前段后 6 磅。

第四层次标题前用（1)、(2）……，括号后面不带任何标点符号，与标题文字不留空。设置为正文格式，五号宋体，左边缩进 2 字符，单倍行距。

第五层次用 1)、2）……，括号后面不带任何标点符号，后面紧接正文。设置为正文格式，五号宋体，左边缩进 2 字符，单倍行距。

第六层次用①、②……，圆圈后面不带任何标点符号，后面紧接正文。设置为正文格式，五号宋体，左边缩进 2 字符，单倍行距。

具体写作时，并不是文档所有部分一律都要机械的设置六级层次，有时层次可能只有一级或两级，在设置了第一层次标题后，可以在下面紧跟正文部分，若须分段用 1）、2）……，括号后面不带任何标点符号，与标题文字不留空。正文格式，五号宋体，左边缩进 2 字符，后面紧接正文。

4.2.4 多级标题设置和目录生成操作

在 Word 文档中，标题设置和目录生成的操作方法为：

（1）从[视图]菜单下拉列表中选择[工具栏] →[格式]，开启[格式工具栏]。

（2）从[视图]菜单下拉列表中选择[文档结构图]，开启[文档结构图]。

（3）在桌面[格式工具栏]内[格式设置]下拉菜单中分别对标题 1、标题 2、标题 3、正文进行设置（包括字体、字号、是否加粗）。此时桌面上左边会出现有多级标题的文档结构图（一般设置为三级）。点击文档结构图任何一处，右边文档就会随着变动，对文档阅览、修改十分方便。

（4）选择文档最前面一页为目录页，将光标停在“目录”正下方，从[插入] 菜单下拉列表中选择[引用]→[索引和目录]，开启[索引和目录]。

（5）在[索引和目录]浮窗中设置[目录]为三级，选择[前导符]为“……”，点击[确定]，在目录页中就会自动生成与文档结构图一致的目录。

4.2.5 参考资料书写格式

参考资料必须是学生在课程设计综合训练中真正应用到的，资料按照在正文中出现的顺序排列。各类资料的书写格式如下：

（1）图书类的参考资料。

序号 作者名.书名（版次）[M]. 出版单位所在城市：出版单位，出版年.

如：[1]张建平.工程估价（第 3 版）[M].北京：科学出版社，2014.12

（2）期刊类的参考资料。

序号 作者名.文集名或期刊名[J].年，卷（期）：引用部分起止页码。

如：[1]张建平. 基于历史数据归纳分析的工程造价估价方法[J].建筑经济.2008（8）：9-26 ~ 28.

5 设计成果内容及装订要求

5.1 课程设计说明书

《课程设计说明书》用 A4 纸打印，内容和装订顺序要求如下：

（1）封面——封面内容包括：任务名称、院（系）、专业班级、学生姓名、学号、指导教师、设计起止时间（见统一格式）。

（2）任务书——见统一格式。

（3）目录——目录要求层次清晰，要给出标题与页数，一般按三级标题设置。

（4）正文——即《课程设计说明书》

课程设计说明书应按目录中编排的章节顺序依次撰写，文字要简练通顺，插图可截取操作软件的页面并作必要的文字说明，表格要简洁规范。

（5）参考资料。

5.2　附件一：某景观工程的“招标工程量清单”文件

表格包括（以软件导出表格为准）：

①“工程量清单”封面（若导不出请自编）。

②编制说明（若导不出请自编，内容应包括：工程概况、编制依据、需要说明的问题）。

③分部分项工程量清单。

④措施项目清单。

⑤其他项目清单。

5.3　附件二：某景观工程的“招标控制价”文件

表格包括（以软件导出表格为准）：

①“招标控制价”封面（若导不出请自编）。

②编制说明（若导不出请自编，内容应包括：工程概况、编制依据、需要说明的问题）。

③单位工程招标控制价汇总表。

④分部分项工程量清单计价表。

⑤工程量清单综合单价分析表。

⑥措施项目清单与计价表。

⑦措施项目综合单价分析表。

⑧其他项目清单与计价汇总表（有数据就装，无数额就不用装），包括：

暂列金额明细表；

材料暂估价表；

专业工程暂估价表；

计日工表；

总承包服务费计价表。

⑨规费、税金项目清单与计价表。

⑩主要材料价格表。

5.4　附件三：某景观工程的“工程量计算书”文件

工程量计算书（用Excel表格，A4纸打印）。

（注：以上成果文件用纸规格一致的装订成一本，用纸规格不一致的装订成多本，并装入牛皮纸档案袋中提交）

5.5　附件四：光盘1张

成果文件中还需要附一张光盘，内含全部成果的电子版文件，以备存档。

6　成绩评定方法

课程设计综合训练的成绩分为：优、良、中、及格、不及格五个等级。

课程设计综合训练的成绩由以下几部分组成：

（1）学习态度、学习纪律：30分。

（2）提交成果的完整性：40分。

（3）总价的完整性：10分。

（4）综合单价的准确性（任选1项）：10分。

（5）工程量计算的准确性（任选 1 项）：10 分。

7　工作进程控制

（1）周一至周二上午，完成某景观工程“读图”“列项”“算量”的工作。

（2）周二下午至周三，利用软件，编制某景观工程的“工程量清单”以及“招标控制价”。

（3）周四，撰写《课程设计说明书》，并完成课程设计成果文件的整理、打印及装订。

（4）周五，截至中午 12 时，提交用档案袋装好的设计成果，过时不候。

参考文献

[1] 中华人民共和国住房和城乡建设部，国家质量监督检验检疫总局. 园林绿化工程工程量计算规范（GB 50858—2013）[S]. 北京：中国计划出版社，2013.

[2] 中华人民共和国住房和城乡建设部，国家质量监督检验检疫总局. 建设工程工程量计算规范（GB 50500—2013）[S]. 北京：中国计划出版社，2013.

[3] 云南省住房和城乡建设厅. 云南省建设工程造价计价规则（DBJ53/T 58—2013）[S]. 昆明：云南科技出版社，2014.

[4] 云南省住房和城乡建设厅. 云南省园林绿化工程消耗量定额（DBJ53/T 60—2013）[S]. 昆明：云南科技出版社，2014.

[5] 云南省住房和城乡建设厅. 云南省通用安装工程消耗量定额（DBJ53/T 63—2013）[S]. 昆明：云南科技出版社，2014.

[6] 云南省住房和城乡建设厅. 云南省房屋建筑与装饰工程消耗量定额（DBJ53/T 61—2013）[S]. 昆明：云南科技出版社，2014.

[7] 张国栋. 一图一算之园林绿化工程造价[M]. 北京：机械工业出版社，2014.

[8] 张建平. 建筑工程计价（第 4 版）[M]. 重庆：重庆大学出版社，2014.

[9] 李云春，李敬民. 工程计价基础[M]. 成都：西南交通大学出版社，2016.

[10] 杨嘉玲，徐梅. 园林绿化工程计量与计价[M]. 成都：西南交通大学出版社，2016.